JN195643

設例解説

実務 環境法

兼重直樹

[著]

民事法研究会

は し が き

（本書の趣旨）

近時、環境法規を遵守しなかったり、気候変動や資源循環、生物多様性やエネルギー政策の潮流に乗り遅れたりすれば、企業経営にとっては大きなリスクになる。一方で、このような時代の流れを的確につかむことさえできれば、ベネフィット（企業価値の増強）にもつながるものとも考えられ、環境法政策は、企業法務の見地からも見逃すことはできない。東京にある大手法律事務所の多くが環境法やエネルギー法を企業法務の1つとして位置づけ、プラクティスチームを設けていることはその証左といえるのではないだろうか。

このように社会的ニーズがある環境法分野にもかかわらず、司法試験の受験者数に目を向けると、選択科目に環境法を選んだ受験生は例年100人弱（2024年司法試験は124人で全体の3.3％）という極めて低調な有り様である。

この原因について、1つには環境法の実務的色彩ゆえのイメージのしにくさがあげられるかと思う。すなわち、環境法に関する実務的経験がほとんどないと思われる学生にとって、敷居が高くなっているのかもしれない（対して、アルバイトの経験があれば労働法などは身近な法分野として認識されているのかもしれない）。

また、書店に足を運ぶと、環境法に関する著名な基本書・学習書については、適切なタイミングで改訂版が出版されているものの、いわゆる「演習書」や「ケースブック」については、ここ最近は改訂されていないようである。しかし、法律の学習にあたっては、具体的な事例で検討することも重要であり、学習者にとって、「演習書」や「ケースブック」は、学習のアイテム・ツールとして不可欠であると考える。

そこで、環境法のイメージを払拭すべく、事例演習型の書籍を刊行することとした。

（本書の特徴）

著者は、東北大学法科大学院で環境法専門のオフィスアワーを担当してい

1

る。本書は、その際に使用すべく作成した解説教材をベースに作成している。

　本書で取り扱うテーマとして、試験上はもちろん、実務上も重要である「環境紛争総論」、「環境影響評価法」、「大気汚染防止法」、「水質汚濁防止法」、「土壌汚染対策法」、「廃棄物処理法」、「循環型社会形成推進基本法・容器包装リサイクル法」、「自然公園法」、「地球温暖化対策推進法」で構成し、巻末に「論点カード」を付した。そして、具体的な設例は、テーマごとに分類・再構成した司法試験や司法試験予備試験の改題と、近時の重要裁判例をモチーフとしたオリジナル問題で構成した。

　また、環境法が問題となる場面について、具体的なイメージをもっていただけるよう、単なる一問一答ではなく、事例問題を中心に構成している。

　なお、本書は、環境法の演習書でありながら、環境法の性質を踏まえると、行政法の演習書としての活用も考えられる。そのような活用の仕方も想定したうえで、行政法への理解についても、なるべく記載するよう心がけた。

　行政事件訴訟法や国家賠償法、民法、民事訴訟法などをツールとした法的解決の考え方を解説しており、本書を活用することで環境法政策の基本的な考え方を習得することができる。

　ところで、国の機関が作成したパンフレットや通知等では、各法制度について、比較的平易な言葉やビジュアルを駆使して整理されており、具体的なイメージをもつのに有益なことがある。基本書や学習書を読んでいて疑問がある場合や、実務について深く理解したい場合には、各章の最後の＜実務を見据えて＞において、参考になるウェブサイトのURLを掲げたので、アクセスしていただきたい。

（使用上の留意点）

　本書は、著者の個人的見解であり、組織を代表するものではない。

　前述のとおり、あくまでも、環境法政策研究ないし教育の一環として、環境法政策のさらなる発展をめざし、プライベートに作成したものである。

（読者の対象）

　読者対象としては、まず、環境法政策を学びたいと志すすべての方を対象

にしている。

　具体的には、本書の性質を踏まえると、「環境法」を履修する法学部生や法科大学院生、「環境法」を選択科目に考えている司法試験予備試験や司法試験の合格を志す受験生があげられる。

　また、前述のとおり、「行政法」の演習書としての活用も十分に考えられることから、本書の門戸は広く開かれている認識である。

　いずれにしても、ぜひ本書を批判的に検討していただきたい。

　また、実際の裁判例や行政実務運用などを踏まえたニュートラルな記載を心がけていることから、環境事件を担当する法曹や企業法務担当者にも十分に読み応えを感じていただける内容になっていると自負している。

　なお、一部の解説にあたっては、行政実務の通知等を参考に一定の結論を導き出しているところがある。しかし、行政通知は、北村喜宣教授が「『ひとつの解釈』を示した行政規則にすぎない。都道府県または市町村が同法上の権限を行使するにあたっては、十分に参照するにしても、あくまで解釈責任は自らにあることを忘れてはならない」（北村456頁）と指摘するとおり、「技術的助言」（地方自治法245条の4）であることを踏まえて、解釈をするようにご留意いただきたい。

（先生方への感謝）

　学生時代からお世話になっている髙橋滋先生（一橋大学名誉教授、法政大学教授）、北村喜宣先生（上智大学教授）、大塚直先生（早稲田大学教授）、中原茂樹先生（関西学院大学教授、元東北大学教授）の学恩に深く感謝申し上げる。

　先生方から学んだ知見を取り入れるべく、本書においても、なるべく参考文献として引用させていただいた。

（編集部への感謝）

　本書の出版を勧め、正確な編集作業により完成へと導いてくださった民事法研究会の南伸太郎編集部副部長と、軸丸和宏氏に心より御礼申し上げる。

　2025年1月

兼　重　直　樹

『設例解説　実務環境法』

目　次

第1章　環境紛争総論

第2章　環境影響評価法（アセス法）

第3章　大気汚染防止法（大防法）

第4章　水質汚濁防止法（水濁法）

第6章　廃棄物の処理及び清掃に関する法律（廃掃法）

　　　　〔表6−1〕　とりうる行政措置／265

第7章　循環型社会形成推進基本法（循基法）
　　　　容器包装リサイクル法（容リ法）

第8章　自然公園法（自公法）

第9章　地球温暖化対策の推進に関する法律（温対法）

＜勉強方法について＞

▶環境法政策の勉強方法

　まず、司法試験考査委員の見解は、次のとおり採点実感において指摘している。著者も全く同感であるから、これを引用することにする。

　「法律家は、法令の適用を通じて課題の解決に貢献することを使命とするのであるから、まずは法令の条文に親しみ、その文言を正確に理解することが肝要である。法令が難解なので誤読したなどという言い訳は通用せず、致命的な過誤ともなりかねない。どの科目においても、日頃の学習の中で、面倒がらずに様々な法令を参照し、丹念に読み込む習慣を身に付けることを強く勧める。また、法律家が事案の解決を図る上で、個別具体的な事実関係への考察は不可欠である。事例問題に取り組む際には、自らが当該事案を担当したつもりで、問題文に現れた事実関係を深く分析し、当事者の主張に真摯に耳を傾ける姿勢で臨んでもらいたい」（「令和２年司法試験の採点実感（環境法）」40頁以下）。

　「環境法を学習する際には、他の科目と同様に、まず、環境法の基本構造と基礎理論を正確に身に付ける必要がある。同時に、環境問題は、その解決に当たり、多くの法律基本科目分野の知識の総合が求められる領域であり、環境法領域の専門知識のみでは、解決が困難であることが少なくない。環境問題の具体的な状況を踏まえた上で、行政法、民事法、各種訴訟手続などに関する学習によって得られた知識を統合的に応用する努力が求められる。そのためには、それぞれの環境法令の背景事情、立法趣旨を理解することに加え、常にきちんと条文を参照して学習する習慣、重要な裁判例については論旨を含め正確に理解する習慣を身に付けて、法体系全体の仕組みや個々の条文の文言、重要な論点とその意義を正確に理解することが肝要である。また、環境法令はしばしば改正されるので、法令の動向には常に目を向けておくことが望まれる。加えて、少なくとも司法試験用法文に掲載されている法令に関しては、法文を確認しつつ環境法の教科書等の読解を進める、試験の出題

は丁寧に読む学習態度、教科書や判例集に必ず記述のある基本判例に関して、主観的な思い込みに左右されずに偏りなく理解しておく学習態度を身に付けることを強く期待したい。さらに、法政策における基本的な概念、原則や考え方については、その表層を理解するだけでなく、個々の法律の規定との関係で具体的に把握することが望まれる」（「令和5年司法試験の採点実感（環境法）」41頁以下）。

▶試験合格のための心構え

　試験合格のためには、全科目について、①当たり前のことを当たり前に学習し、②当日これでもかというほど論じることである。これは、ある方から示唆を受けたものである。

　②は当日の作戦ということになるので、日常の学習としては、①がポイントになる。

　そのうえで、①の「当たり前」というのは、やはり「判例」と「過去問（司法試験＋予備試験）＋出題趣旨＋採点実感」を「これでもか」というほど勉強・分析することである。

　点数がとれないのは、この「当たり前」ができていないか、または疎か（中途半端）だからであると経験的に感じるところである。

　受験生にありがちなのは、小難しい演習書や書籍に手を出して、全部中途半端になるような事例かと思う。

　優先順位としては、まずは過去問であって、その過去問を解くために判例を学ぶ、という姿勢が、司法試験の学習のあるべき姿だと思われる。おそらく法曹実務においても、目の前の事案を解決するために、その判例の事案や射程を理解するということになるであろう。

　演習書は学習において主のアイテムではなく、あくまでも過去問の出題や自分の理解で不足している部分を補う位置づけと考えるべきと思われる。

　そして、過去問を「これでもか」というほどやり込んでいるうちに、演習書を一から手を出す余裕も時間も本来はなくなるはずである（このような意味で、本書は過去問をベースにした演習書であるので、極めて効率的なものとい

えるであろう）。

▶論点カード

　具体的な方法として、著者は、司法試験の過去問分析を踏まえて、全科目につき「論点カード」を作成し、反復継続して徹底的に理解・暗記した。

　自分で理解した内容しか本番で使えないので、市販されているものや予備校本のものとは違うオリジナルのものである。

　論点主義については批判もある。しかし、それは論点の使い方が、ただ吐き出したような内容で、事例にそぐわないからであって、そもそも判例等の規範を覚えるのは受験勉強においては「当たり前」である。

　受験生においては、この「当たり前」ができているかを意識すべきだと思われる。

【凡　例】

〔法令名〕

アセス法	環境影響評価法
瀬戸内法	瀬戸内海環境保全特別措置法
公紛法	公害紛争処理法
大防法	大気汚染防止法
水濁法	水質汚濁防止法
土対法	土壌汚染対策法
廃掃法	廃棄物の処理及び清掃に関する法律
循基法	循環型社会形成推進基本法
容リ法	容器包装に係る分別収集及び再商品化の促進等に関する法律
自公法	自然公園法
温対法	地球温暖化対策の推進に関する法律

行訴法	行政事件訴訟法
刑訴法	刑事訴訟法
公水法	公有水面埋立法
国賠法	国家賠償法
民訴法	民事訴訟法
民保法	民事保全法

〔判例集・法律雑誌等〕

民集	最高裁判所民事判例集
刑集	最高裁判所刑事判例集
行集	行政事件裁判例集
集民	最高裁判所裁判集民事
判解	最高裁判所判例解説

判時	判例時報
判タ	判例タイムズ
判自	判例地方自治
訟月	訟務月報

〔参考文献〕

大塚	大塚直『環境法ＢＡＳＩＣ〔第4版〕』（有斐閣、2023年4月）
北村	北村喜宣『環境法〔第6版〕』（弘文堂、2023年9月）
越智	越智敏裕『環境訴訟法〔第2版〕』（日本評論社、2020年4月）
髙橋	髙橋滋『法曹実務のための行政法入門』（判例時報社、2021年9月）
中原	中原茂樹『基本行政法〔第4版〕』（日本評論社、2024年2月）
吉村	吉村良一『不法行為法〔第6版〕』（有斐閣、2022年8月）

第1章

環境紛争総論

① 環境権訴訟[1]

〔設問〕

　Aは、B県C町にある自己所有の山林を造成して、ゴルフ場を開発する計画を立てた。Dらは、隣接するB県E市に居住する住民であり、古くから桜や紅葉の名所として名高い上記計画地域にハイキングに訪れ、森林浴を楽しんできた。また、上記計画地域には、絶滅が危惧されている野生生物が生息している。Dらは何とかこの開発を阻止したいと考えている。

　Dらは、Aに対して環境権に基づき差止訴訟を提起することができるか。

(1)　環境権構成

　Dらは、憲法13条、25条に基づき、健康で快適な生活を維持するに足る良好な環境を享受し支配する権利である「環境権」[2]を有し、これを根拠に民事差止請求訴訟を提起することが考えられる。

(2)　行政府の見解

　環境基本法の立案段階では、環境権を法文化することが大きな論点となっていた。しかし、環境基本法を見渡しても、環境権という表題の条文は見当たらない。

(A)　立案担当者の見解

　立案担当者によれば、環境権の趣旨は、環境基本法3条に的確に位置づけられているとする。すなわち、「①人間が健康で文化的な生活を送るためには、

1　司法試験・環境法・平成18年度・第2問・改題。
2　最判昭和60・12・20判時1181号77頁〔豊前火力発電所事件〕。

良好な環境は欠くことができないものと認識している。②しかしながら、こうした趣旨を法律上の『権利』として位置づけることについては、法的権利としての性格についていまだ定説がなく、判例においても認められていないことや具体的な権利内容について不明確であることから困難である。③環境基本法案の基本理念（第3条）において、『環境を健全で恵み豊かなものとして位置づけることが人間の健康で文化的な生活に欠くことができないものであること』、『現在及び将来の世代の人間が健全で恵み豊かな環境の選択を享受する』ことができるようにしなければならないことを規定したところであり、これによりいわゆる環境権の趣旨とするところは、法案に的確に位置づけられている」と指摘する[3]。

(B)　内閣法制局の見解

　内閣法制局は、環境権を憲法25条に位置づけている。「環境権」について、大出峻郎内閣法制局長官（当時）は、「いわゆる環境権といいますのは、学説などにおきますと国民が良好な環境を享受する権利として提唱されているようでございますが、その内容につきましては、国民は良好な環境を享受する権利を持つというそういう原則を示したものであって、いわゆる具体的な権利というものではないと、こういうような考え方をとる者もありますし、そうではなくて、侵害行為の差しとめだとかあるいは損害賠償の請求の根拠となるそういう実体的な権利であるというような考え方など、まあ学説においてはいろいろあるわけでございますが、現在のところいわゆる定説と言われるようなものはないというふうに承知をいたしておるわけであります。憲法との関係でございますけれども、環境権という名前の権利がその名前において憲法上保障されているわけではない、これは言うまでもないところでございますが、憲法第25条第1項におきまして、国民が『健康で文化的な最低限度の生活を営む権利を有する。』、こういうふうにされていることから、国は国民が健康で文化的な最低限度の生活ができるように環境保全のための諸施

3　環境省総合環境政策局総務課編著『環境基本法の解説〔改訂版〕』（ぎょうせい、2002年）98頁。

策を実施するそういう責務があり、このような国の責務を果たすための基本理念というようなことであるといたしますれば、それは憲法25条に由来するものと言うことができるのではないかというふうに考えられるわけであります」と説明した。[4]

(3) 司法府の見解

判例は環境権を認めない。たとえば、環境権が差止請求の法的根拠となるかについて、後述の国道43号訴訟控訴審判決は、要旨、「いわゆる環境権について、全く実体法上の根拠がないのみならず、その成立要件・内容・法的効果等も不明確であり、私法上の権利として承認することは、法的安定性を害し、許されない」と判示した。[5]　なお、上告審では「人格権」を差止請求の法的根拠とする控訴審判決の前提となる立場を黙示に是認した。[6]

このように、「環境権」を司（私）法上の法的根拠とせずとも、人格権構成を採用すれば足りるので、実際上の問題はないように思われる。

■設問の検討

これを本設問についてみると、裁判実務において「環境権」が認められることはおよそ困難と思われ、環境権に基づく差止請求は認められない。また、人格権構成についても、裁判例によれば、豊かな自然環境の恩恵を享受する権利ないし利益は恩恵にすぎず、人格的生存に不可欠ではなく、人格権ではカバーし得ない人格権の外延領域であるから、[7]　やはり認められないと思われる。

(4) 自治体の条例

地方自治体の条例においては、次のとおり「環境権」を明記しているところもある。

4　平成5年3月22日参議院予算委員会。
5　大阪高判平成4・2・20判時1415号3頁・判タ780号64頁〔国道43号訴訟・控訴審〕。
6　最判平成7・7・7民集49巻7号2599頁〔国道43号訴訟・上告審〕。
7　越智369頁。

① 東京都環境基本条例・前文 「もとより、すべての都民は、良好な環境の下に、健康で安全かつ快適な生活を営む権利を有するとともに、恵み豊かな環境を将来の世代に引き継ぐことができるよう環境を保全する責務を担っている。また、都民の福祉の向上を図ることを使命とする東京都は、現在及び将来の都民が健康で安全かつ快適な生活を営む上で欠くことのできない良好な環境を確保する責務を有するものである」。

② 大阪市環境基本条例・前文 「すべての市民は、安全で健康かつ快適な生活を営むことができる良好な都市の環境を享受する権利を有するとともに、このかけがえのない都市の環境を未来の市民に引き継いでいくために行動する責務を有している」。

③ 川崎市環境基本条例・前文 「もとより、すべての人は、健康で文化的な生活を営む上で必要となる安全で健康かつ快適な環境を享受する権利を有するとともに、このような環境を保全し、将来の世代に引き継ぐべき責務を有している」。

② 国立景観訴訟判決・鞆の浦訴訟判決・国道43号訴訟判決[8]

　A県B町は、瀬戸内海に面した湾内に位置し、古くから海上交通の要衝として栄えた港町である。海岸には、中世からの港湾設備群や壮麗な神社等の歴史的建造物が並び、それらが良好な状態で保存されている。同じ湾内の、B町の対岸側にあるA県C町からは、B町海岸の歴史的建造物があたかも海に浮かんでいるように見えるため、C町からの景観は名勝として知られ、C町住民は、その特徴的な歴史的景観を日常的に遠望していた。

　A県は、事業者として、県内の他地域における幹線道路の慢性的な交通渋滞を緩和するため、上記湾内の公有水面を埋め立て、埋立地に新たな地上式の県道（以下、「計画道路」という）を設置する事業（以下、「本件事業」という）を計画した。計画道路は、C町を通る予定である。本件事業による湾の埋立てにより、B町の歴史的建造物が並ぶ海岸地先海面も埋め立てられることとなった。本件事業の計画に際し、埋立工事を行わず、別地区にトンネルを掘削する代替案も検討されたが、代替案では、幹線道路の交通混雑解消の効果が、埋立工事を行う場合の約70％であるとして、採用されなかった。

　なお、A県は、政府が瀬戸内海環境保全特別措置法3条1項に基づき策定した「瀬戸内海環境保全基本計画」に基づいて、「瀬戸内海環境保全に関するA県計画」を策定しており、これには、「瀬戸内海の自然景観と一体をなしている史跡、名勝、天然記念物等については、その指定、管理等に係る制度の適正な運用等によりできるだけ良好な状態で保全するよう努めるものとする」との規定がある。

8　司法試験・環境法・平成24年度・第2問・改題。

　Ａ県は、Ａ県知事に対し、公有水面埋立法４条１項に基づき埋立免許を申請し、Ａ県知事は、Ａ県に対し、公有水面の埋立免許を付与した。その後、本件事業による埋立工事が竣工した結果、Ｃ町からは、Ｂ町の歴史的建造物が海に浮かんでいるようには見えなくなり、特徴的な歴史的景観が損なわれた。

〔設問Ⅰ〕

　Ｃ町に住むＸは、長年、Ｂ町の歴史的建造物の見える景観を日常的に楽しんでいたが、本件事業による埋立てにより、特徴的な歴史的景観が損なわれ、精神的苦痛を感じているため、訴訟を提起して、損害の賠償を受けたいと考えている。

　Ｘは、誰に対してどのような請求ができるか。また、当該訴訟において予想される争点について、Ｘがどのような主張をすべきか。

〔設問Ⅱ〕

　本件事業に係る計画道路の供用開始後、当該道路の交通量が増加し、Ｃ町では当該道路を通行する自動車の騒音が激しくなり、Ｘの居住地では、昼夜の各環境基準を５デシベル超える騒音が毎日のように測定されるようになった。Ｘは、生活妨害による精神的苦痛を感じているため、訴訟を提起して、損害の賠償を受けたいと考えている。

　Ｘは、誰に対してどのような請求ができるか。また、当該訴訟において予想される争点について、Ｘがどのような主張をすべきか。

【参考】
○　公有水面埋立法（大正10年４月９日法律第57号）（抄録）
第２条　埋立ヲ為サムトスル者ハ都道府県知事（地方自治法（昭和22年法律第67号）第252条の19第１項ノ指定都市ノ区域内ニ於テハ当該指定都市ノ長以下同ジ）ノ免許ヲ受クヘシ
２・３　（略）
第４条　都道府県知事ハ埋立ノ免許ノ出願左ノ各号ニ適合スト認ムル場合ヲ除クノ外埋立ノ免許ヲ為スコトヲ得ズ

　　一　国土利用上適正且合理的ナルコト

　　二　其ノ埋立ガ環境保全及災害防止ニ付十分配慮セラレタルモノナルコト

　　三　埋立地ノ用途ガ土地利用又ハ環境保全ニ関スル国又ハ地方公共団体（港
　　　務局ヲ含ム）ノ法律ニ基ク計画ニ違背セザルコト

　　四　埋立地ノ用途ニ照シ公共施設ノ配置及規模ガ適正ナルコト

　　五・六　（略）

　2・3　（略）

○　瀬戸内海環境保全特別措置法（昭和48年10月2日法律第110号）（抄録）

（目的）

第1条　この法律は、瀬戸内海の環境の保全に関する基本理念を定め、及び
　　瀬戸内海の環境の保全上有効な施策の実施を推進するための瀬戸内海の環
　　境の保全に関する計画の策定等に関し必要な事項を定めるとともに、特定
　　施設の設置の規制、富栄養化による被害の発生の防止、生物の多様性及び
　　生産性の確保のための栄養塩類の管理、自然海浜の保全、環境保全のため
　　の事業の促進等に関し特別の措置を講ずることにより、瀬戸内海の環境の
　　保全を図ることを目的とする。

（定義）

第2条　この法律において「瀬戸内海」とは、次に掲げる直線及び陸岸によつ
　　て囲まれた海面並びにこれに隣接する海面であつて政令で定めるものをい
　　う。

　　一　和歌山県紀伊日ノ御埼灯台から徳島県伊島及び前島を経て蒲生田岬灯
　　　台に至る直線

　　二　愛媛県佐田岬灯台から大分県関埼灯台に至る直線

　　三　山口県火ノ山下潮流信号所から福岡県門司埼灯台に至る直線

　2　この法律において「関係府県」とは、大阪府、兵庫県、和歌山県、岡山県、
　　広島県、山口県、徳島県、香川県、愛媛県、福岡県及び大分県並びに瀬戸
　　内海の環境の保全に関係があるその他の府県で政令で定めるものをいう。

　3　この法律において「関係府県知事」とは、関係府県の知事をいう。

（瀬戸内海の環境の保全に関する基本理念）

第2条の2　瀬戸内海の環境の保全は、瀬戸内海が、我が国のみならず世界
　　においても比類のない美しさを誇り、かつ、その自然と人々の生活及び生
　　業並びに地域のにぎわいとが調和した自然景観と文化的景観を併せ有する
　　景勝の地として、また、国民にとつて貴重な漁業資源の宝庫として、その

恵沢を国民がひとしく享受し、後代の国民に継承すべきものであることに鑑み、気候変動による水温の上昇その他の環境への影響が瀬戸内海においても生じていること及びこれが長期にわたり継続するおそれがあることも踏まえ、瀬戸内海を、人の活動が自然に対し適切に作用することを通じて、美しい景観が形成されていること、生物の多様性及び生産性が確保されていること等その有する多面的価値及び機能が最大限に発揮された豊かな海とすることを旨として、行わなければならない。

2　瀬戸内海の環境の保全に関する施策は、環境の保全上の支障を防止するための規制の措置のみならず、地域の多様な主体による活動を含め、藻場、干潟その他の沿岸域の良好な環境の保全、再生及び創出等の瀬戸内海を豊かな海とするための取組を推進するための措置を併せて講ずることにより、総合的かつ計画的に推進されるものとする。

3　瀬戸内海の環境の保全に関する施策は、瀬戸内海の湾、灘その他の海域によつてこれを取り巻く環境の状況等が異なることに鑑み、瀬戸内海の湾、灘その他の海域ごとの実情に応じて行われなければならない。

（瀬戸内海の環境の保全に関する基本となるべき計画）

第3条　政府は、前条の基本理念にのつとり、瀬戸内海の環境の保全上有効な施策の実施を推進するため、瀬戸内海の沿岸域の環境の保全、再生及び創出、水質の保全及び管理、自然景観及び文化的景観の保全、水産資源の持続的な利用の確保等に関し、瀬戸内海の環境の保全に関する基本となるべき計画（以下「基本計画」という。）を策定しなければならない。

2〜4　（略）

（瀬戸内海の環境の保全に関する府県計画）

第4条　関係府県知事は、第2条の2の基本理念にのつとり、かつ、基本計画に基づき、当該府県の区域において瀬戸内海の環境の保全に関し実施すべき施策について、瀬戸内海の環境の保全に関する府県計画（以下「府県計画」という。）を定めるものとする。

2〜6　（略）

（埋立て等についての特別の配慮）

第13条　関係府県知事は、瀬戸内海における公有水面埋立法（大正10年法律第57号）第2条第1項の免許又は同法第42条第1項の承認については、第2条の2第1項の瀬戸内海の特殊性につき十分配慮しなければならない。

2　（略）

設問 I

(1) 訴訟物

国または公共団体の公権力の行使にあたる公務員が、その職務を行うについて、故意または過失によって違法に他人に損害を加えたときは、国または公共団体が、これを賠償する責任を負う（国賠法 1 条 1 項）。実体的要件は、①公権力の行使にあたる公務員であること、②職務を行うについてなされたこと、③損害、④因果関係（「によって」）、⑤故意または過失、⑥違法性の 6 点である。

設問の検討

これを本設問についてみると、Xが訴訟を提起する場合の訴訟物として、A県知事の違法な処分またはA県の違法な埋立工事によるA県に対する国賠法 1 条 1 項に基づく損害賠償請求が考えられる。本件では、被侵害利益は何か（③または⑥または独立要件の充足性）、また、侵害行為を、A県知事による処分とするか、A県による埋立工事とするかはいずれもありうるところ、A県知事の処分またはA県の埋立工事が違法な侵害行為といえるかが問題となる（⑥の充足性）。

(2) 被侵害利益

まず、被侵害利益については、違法性要件の考慮要素とみるか、損害の要件か、独立した「法律上保護された利益」侵害の要件かは 1 つの問題である。私見としては、「法律上保護された利益」を独立要件とみるのが妥当と考える。そもそも、国家賠償請求訴訟は行政事件訴訟ではなく、一般の民事訴訟であることを踏まえると、私見の位置づけによれば、当事者適格に位置づけられるといえようか。

そのうえで、被侵害利益が何かが問題となるところ、ⓐ景観権が認められるか、ⓑ（ⓐ景観権が認められないとしても）景観利益が認められるか、を検

討することになる。

(A)　景観権

　被侵害利益としては、まず景観権が考えられる。しかし、国立景観訴訟判決[9]は、景観権について、「現時点においては、私法上の権利といい得るような明確な実体を有するものとは認められず、景観利益を超えて『景観権』という権利性を有するものを認めることはできない」とする。調査官解説[10]は、その理由として、「法律による財産権の制約が権利制限の上限を画するものと考えられている分野において、法律及び条例の基準に適合した建物の建築差止めや建築物の除去までも可能にする権利を承認するのであれば、その権利は、内容や効力が及ぶ範囲、発生の根拠、権利主体などについて明確な判断を下すことができるようなものでなければならないが、景観利益については、このような観点からすると、いまだ権利性を承認し得る程度に成熟したものになっているとは言い難い」ことをあげる。

　以上を踏まえると、被侵害利益として景観権が認められることは訴訟上およそ困難と思われる。

(B)　景観利益

　そこで次に、景観利益が考えられる。景観利益についても、国立景観訴訟判決を踏まえて、その性質・内容、法律上保護される利益といえるかどうかを検討し、Ｘが当該利益を有するかが問題となる。

(a)　良好な景観の恵沢を享受する利益

　国立景観訴訟判決は、「良好な景観に近接する地域内に居住し、その恵沢を日常的に享受している者は、良好な景観が有する客観的な価値の侵害に対して密接な利害関係を有するものというべきであり、これらの者が有する良好な景観の恵沢を享受する利益は、法律上保護に値する」とする。

9　最判平成18・3・30民集60巻3号948頁〔国立景観訴訟〕。
10　髙橋譲「判解」最判解民事篇平成18年度(上)425頁、448頁。

(b)　検討手順

　裁判例[11]は、「原告らの景観利益を根拠とする行訴法所定の法律上の利益の有無について判断」するために、まず国立景観訴訟判決の判断枠組みを確認したうえで、「さらに進んで、上記のような利益を有する者が、行訴法の法律上の利益をも有する者といえるか否かについて検討」し、そのうえで「原告らのうち、どの範囲の者が上記景観利益を有する者といえるか」という検討手順を踏んでいる。これを参考に本設問を検討する。

■設問の検討

　景観は、良好な風景として人々の歴史的または文化的環境を形づくり、それが豊かな生活環境を構成する場合には、客観的価値を有するものというべきである。そして、客観的価値を有する良好な景観に近接する地域内に居住し、その恵沢を日常的に享受している者は、良好な景観が有する客観的な価値の侵害に対して密接な利害関係を有するものというべきであり、これらの者が有する良好な景観の恵沢を享受する利益（景観利益）は、法律上保護に値するものと考えられる。

　これを本設問についてみると、A県B町は、瀬戸内海に面した湾内に位置し、古くから海上交通の要衝として栄えた港町である。海岸には、中世からの港湾設備群や壮麗な神社等の歴史的建造物が並び、それらが良好な状態で保存されている。同じ湾内の、B町の対岸側にあるA県C町からは、B町海岸の歴史的建造物があたかも海に浮かんでいるように見えるため、C町からの景観は名勝として知られ、C町住民は、その特徴的な歴史的景観を日常的に遠望していた。

　上記の港湾施設として各遺構や古い町並みおよび建造物等は、B町が、長年にわたり港町として栄え、歴史的出来事や幾多の人々の経済的、政治的、文化的な営みの舞台となってきたことを物語るものであることからすれば、上記風景は、美しい景観としての価値にとどまらず、全体と

11　広島地判平成21・10・1判時2060号3頁〔鞆の浦訴訟〕。

して、歴史的、文化的価値をも有するものといえる（以下、この全体としての景観を「B町の景観」という）。

そして、このB町の景観がこれに近接する地域に住む人々の豊かな生活環境を構成していることは明らかであるから、このような客観的な価値を有する良好なB町の景観に近接する地域内に居住し、その恵沢を日常的に享受している者の景観利益は、法律上保護に値するものというべきである。

そこで、さらに進んで、上記のような利益を有する者が、国賠法における法律上の利益をも有する者といえるか否かについて検討する。

瀬戸内法13条1項は、関係府県の知事が公水法2条1項の免許の判断をするにあたっては、「瀬戸内法2条の2第1項に規定されている瀬戸内海の特殊性につき十分配慮しなければならない」と規定し、同項は、瀬戸内海の特殊性として、「瀬戸内海が、わが国のみならず世界においても比類のない美しさを誇る景勝地として、その恵沢を国民がひとしく享受し、後代の国民に継承すべきものである」ことを規定している。この規定は、国民が瀬戸内海について有するところの一般的な景観に対する利益を保護しようとする趣旨のものと解される。

公水法4条1項3号は、埋立地の用途が土地利用または環境保全に関する国または地方公共団体の法律に基づく計画に違背していないことを埋立免許の要件としている。そして、A県は、政府が瀬戸内法3条1項に基づき策定した「瀬戸内海環境保全基本計画」に基づいて、「瀬戸内海環境保全に関するA県計画」を策定しており、これには、「瀬戸内海の自然景観と一体をなしている史跡、名勝、天然記念物等については、その指定、管理等に係る制度の適正な運用等によりできるだけ良好な状態で保全するよう努めるものとする」との規定がある。この規定は、国民の中で瀬戸内海とかかわりの深い地域住民の瀬戸内海について有するところの景観等の利益を保護しようとする趣旨のものと解される。

また、景観利益は、生命・身体等といった権利とはその性質を異にす

るものの、日々の生活に密接に関連した利益といえるし、一度損なわれたならば、金銭賠償によって回復することは困難な性質のものである。

　以上の公水法およびその関連法規の諸規定および解釈のほか、本件埋立てによって侵害されるB町の景観の価値および回復困難性といった被侵害利益の性質並びにその侵害の程度をも総合勘案すると、公水法およびその関連法規は、法的保護に値する、B町の景観を享受する利益をも個別的利益として保護する趣旨を含むものと解するのが相当である。

　したがって、上記景観利益を有すると認められる者は、本件埋立免許の差止めを求めるについて、当事者適格を有する者であるといえる。

　なお、鞆の浦訴訟判決は、「瀬戸内法は、瀬戸内海の景観を保護する趣旨を含む法規ではあるものの、このための具体的な規制を内容とする規定を備えていない。しかし、瀬戸内法の対象区域は広大で、その景観も多様であり、これに一律の、あるいは、具体的な行政規制をすることは到底困難なことであるから、このような規定がないことを理由に上記の結論を覆すことはできない」とする。本設問の検討でも、このことは変わりないと考えられる。

　続いて、Xが上記景観利益を有する者といえるかについて、検討する。鞆の浦訴訟判決は、「鞆町は比較的狭い範囲で成り立っている行政区画であり、その中心に本件湾が存在すること……からすれば、鞆町に居住している者は、鞆の景観による恵沢を日常的に享受している者であると推認されるから、本件埋立免許の差止めを求めるについて、行訴法所定の法律上の利益を有する者であるといえる。しかし、鞆町に居住していない者は、上記景観による恵沢を日常的に享受するものとまではいい難いから、本件埋立免許の差止めを求めるについて、行訴法所定の法律上の利益を有する者とはいえない」とし、「町に居住している」かをメルクマールにしている。

　これを本設問についてみると、C町住民は、特徴的な歴史的景観を日常的に遠望しているところ、XはC町に住むので、「町に居住している」

｜といえ、「法律上の利益を有する」といえる。

(3) 違法性

景観利益を被侵害利益とする場合、国立景観訴訟判決を参考に、当該利益が違法に侵害されたかどうかを検討する必要がある。同判例は、「建物の建築が第三者に対する関係において景観利益の違法な侵害となるかどうかは、被侵害利益である景観利益の性質と内容、当該景観の所在地の地域環境、侵害行為の態様、程度、侵害の経過等を総合的に考察して判断すべき」とし、「ある行為が景観利益に対する違法な侵害に当たるといえるためには、少なくとも、その侵害行為が刑罰法規や行政法規の規制に違反するものであったり、公序良俗違反や権利の濫用に該当するものであるなど、侵害行為の態様や程度の面において、社会的に容認された行為としての相当性を欠くことが求められる」と判示した。判例は「行政法規の規制に反するもの」と例示している理由について、「景観利益の保護は、一方において当該地域における土地・建物の財産権に制限を加えることとなり、その範囲・内容等をめぐって周辺の住民相互間や財産権者との間で意見の対立が生ずることも予想されるのであるから、景観利益の保護とこれに伴う財産権等の規制は、第一次的には、民主的手続により定められた行政法規や当該地域の条例等によってなされることが予定されている」ことをあげる。また、調査官解説は、「その侵害行為が刑罰法規や行政法規の規制に違反するもの」であることを例示している理由について、「これは権利利益が、法律上の権利ではなく、現時点においてはいまだ被侵害利益としてそれほど強固なものとは認め難いことから、そのこととの相関関係に照らし、侵害行為の態様や程度の面においてより大きく相当性が欠如することを要するとしたものと解される」ことをあげる。

🔲設問の検討

本設問においては、侵害行為が「行政法規の規制に違反する」ものであるかを検討することになるが、その際、①公水法４条１項２号・３号の判断にあたって、瀬戸内法13条１項が「配慮しなければならない」、

Ａ県計画が「保全するよう努めるものとする」としていることの意味や、②代替案を採用しなかったことが「行政法規の規制に違反する」といえるかが問題となる。

(A)　公水法４条１項２号

公水法４条１項は、「都道府県知事ハ埋立ノ免許ノ出願左ノ各号ニ適合スト認ムル場合ヲ除クノ外埋立ノ免許ヲ為スコトヲ得ズ」としたうえで、同項２号は、「其ノ埋立ガ環境保全及災害防止ニ付十分配慮セラレタルモノナルコト」を定めている。同号は、「水面を変じて陸地となる埋立行為そのものに特有の配慮事項を定めたもの」とされ、埋立地の竣功後の利用形態ではなく、埋立行為そのものに関して必要となる環境保全措置等を審査するものであり、また、ここでいう「十分配慮」とは、「問題の現況及び影響を的確に把握した上で、これに対する措置が適正に講じられていることであり、その程度において十分と認められることをいう」と説明されている[12]。

ところで、わが国と米国との間で返還の合意がされた沖縄県宜野湾市所在の普天間飛行場の代替施設を同県名護市辺野古沿岸域に建設するための公有水面の埋立てにつき争われた事案において、判例は[13]、「公有水面埋立法４条１項２号の『其ノ埋立ガ環境保全及災害防止ニ付十分配慮セラレタルモノナルコト』という要件（第２号要件）は、公有水面の埋立て自体により生じ得る環境保全及び災害防止上の問題を的確に把握するとともに、これに対する措置が適正に講じられていることを承認等の要件とするものと解されるところ、その審査に当たっては、埋立ての実施が環境に及ぼす影響について適切に情報が収集され、これに基づいて適切な予測がされているか否かや、事業の実施により生じ得る環境への影響を回避又は軽減するために採り得る措置の有無や内容が的確に検討され、かつ、そのような措置を講じた場合の効果が適切に評価されているか否か等について、専門技術的な知見に基づいて検

12　建設省河川局水政課「公有水面埋立ハンドブック」42頁〜43頁。
13　最判平成28・12・20民集70巻9号2281頁〔地方自治法251条の7第1項の規定に基づく不作為の違法確認請求事件〕。

討することが求められるということができる。そうすると、裁判所が、公有水面の埋立てが第2号要件に適合するとした都道府県知事の判断に違法等があるか否かを審査するに当たっては、専門技術的な知見に基づいてされた上記都道府県知事の判断に不合理な点があるか否かという観点から行われるべき」と判示した。

　平成28年最判の調査官解説[14]は、「第2号要件が、埋立工法を含めた埋立行為そのものに係る要件であるのか、又は埋立地の用途も含めた要件であるのかが問題とされている。この点については、公水法4条1項2号が『其の埋立』との文言を用いる一方、同項3号が『埋立地ノ用途』につき、土地利用または環境保全に関する国又は地方公共団体……の法律に基づく計画に違背せざることを免許基準（承認基準）の要件として定めており、同項2号は埋立行為そのものの要件を定めたと解するのが文理上自然であることなどからすると、第2号要件は埋立行為そのものについて定めた要件であると解することが相当である」とする。

　そのうえで、具体的な事案の検討にあっては、「本件埋立事業が第2号要件に適合するか否かは沖縄県が定めた審査基準に基づいて検討されているところ、この審査基準に特段不合理な点があることはうかがわれない」こと、「前知事は、関係市町村長及び関係機関からの回答内容や沖縄防衛局からの回答内容を踏まえた上で、本件埋立事業が第2号要件に適合するか否かを専門技術的な知見に基づいて審査し、①護岸その他の工作物の施工、②埋立てに用いる土砂等の性質への対応、③埋立土砂等の採取、運搬及び投入、④埋立てによる水面の陸地化において、現段階で採り得ると考えられる工法、環境保全措置及び対策が講じられており、更に災害防止にも十分配慮されているとして、第2号要件に適合すると判断しているところ、その判断過程及び判断内容に特段不合理な点があることはうかがわれない」ことから「本件埋立事業が第2号要件に適合するとした前知事の判断に違法等があるということは

14　衣斐瑞穂「判解」最判解民事篇平成28年度580頁、593頁。

できない」とした。

◼設問の検討

　これを本設問についてみると、瀬戸内法13条１項が「配慮しなければならない」とし、Ａ県計画も「保全するよう努めるものとする」とあるところ、本件事業による埋立工事が竣工した結果、Ｃ町からは、Ｂ町の歴史的建造物が海に浮かんでいるようには見えなくなり、特徴的な歴史的景観が損なわれたというのであるから、その埋立てが環境保全につき十分配慮されたものではなかったことが推認でき、判断過程および判断内容が著しく不合理であったということができる。

　したがって、行政法規の規制に違反する。

(B)　代替案の不採用

代替案を採用しなかったことをどのように評価するか。代替案を検討していたとしても、被侵害利益や侵害態様を鑑みて、代替案を採用すべき場合に、その代替案を採用しないことは違法というべきである。

◼設問の検討

　これを本設問についてみると、事業計画に際し、埋立工事を行わず、別地区にトンネルを掘削する代替案も検討されたが、代替案では、幹線道路の交通混雑解消の効果が、埋立工事を行う場合の約70％であるとして、採用されなかったという。

　確かに交通解消の効果は高ければ高いほど利便性が向上する。しかし、一方で被侵害利益は上述のとおり景観利益であり、景観は、一度失えば二度と同じ景色は復元することはできないのであるから、70％の混雑解消効果でも十分であり、比較衡量上、より高みをめざす合理性に乏しい。

　したがって、本件埋立行為は行政法規の規制に違反するものであり、侵害行為の態様や程度の面において、社会的に容認された行為としての相当性を欠くといえるから、景観利益に対する違法な侵害に当たる。

設問II

(1) 訴訟物

　道路、河川その他の公の営造物の設置または管理に瑕疵があったために他人に損害を生じたときは、国または公共団体は、これを賠償する責任を負う（国賠法2条1項）。実体的要件は、①公の営造物であること、②設置または管理に瑕疵があったこと、③損害、④因果関係の4点である。

◙設問の検討

　　これを本設問についてみると、Xが訴訟を提起する場合の訴訟物として、「道路」の設置管理の瑕疵によるA県に対する国賠法2条1項に基づく損害賠償請求が考えられる。特に、①被侵害利益は何か、②道路の設置管理に瑕疵があるといえるか、③自動車騒音が受忍限度を超えるといえるか、が問題となる。

(2) 被侵害利益

　被侵害利益としては、人格権が考えられる。国道43号訴訟判決[15]は、違法性が肯認されることが公の営造物の供用差止めの請求を認容するための要件であることを明示しており、人格権を差止請求の法的根拠とする立場を是認している[16]。

　上告審は明示的な判断はしていないので、国道43号訴訟判決の控訴審判決[17]を参考にすると、人格権について、人は平穏裡に健康で快適な生活を享受する利益を有し、それを最大限に保障することは国是であり、憲法13条、25条がその指針を示すものであるが、このような人格的利益の保障された人の地位は、排他的な権利としての人格権として構成されるに価するから、

15　前掲（注6）・最判平成7・7・7。
16　田中豊「判解」最判解民事篇平成7年度(下)710頁、737頁。
17　前掲（注5）・大阪高判平成4・2・20。

差止請求の根拠となりうるというべきである。

　もっとも、控訴審判決は、「人格権として保護されるべき法益は、生命、身体及び健康から日常の平穏かつ快適な生活まで多様であるが、それらの侵害に対して差止が容認されるのは、その侵害が基本的に違法と判断される場合でなければならない」と判示した。

(3)　瑕　疵

　大阪国際空港訴訟判決[18]と国道43号訴訟判決は、国賠法2条1項の営造物の設置または管理の「瑕疵」の意義につき、要旨、「営造物が通常有すべき安全性を欠いている状態、すなわち他人に危害を及ぼす危険性のある状態をいうのであるが、これには営造物が供用目的に沿って利用されることとの関係においてその利用者以外の第三者に対して危害を生ぜしめる危険性がある場合をも含む」としたうえで、「営造物の設置・管理者において、このような危険性のある営造物を利用に供し、その結果周辺住民に社会生活上受忍すべき限度を超える被害が生じた場合には、原則として同項の規定に基づく責任を免れることができない」と判示した。

　大阪国際空港訴訟判決の調査官解説[19]では、供用関連瑕疵も含まれる理由について、「営造物の種類が多様となり、その構造も複雑化する一方、これに対する利用の態様・程度も高度化し、これに伴って営造物の管理方法も複雑化、高度化するという傾向のみられる今日の状況を前提として考えると、設置・管理行為の不適切が危害を招く可能性は少なくなく、しかも、危害が物的施設あるいは設置・管理行為のいかなる点に起因するのかを特定することは部外者にとってはしばしば困難であり、物的施設の欠陥についてのみ無過失責任を負うものとしたのでは危険責任を認めた方の趣旨が貫徹されない」ことをあげる。

　そのうえで具体的なあてはめでは、「道路の周辺住民から道路の設置・管

18　最判昭和56・12・16民集35巻10号1369頁〔大阪国際空港訴訟〕。
19　加茂紀久男「判解」判解民事篇昭和56年度659頁、771頁。

20

理者に対して同項の規定に基づき損害賠償の請求がされた場合において、右道路からの騒音、排気ガス等が右住民に対して現実に社会生活上受忍すべき限度を超える被害をもたらしたことが認定判断されたときは、当然に右住民との関係において右道路が他人に危害を及ぼす危険性のある状態にあったことが認定判断されたことになる」と判示し、「『現実に社会生活上受忍すべき限度を超える被害をもたらした』→『道路の設置又は管理に瑕疵があった』」という検討手順を踏んでいる。

◨ 設問の検討

　これを本設問についてみると、「瑕疵」があるかを単独で検討することはせずに、被害が受忍限度にあるかを検討することになろう。

(4)　違法性

　大阪国際空港訴訟判決と国道43号訴訟判決は、違法性の判断を経由して「瑕疵」の有無を決するという立場に立ったうえで、違法性（受忍限度を超えること）の判断要素およびその評価につき、要旨、「営造物の供用が第三者に対する関係において違法な権利侵害ないし法益侵害となり、営造物の設置・管理者において賠償義務を負うかどうかを判断するにあたっては、侵害行為の態様と侵害の程度、被侵害利益の性質と内容、侵害行為のもつ公共性ないし公益上の必要性の内容と程度等を比較検討するほか、侵害行為の開始とその後の継続の経過および状況、その間にとられた被害の防止に関する措置の有無およびその内容、効果等の事情をも考慮し、これらを総合的に考察してこれを決すべき」と判示した。

(A)　公共性の違法性判断における位置づけ

　国道43号訴訟判決の調査官解説[20]は、「損害賠償請求における違法性の判断に際し、公共性も判断要素の１つとはなるのであるが、……種々の事情によって制限されたものであって、差止請求における違法性の判断に際してのよう

20　田中・前掲（注16）735頁。

には大きな位置付け（重要性）が与えられるものではない」とし、「生活密着型道路（筆者注：一般の都道府県道や市町村道のように地域住民の生活に密着した道路）は、その地域に人が生活する限り不可欠のものといってよいのであるが、いわゆる幹線道路（筆者注：幹線級の国道や高速道路のように主として広域輸送に奉仕する道路）は、産業政策等各種政策上の合目的性に基づき設置されるものであって、人の日常生活の維持存続に不可欠のものとまでいうことはできないのであるから、後者は、損害賠償請求訴訟における違法性の判断の場面では絶対的優先順位を主張し得るものではない」とする[21]。

このように公共性について、判例は「考慮はするが必ずしも重視はしない」立場を採用していると考えられる。

(B)　公共性の検討要素

国道43号訴訟判決は、損害賠償請求における違法性の判断要素としての公共性の内容と程度を評価するにつき、本件道路の存在によって周辺住民が受ける利益と被る損害との間に彼此相補の関係があるかどうか、本件道路の設置に先立っての被害防止策の実施の有無および事後の被害軽減策の内容と効果についても、検討すべきことを明らかにし、これらは公共性を減殺する要素となる[22]。

(C)　まとめ

国道43号訴訟最高裁判決は、「道路等の施設の周辺住民からその供用の差止めが求められた場合に差止請求を認容すべき違法性があるかどうかを判断するにつき考慮すべき要素は、周辺住民から損害の賠償が求められた場合に賠償請求を認容すべき違法性があるかどうかを判断するにつき考慮すべき要素とほぼ共通するのであるが、施設の供用の差止めと金銭による賠償という請求内容の相違に対応して、違法性の判断において各要素の重要性をどの程度のものとして考慮するかにはおのずから相違があるから、右両場合の違法性の有無の判断に差異が生じることがあっても不合理とはいえない」と判示

21　田中・前掲（注16）734頁。
22　田中・前掲（注16）735頁。

した。

　このように、民事差止請求における違法性の判断枠組みとして、受忍限度についての枠組みを提示し、①侵害行為の態様と侵害の程度、②被侵害利益の性質と内容、③侵害行為のもつ公共性の内容と程度を取り上げて比較衡量をしている。

　一方、同訴訟の損害賠償請求における違法性の判断枠組みは、①侵害行為の態様と侵害の程度、②被侵害利益の性質と内容、③侵害行為のもつ公共性の内容と程度、④被害の防止に関する措置の内容等の4点を考慮している。そして、③の考慮にあたっては、受益と被害の彼此相補の関係が成り立つか、被害対策がみるべき効果をあげているかを検討すべきものとしている。

■設問の検討

　これを本設問についてみると、本件事業に係る計画道路の供用開始後、当該道路の交通量が増加し、C町では当該道路を通行する自動車の騒音が激しくなり、Xの居住地では、昼夜の各環境基準を5デシベル超える騒音が毎日のように測定されるようになった。このように騒音がほぼ一日中沿道の生活空間に流入するという侵害行為によりそこに居住するXは、騒音により睡眠妨害、会話、電話による通話、家庭の団らん、テレビ・ラジオの聴取等に対する妨害およびこれらの悪循環によって生活妨害による精神的苦痛を感じているだろう。他方、確かに本件道路が主として産業物資流通のための地域間交通に相当の寄与をしており、自動車保有台数の増加と貨物および旅客輸送における自動車輸送の分担率の上昇に伴い、その寄与の程度が高くなるに至っているという面も必ずしも否定し得ないのであるが、本件道路は、A県が事業者として、県内の他地域における幹線道路の慢性的な交通渋滞を緩和するため、産業政策等の各種政策上の要請に基づき設置されたいわゆる幹線道路であって、地域住民の日常生活の維持存続に不可欠とまではいうことのできないものであり、Xの一部を含む周辺住民が本件道路の存在によってある程度の利益を受けているとしても、その利益とこれによって被る前記の損害と

　の間に、後者の増大に必然的に前者の増大が伴うというような彼此相補の関係はなく、さらに、A県において騒音等が周辺住民に及ぼす影響を考慮して当初からこれについての対策を実施すべきであったのに、対策が講じられないまま住民の生活領域を貫通する本件道路が開設され、その後に環境対策が講じられた事情も見当たらない。

　そうすると、本件道路の公共性ないし公益上の必要性のゆえに、Xが受けた被害が社会生活上受忍すべき範囲内のものであるということはできず、本件道路の供用が違法な法益侵害にあたり、A県はXに対して損害を賠償すべきである。

〔表1－1〕　国道43号訴訟判決の違法性の判断（○＝考慮する、×＝考慮しない）

	民事差止請求	損害賠償請求
①侵害行為の態様と侵害の程度	○	○
②被侵害利益の性質と内容	○	○
③侵害行為のもつ公共性の内容と程度	○	○
④被害の防止に関する措置の内容等	×	○

③ 公害紛争処理制度[23]

〔設問〕

Xは自己の健康被害について、Y社に対して不法行為に基づく損害賠償請求訴訟を提起しようと考えていたが、因果関係の存在については、原告であるXが主張立証責任を負うことになることがわかった。Xが詳しく調べてみると、このような環境紛争においては、加害行為と健康被害との間の因果関係の立証にあたって、水質調査や検体の調査・分析等の専門的・科学的調査が必要となり、民事訴訟において鑑定（民訴法212条）の申出をすると、その費用の負担が被害者にとって大きな負担となることが明らかになった。

Xが訴訟以外にとりうる法的手段としてどのようなものがあるか。

(1) 公害紛争処理制度の趣旨

公害の被害者が自己の健康被害について、企業等に対して不法行為に基づく損害賠償請求訴訟を提起する場合、因果関係の存在については、原告である被害者が主張立証責任を原則として負う。環境紛争においては、加害行為と健康被害との間の因果関係の立証にあたって、水質調査や検体の調査・分析等の専門的・科学的調査が必要となり、民事訴訟において鑑定（民訴法212条）の申出をすると、その費用の負担が被害者にとって大きな負担となる場合がある。そこで、被害者の負担を軽減するための行政上の紛争解決制度として、公害紛争処理法（以下、「公紛法」という）では各種制度が設けられている[24]。

---

23 司法試験・環境法・平成30年度・第1問・改題。
24 公害等調整委員会「業務案内」（令和6年8月）。

⑵　4 つの手続

　公害紛争処理制度は、大きく「調停」、「あっせん」、「仲裁」、「裁定」の 4 つ
の手続に分かれる。本書では、特に「裁定」について解説する。

(A)　調停・あっせん・仲裁

　「調停」とは、公害紛争処理機関が当事者の間に入って両者の話合いを積
極的にリードし、双方の互譲に基づく合意によって紛争の解決を図る手続で
ある（公紛法31条以下）。

　「あっせん」とは、公害紛争処理機関が当事者間の自主的解決を援助、促
進する目的でその間に入って仲介し、紛争の解決を図る手続で、職権で行う
ことである（公紛法28条以下）。

　「仲裁」とは、紛争解決を公害紛争処理機関に委ね、その判断に従うこと
を合意し、その判断によって紛争の解決を図る手続である（公紛法39条以下）。

(B)　裁　定

　「裁定」には、「責任裁定」と「原因裁定」がある。「責任裁定」とは、公害に
係る被害が発生した場合に、損害賠償責任の有無に関し、法律判断を行うこ
とによってその解決を図る手続である。また、「原因裁定」とは、公害に係る
被害が発生した場合に、加害行為と被害との間の因果関係の存否に関し、法
律判断を行うことによってその解決を図る手続である。

　たとえば、事業活動に伴って生ずる相当範囲にわたる水質汚濁によって健
康被害が生じた事案の場合、「公害」（公紛法 2 条、環境基本法 2 条 3 項）に該当
する。総務省の外局である公害等調整委員会における責任裁定制度（公紛法
42条の12）は、裁判所と同様に損害賠償責任の有無、損害額という法的判断
について裁定するものである。

　これに対し、原因裁定制度（公紛法42条の27）は、加害行為と被害結果との
間の因果関係に特化して判断する手続であり、因果関係の解明のために当事
者が求めた事項以外の事項も判断でき（同法42条の30第 1 項）、因果関係の判
断に当事者以外の第三者が利害関係を有するときは、その第三者も手続に参

加させることができる（同条２項）という特色がある。

　また、そのような手続の活用が考えられる理由として、職権証拠調べとしての鑑定（公紛法42条の16第１項２号、同法42条の33）および事実の調査（同法42条の18、同法42条の33）により、当事者に費用を負担させないで国庫負担により専門的・科学的調査を実施でき（同法44条１項、公紛法施行令17条１項１号。「政令で定めるものを除き」の反対解釈として、政令で定める費用は当事者に負担させないこととなる）、それにより被害者の因果関係の立証の負担を軽減できることがあげられる。

　なお、すでに被害者が民事訴訟を提起していた場合には、受訴裁判所に職権発動を促し、受訴裁判所から公害等調整委員会に原因裁定の嘱託（公紛法42条の32）をすることで、被害者の因果関係の立証の負担を軽減する方法も考えられる。

〔表１－２〕　公害紛争事件の管轄

	都道府県公害審査会等	公害等調整委員会
調停、あっせんおよび仲裁	右の重大事件、広域処理事件および県際事件以外のすべての事件	＜重大事件＞ 大気汚染、水質汚濁により著しい被害が生じ、かつ被害が相当多数の者に及び、または及ぶおそれのある、①生命、身体に重大な被害が生じる事件、②被害の総額が５億円以上の事件 ＜広域処理事件＞ 航空機や新幹線に係る騒音事件 ＜県際事件＞ 複数の都道府県にまたがる事件
裁定	行わない	すべての事件

（出典：公害等調整委員会「業務案内」（2024年８月発行）４頁）

〔表1－3〕 公害紛争処理制度の特長

専門的知見の活用	公害紛争処理機関における委員の専門的知見を活用することにより、迅速・適正な解決を図ることができる。また、事件によっては、専門的・技術的知見をもつ学識経験者等が専門委員に任命される。
機動的な資料収集・調査を自ら実施	公害紛争処理機関は、因果関係の解明のため、必要に応じて自ら資料の収集、調査を行うことができる。
迅速な解決	公害等調整委員会では、裁定手続について標準処理期間を設定し、審理の迅速化に努めている。
低廉な費用	事件の申請手数料が裁判に比べて低く抑えられ（調停の申請手数料は、裁判所の民事調停の約4分の1）、また、必要に応じて行政の費用負担で資料の収集、調査を行うなど、当事者の経済的負担の軽減が図られている。
柔軟な手続による解決	公害等調整委員会では、東京から離れた所に在住する当事者の負担軽減を図るため、被害発生地等の現地で審問期日等を開催する取組みを進めている。また、裁定委員会が認めた場合には、一定の書面について電子メールを利用して提出できるようにしている。
公害防止対策への反映	公害等調整委員会は関係行政機関の長に対し、都道府県公害審査会は当該都道府県知事に対し、具体的な紛争処理を通じて得られた公害防止に関する施策の改善について意見を述べることにより、公害防止対策に反映させることができる。
フォローアップ	調停、仲裁または責任裁定で定められた法律上の義務に不履行があるときには、公害紛争処理機関は、権利者の申出により、当該義務の履行に関する勧告を行うことができる。また、公害紛争処理機関は、当該義務の履行状況について当事者に報告を求め、または調査することができる。

（出典：公害等調整委員会「業務案内」(2024年8月発行) 9頁）

〈図１−１〉　公害紛争処理の流れ

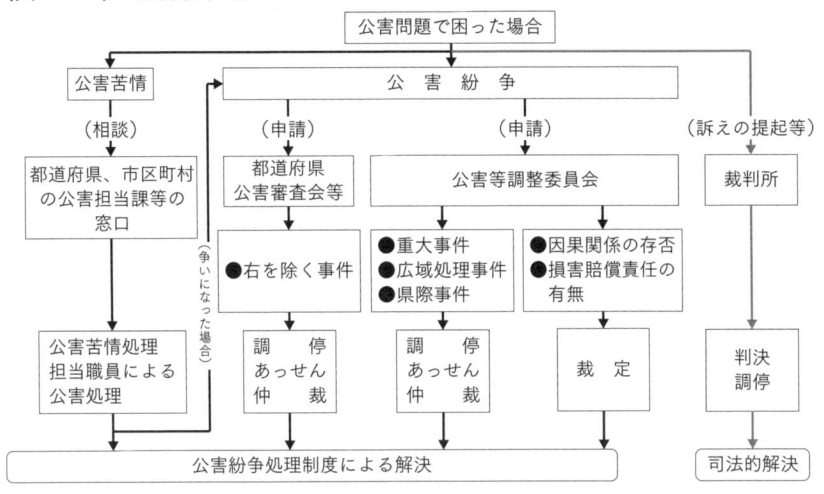

（出典：公害等調整委員会「業務案内」（2024年8月発行）4頁）

〈図１−２〉　裁定手続の流れ

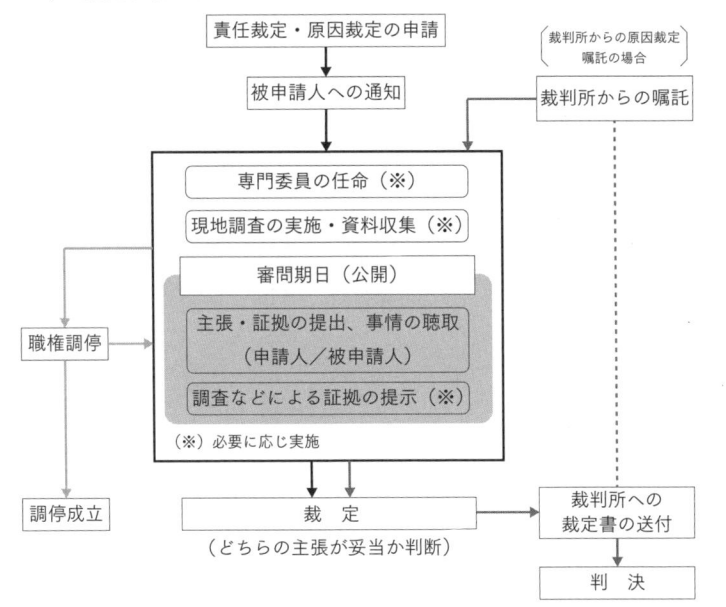

（出典：公害等調整委員会「業務案内」（2024年8月発行）8頁）

29

＜実務を見据えて——環境法政策編＞

▶ 環境省「環境基本法の概要」

https://www.env.go.jp/council/21kankyo-k/y210-01/mat_04_1.pdf

▶ 「環境基本計画」（2024年 5 月 21 日閣議決定）

https://www.env.go.jp/council/content/i_01/000225523.pdf

▶ 環境省水・大気環境局「水・大気環境行政のご案内——日本の公害克服経験」（2015年 3 月）

https://www.env.go.jp/content/900397224.pdf

https://www.env.go.jp/content/900397225.pdf

▶ 公害等調整委員会「業務案内」（2024年 8 月）

https://www.soumu.go.jp/main_content/000967573.pdf

▶ 改正行政事件訴訟法施行状況検証検討会「改正行政事件訴訟法施行状況検証検討会報告書」（2012年11月）

https://www.moj.go.jp/content/000104214.pdf

第2章

環境影響評価法
（アセス法）

① 環境影響評価実施要綱とアセス法との比較[1]

〔設問〕

アセス法施行以前の国レベルにおける環境影響評価は、閣議決定「環境影響評価の実施について」に基づく環境影響評価実施要綱により実施されていた。

環境影響評価実施要綱とアセス法を比較して、同法の特徴は何か。

【資料】 環境影響評価の実施について（昭和59年8月28日閣議決定）

1　政府は、事業の実施前に環境影響評価を行うことが、公害の防止及び自然環境の保全上極めて重要であることにかんがみ、環境影響評価の手続等について、下記のとおり、環境影響評価実施要綱を決定する。

2　国の行政機関は、環境影響評価を実施するため、この要綱に基づき、国の行う対象事業については所要の措置を、免許等を受けて行われる対象事業については、当該事業者に対する指導等の措置をできるだけ速やかに講ずるものとする。

3　政府は、この要綱に基づく措置が円滑に実施されるよう事業者及び地方公共団体の理解と協力を求めるものとする。

4　政府は、地方公共団体において環境影響評価について施策を講ずる場合においては、この決定の趣旨を尊重し、この要綱との整合性に配意するよう要請するものとする。

5　この要綱で別に定めるとされている事項等この要綱に基づく手続等に必要な共通的事項を定めるため、別紙に定めるところにより、内閣に環境影響評価実施推進会議を設ける。

記

環境影響評価実施要綱

第1 対象事業等

　1　対象事業は、次に掲げる事業で、規模が大きく、その実施により環境に著しい影響（公害（放射性物質によるものを除く。）又は自然環境に係

1　司法試験・環境法・平成19年度・第1問・改題。

るものに限る。）を及ぼすおそれがあるものとして主務大臣が環境庁長官
に協議して定めるものとすること。

(1) 高速自動車国道、一般国道その他の道路の新設及び改築

(2) 河川法に規定する河川に関するダムの新築その他同法の河川工事

(3) 鉄道の建設及び改良

(4) 飛行場の設置及びその施設の変更

(5) 埋立及び干拓

(6) 土地区画整理法に規定する土地区画整理事業

(7) 新住宅市街地開発法に規定する新住宅市街地開発事業

(8) 首都圏の近郊整備地帯及び都市開発区域の整備に関する法律に規定
する工業団地造成事業及び近畿圏の近郊整備区域及び都市開発区域の
整備及び開発に関する法律に規定する工業団地造成事業

(9) 新都市基盤整備法に規定する新都市基盤整備事業

(10) 流通業務市街地の整備に関する法律に規定する流通業務団地造成事
業

(11) 特別の法律により設立された法人によって行われる住宅の用に供す
る宅地、工場又は事業場のための敷地その他の土地の造成

(12) (1)から(11)までに掲げるもののほか、これらに準ずるものとして主務
大臣が環境庁長官に協議して定めるもの

2 環境影響評価を行う者は事業者とし、事業者とは、対象事業を実施し
ようとする別に定める者とすること。

第2 環境影響評価に関する手続等

1 環境影響評価準備書の作成

(1) 事業者は、対象事業を実施しようとするときは、対象事業の実施が
環境に及ぼす影響（対象事業が第1の1(5)の事業以外の事業である場
合には、対象事業の実施後の土地（当該対象事業以外の対象事業の用
に供するものを除く。）又は工作物において行われることが予定される
事業活動その他の人の活動に伴って生じる影響を含むものとし、対象
事業の実施のために行う第1の1(5)に掲げる事業により生ずる影響を
含まないものとする。）について、調査、予測及び評価を行い、次に掲
げる事項を記載した環境影響評価準備書を作成すること。

① 氏名及び住所等

② 対象事業の目的及び内容

③ 調査の結果の概要

④ 対象事業の実施による影響の内容及び程度並びに公害の防止及び自然環境の保全のための措置

⑤ 対象事業の実施による影響の評価

(2) (1)の調査等は、主務大臣が環境庁長官に協議して対象事業の種類ごとに定める指針に従って行うものとし、環境庁長官は、関係行政機関の長に協議して、主務大臣が指針を定める場合に考慮すべき調査等のための基本的事項を定めること。

2 準備書に関する周知

(1) 事業者は、関係地域を管轄する都道府県知事及び市町村長に準備書を送付するとともに、当該都道府県知事及び市町村長の協力を得て、準備書を作成した旨等を公告し、準備書を公告の日から1月間縦覧に供すること。

(2) 事業者は、準備書の縦覧期間内に、関係地域内において、その説明会を開催すること。この場合において、事業者は、その責めに帰することのできない理由で説明会を開催することができない場合には、当該説明会を開催することを要せず、他の方法により周知に努めること。

3 準備書に関する意見

(1) 事業者は、準備書について公害の防止及び自然環境の保全の見地からの関係地域内に住所を有する者の意見（準備書の縦覧期間及びその後2週間の間に意見書により述べられたものに限る。）の把握に努めること。

(2) 事業者は、関係都道府県知事及び関係市町村長に(1)の意見の概要を記載した書面を送付するとともに、関係都道府県知事に対し、送付を受けた日から3月間内に、準備書について公害の防止及び自然環境の保全の見地からの意見を関係市町村長の意見を聴いた上で述べるよう求めること。

4 環境影響評価書の作成等

(1) 事業者は準備書に関する意見が述べられた後又は3(2)の期間を経過した日以後、準備書の記載事項について検討を加え、次に掲げる事項を記載した環境影響評価書を作成すること。

① 1(1)の①から⑤までに掲げる事項

② 関係地域内に住所を有する者の意見の概要

③　関係都道府県知事の意見

④　②及び③の意見についての事業者の見解

(2)　事業者は、関係都道府県知事及び関係市町村長に評価書を送付するとともに、当該関係都道府県知事及び関係市町村長の協力を得て、評価書を作成した旨等を公告し、評価書を公告の日から1月間縦覧に供すること。

5　環境影響評価の手続等に係るその他の事項

(1)　事業者は、都道府県等と協議の上、説明会の開催等を都道府県等に委託することができること。

(2)　国は、地方公共団体が国の補助金等の交付を受けて対象事業の実施をする場合には、環境影響評価の手続等に要する費用について適切な配慮をするものとすること。

第3　公害の防止及び自然環境の保全についての行政への反映

1　評価書の行政庁への送付

(1)　事業者は、評価書に係る公告の日以後、速やかに、免許等が行われる対象事業にあっては別に定める者に、国が行う対象事業にあっては環境庁長官に評価書を送付すること。

(2)　(1)により評価書の送付を受けた国の行政機関の長は、評価書の送付を受けた後、速やかに、環境庁長官に評価書を送付すること。

2　環境庁長官の意見

主務大臣は、1により環境庁長官に評価書が送付された対象事業のうち、規模が大きく、その実施により環境に及ぼす影響について、特に配慮する必要があると認められる事項があるときは、当該事業に係る評価書に対する公害の防止及び自然環境の保全の見地からの環境庁長官の意見を求めること。

3　公害の防止及び自然環境の保全の配慮についての審査等

(1)　対象事業の免許等を行う者は、免許等に際し、当該免許等に係る法律の規定に反しない限りにおいて、評価書の記載事項につき、当該対象事業の実施において公害の防止及び自然環境の保全についての適正な配慮がなされるものであるかどうかを審査し、その結果に配慮すること。

(2)　2により環境庁長官が意見を述べる場合には、(1)の審査等の前にこれを述べるものとし、免許等を行う者は、当該免許等に係る法律の規

定に反しない限りにおいて、その意見に配意して審査等を行うこと。

(3)　事業者は、評価書に記載されているところにより対象事業の実施による影響につき考慮するとともに、2 による環境庁長官の意見が述べられているときはその意見に配意し、公害の防止及び自然環境の保全についての適正な配慮をして当該対象事業を実施すること。

第 4　その他

1　主務大臣が定める事項、別に定める事項等この要綱に基づく手続等に必要な事項は、できるだけ速やかに定めること。ただし、第 2 の 1 (2)の基本的事項その他この要綱に基づく手続等に必要な共通的事項は、本決定の日から 3 月以内に定めること。

2　この要綱の実施に関する経過措置については、別に定めること。

(1)　アセス法の特徴

アセス法施行以前の国レベルにおける環境影響評価は、閣議決定「環境影響評価の実施について」に基づく環境影響評価実施要綱により実施されていた。アセス法は、同実施要綱に基づく制度を、いくつかの点で改善している。相違点としては、以下があげられる[2]。

①　閣議決定要綱からアセス法へと法形式が変わったこと。

②　スクリーニング制度やスコーピング制度の導入により対象事業の選定方法やアセスメント内容の決定方法が明確にされたこと。

③　住民参画の手続が整備・充実されたこと。

④　代替案の検討を進めるようになったこと（アセス法 3 条の 2 第 1 項）。

⑤　横断条項を通じて個別法の処分に法的影響を与えうるようになったこと（アセス法33条 1 項）。

アセス法は、規模が大きく環境影響の程度が著しい事業について環境保全に係る適正な配慮がなされることを確保することを目的とするが、環境影響

2　大塚112頁。

評価の実施主体は事業者であることから、市町村長、都道府県知事、環境大臣の意見に加え、地域住民等、環境保全の見地から意見を有する者の意見提出のしくみを定める。

(2)　横断条項

環境影響評価手続を行った事業については、環境影響評価に基づき、事業者自らが適正な環境配慮を行うことが必要である。この場合、環境影響評価の結果を許認可等に反映させるしくみを設けることにより、環境配慮が確実に行われるようにすることが重要である。当時の閣議決定要綱の下では、許認可等を定める個別の法令の審査基準に環境の保全の観点を含めることができない場合は、環境影響評価の結果を許認可等に反映させることに限界があった。そこで、新たな法制度においては、許認可等を行う者は、許認可等にあたって環境影響評価の結果をあわせて判断して行うという趣旨の規定を法律に設けることが必要と考えられた。[3]

対象事業に係る免許等を行う者は、当該免許等の審査に際し、評価書の記載事項およびアセス法24条（免許等を行う者等の意見）の書面に基づいて、当該対象事業につき、環境の保全についての適正な配慮がなされるものであるかどうかを審査しなければならない（アセス法33条1項）。

(A)　効　果

横断条項により、許認可等に係る個別法の審査基準に環境の保全の視点が含められていない場合であっても、アセスメントの結果に応じて、許認可等を与えないことや条件を付すことができる。個別行政法の許認可に関する規定に環境配慮の要件を入れる改正をしたのと同様の効果がある。各個別行政法の規定の改正をアセス法の本条1カ条のみで行ったという意味でも、画期的な規定である。[4]

3　中央環境審議会「今後の環境影響評価制度の在り方について（答申）」（1997年2月）10頁。
4　大塚125頁。

(B)　環境配慮審査における許認可権者の裁量

裁判例[5]は、「確定評価書等に基づき当該対象事業につき環境配慮がされるものであるとしたその判断が事実の基礎を欠き又は社会通念上著しく妥当性を欠くことが明らかであるなど、免許等を行う者に付与された裁量権の範囲を逸脱し又はこれを濫用したものであることが明らかであることを要する」とする。

許認可権者の審査にあたって、北村教授は、「第1に、準備書・評価書において事業者が適切に見解を述べているかを審査しているか、第2に、内閣における環境行政の責任者である環境大臣意見を最大限尊重しているか。とりわけ、合理的理由なく環境大臣意見を受け入れない判断であれば、それは、裁量権の濫用・逸脱と評しうる」と指摘する[6]。

5　東京地判平成23・6・9訟月59巻6号1482頁、東京高判平成24・10・26訟月59巻6号1607頁〔新石垣空港設置許可取消請求事件〕。
6　北村342頁。

②　複数案の検討[7]

〔設問〕

　複数案の検討に関して、2011年に改正されたアセス法およびその後に改正された「基本的事項」（環境省告示）ではどのように扱われているか。

【資料】　環境影響評価法の規定による主務大臣が定めるべき指針等に関する基本的事項（環境庁告示第87号（平成9年12月12日）。最終改正：平成24年4月2日環境省告示第63号）（抄録）

第一　計画段階配慮事項等選定指針に関する基本的事項

　一　一般的事項

　　(1)　第一種事業に係る計画段階配慮事項の選定並びに調査、予測及び評価は、法第三条の二第三項の規定に基づき、計画段階配慮事項等選定指針の定めるところにより行われるものである。

　　(2)　計画段階配慮事項の範囲は、別表（略）に掲げる環境要素の区分及び影響要因の区分に従うものとする。

　　(3)　計画段階配慮事項の検討に当たっては、第一種事業に係る位置・規模又は建造物等の構造・配置に関する適切な複数案（以下「位置等に関する複数案」という。）を設定することを基本とし、位置等に関する複数案を設定しない場合は、その理由を明らかにするものとする。

　　(4)　計画段階配慮事項の調査、予測及び評価は、設定された複数案及び選定された計画段階配慮事項（以下「選定事項」という。）ごとに行うものとする。

（以下略）

　法文上は必ずしも明らかでないが（アセス法3条の2第1項の「一又は二以上の当該事業の実施が想定される区域……における……環境の保全のために配慮すべき事項」参照）、基本的事項では、第1種事業について、複数案を検討しな

7　司法試験・環境法・平成25年度・第2問・改題。

い場合には理由を付することを要するとしている。

　環境影響評価の核心は複数案（代替案）にあり、計画段階のような早い段階で複数案を検討することによって、合理的な意思決定という環境影響評価の目的に資する。

　ただ、法的に厳密な議論をすれば、改正後もなお複数案の検討が義務づけられているわけではない。

　しかし、大塚教授は「2011年改正による計画段階配慮書の制度の導入が、複数案の検討を目的としたものであることを踏まえると、訴訟が提起された個々の事件において、裁判所が、被侵害利益や侵害行為の態様によって複数案の検討義務を法的に認めることは容易になった」と指摘する[8]。

〔表2−1〕　基本的事項と主務省令の区別

法律	手続の順番などを制定
基本的事項	すべての事業種に共通する基本となるべき考え方を規定
主務省令	事業特性や地域特性等を勘案して事業所管大臣が事業種ごとに規定

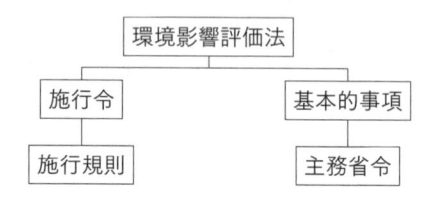

③ 戦略的環境アセスメント[9]

〔設問Ⅰ〕

戦略的環境アセスメントとは何か。

〔設問Ⅱ〕

平成23年のアセス法の改正によって導入されたしくみは、生物多様性基本法25条とどのような関係にあるか。

〔設問Ⅲ〕

生物多様性基本法が想定する環境影響評価のしくみは、環境基本法においてどのように位置づけることができるか。

【資料】 生物多様性基本法（平成20年6月6日法律第58号）（抄録）

（事業計画の立案の段階等での生物の多様性に係る環境影響評価の推進）

第25条 国は、生物の多様性が微妙な均衡を保つことによって成り立っており、一度損なわれた生物の多様性を再生することが困難であることから、生物の多様性に影響を及ぼす事業の実施に先立つ早い段階での配慮が重要であることにかんがみ、生物の多様性に影響を及ぼすおそれのある事業を行う事業者等が、その事業に関する計画の立案の段階からその事業の実施までの段階において、その事業に係る生物の多様性に及ぼす影響の調査、予測又は評価を行い、その結果に基づき、その事業に係る生物の多様性の保全について適正に配慮することを推進するため、事業の特性を踏まえつつ、必要な措置を講ずるものとする。

設問Ⅰ

戦略的環境アセスメント（Strategic Environment Assessment。以下、「SEA」と

---

9 司法試験・環境法・平成25年度・第2問・改題。

いう）とは、本来、個別の事業に先立つ「戦略的な意志決定段階」、すなわち、個別の事業の実施に枠組みを与えることになる計画（上位計画）、さらには政策を対象とする環境影響評価をいう。事業の実施段階で行う環境影響評価は、事業の実施に係る環境の保全に効果を有する一方、すでに事業の枠組みが決定されているため、事業者が環境保全措置の実施や複数案の検討等について柔軟な措置をとることが困難な場合がある。このような課題に対して、SEAは、事業の実施段階の環境影響評価の限界を補い、事業の早期段階における環境配慮を可能とするものである。

このように、SEAは、環境に著しい影響を与えうる事業の策定・実施にあたって、環境への配慮を意思決定に統合すること、事業の実施段階での環境影響評価の限界を補うこと、第三者による検討の機会を設けること、事業者にとっても早期段階からの調査・予測・評価を行うことにより重大な環境影響の回避・低減が効果的に図られ、その後の環境影響評価の充実および効率化が期待できること、等の利点があることから有効な手法である[10]。

設問II

生物多様性基本法25条は、生物多様性について計画アセスメントないし戦略的環境アセスメントをすることを内容としている。また、この規定の存在がアセス法の2011年改正における計画段階配慮書の規定導入の契機となった。

しかし、計画段階配慮書の規定は計画アセスメントにとどまっており、（本格的な）戦略的アセスメントを規定しているとはいいにくいことなどが指摘されている。

要件としては、「生物の多様性に影響を及ぼすおそれのある事業」とされており、「著しい影響」（アセス法1条、2条2項・3項）とされていない点が、

10　中央環境審議会「今後の環境影響評価制度の在り方について（答申）」（2010年2月22日）3頁。

アセス法と異なっている。[11]

設問Ⅲ

　生物多様性基本法25条は、事業者等が、その事業に関する計画の立案の段階から生物の多様性に及ぼす影響の調査、予測、評価を行うために、国が必要な措置を講ずるものとしており、環境基本法20条とともに、同法19条に対応すると解する余地もある。

11　大塚377頁。

④　意見書の提出の機会[12]

> A社は、電力事業の規制緩和に伴い、B県C市において、D発電所（石炭火力、出力17万キロワット）の設置を計画した。
>
> これに対して、同計画予定地付近の住民Eは、D発電所が稼働すれば、その居住地の窒素酸化物濃度について、近隣に所在するF社のG発電所からのばい煙と複合して、環境基準を超えることが予想され、健康被害が発生すると危惧している。
>
> D発電所の設置工事の事業は、アセス法が定める第一種事業にあたり、A社は、同法に基づく環境影響評価手続を開始した。
>
> 〔設問Ⅰ〕
>
> D発電所の設置工事事業はアセス法上の第一種事業にあたるとあるが、このような対象事業の定め方の意義はどのようなものか。
>
> 〔設問Ⅱ〕
>
> EとB県知事は、環境影響評価手続において、意見書を提出したいと考えているが、それぞれどのような機会があるか。なお、電気事業法が定める環境影響評価に関する特例については、考慮しなくてよい。

設問Ⅰ

　事業者にとっては、対象事業があらかじめ定められていることが望ましいが、環境に対する影響は、個別の事業により、また、事業の行われる地域によって異なることから、個別判断の余地を残すことが必要である。

　そこで、上記の対象事業の選定の考え方により事業種を列挙したうえで、①規模要件によって必ず環境影響評価を実施すべき事業を定めるとともに、

12　司法試験・環境法・平成28年度・第1問・改題。

②その規模を下回る事業についても一定規模以上のものは、事業の規模、事業が実施される地域の環境の状況等によって、環境影響評価を実施するか否かを個別の事業ごとに判断する手続（スクリーニング手続）を導入することが適当と考えられた。スクリーニングの判断は、事業者が提出する事業計画の概要をもとに、当該地域の状況等に関する基本的情報を考慮して、地方公共団体の意見を聞きつつ国が行うことを基本とすべきとされた[13]。

〈図2−1〉 第2種事業の判定の手続（スクリーニング[14]）

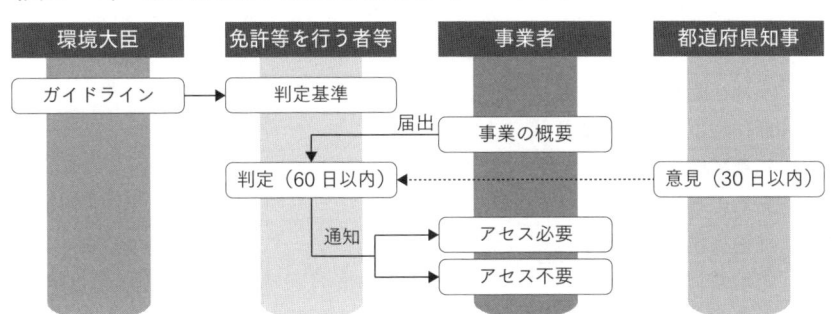

〔表2−2〕 環境影響評価の対象事業一覧（2022年4月1日改定）

対象事業		第1種事業（必ず実施）	第2種事業（個別判断）
1．道路	高速自動車国道	すべて	—
	首都高速道路など	4車線以上のもの	—
	一般国道	4車線以上・10km以上	4車線以上・7.5km 〜 10km
	林道	幅員6.5m以上・20km以上	幅員6.5m以上・15km 〜 20km
2．河川	ダム、堰	湛水面積100ha以上	湛水面積75ha 〜 100ha
	放水路、湖沼開発	土地改変面積100ha以上	土地改変面積75ha 〜 100ha

13　中央環境審議会・前掲（注3）5頁。
14　環境省大臣官房環境影響評価課「環境アセスメント制度のあらまし〔2023年8月改訂〕」8頁。

3．鉄道	新幹線鉄道	すべて	—
	鉄道、軌道	長さ10km以上	長さ7.5km 〜 10km
4．飛行場		滑走路長2,500m以上	滑走路長1,875m 〜 2,500m
5．発電所	水力発電所	出力3万kW以上	出力2.25万kW 〜 3万kW
	火力発電所	出力15万kW以上	出力11.25万kW 〜 15万kW
	地熱発電所	出力1万kW以上	出力7,500kW 〜 1万kW
	原子力発電所	すべて	—
	太陽電池発電所	出力4万kW以上	出力3万kW 〜 4万kW
	風力発電所	出力5万kW 以上	出力3.75万kW 〜 5万kW
6．廃棄物最終処分場		面積30ha以上	面積25ha 〜 30ha
7．埋立て、干拓		面積50ha超	面積40ha 〜 50ha
8．土地区画整理事業			
9．新住宅市街地開発事業			
10．工業団地造成事業			
11．新都市基盤整備事業		面積100ha以上	面積75ha 〜 100ha
12．流通業務団地造成事業			
13．宅地の造成の事業（工場用地も含む）	住宅・都市基盤整備機構		
	地域振興整備公団		
○港湾計画		埋立て・掘込み面積の合計300ha以上	

設問 II

(1)　住民関与の位置づけ

　環境影響評価は、主要諸国において、主に環境を配慮した合理的な意思決定のための情報の交流を促進する手段として位置づけられ、個々の事業等に係る政府の意思決定そのものに住民等が参加するための制度とはされておらず、わが国においても、同様の考え方に立つことが適当である。そこで、環境影響評価制度における住民等の関与は、事業者が事業に関する情報を提供

し、これに対して住民等が環境の保全の見地からの意見を述べ、その意見に対応して事業者が環境配慮を行う過程を通じて、事業に係る意思決定に反映させるべき環境情報の形成に住民等が参加するものとして位置づけられている[15]。

(2)　住民関与の範囲

　閣議決定要綱においては、準備書に対して意思決定の機会が設けられていたが、これに加えて、スコーピング手続においても、より早い段階で幅広く有益な環境情報を収集・形成する観点から、意見提出の機会を設けることを基本とすべきと考えられた。また、閣議決定要綱は、意見の提出を求める者の範囲を、関係地域内に住所を有する者に限定していた。環境影響評価における意見聴取手続は、地域の環境情報を収集することが主たる目的となるので、意見の提出を求めるべき範囲は、事業が環境に影響を及ぼす地域の住民が中心となる。しかし、地域の環境情報は、その地域の住民に限らず、環境の保全に関する調査研究を行っている専門家等によって広範に保有されていること等から、有益な環境情報を収集するため、意見提出者の地域的範囲は限定しないことが適当と考えられた[16]。

　ただし、計画段階環境配慮書における意見書提出の機会の提供は、事業実施主体の努力義務にとどまっている。この趣旨は、計画段階配慮書における公衆（や自治体）の関与のあり方は事業種によってさまざまであり、事業種によってその実施が困難な場合もあるため、一律の義務化をすべきではないと考えられたためである[17]。

　意見書提出の機会につき、住民と知事は、以下の〔表2－3〕のとおり、意見書を事業実施主体あてに提出することができる。

15　中央環境審議会・前掲（注3）9頁。
16　中央環境審議会・前掲（注3）9頁。
17　大塚123頁。

〔表2－3〕　配慮書の手続

	住民E	B県知事
計画段階配慮書	アセス法3条の7第1項（「一般」）	アセス法3条の7第1項（「関係する行政機関」）
方法書	アセス法8条1項（「環境の保全の見地からの意見を有する者」）	アセス法10条1項（「都道府県知事」）
準備書	アセス法18条1項（「環境の保全の見地からの意見を有する者」）	アセス法20条1項（「関係都道府県知事」）

〈図2－2〉　配慮書の手続[18]

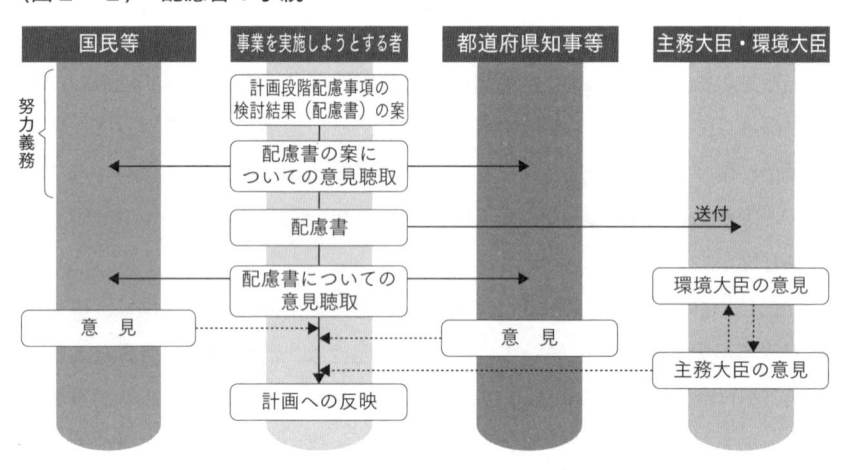

〈図2－3〉　方法書の手続[19]

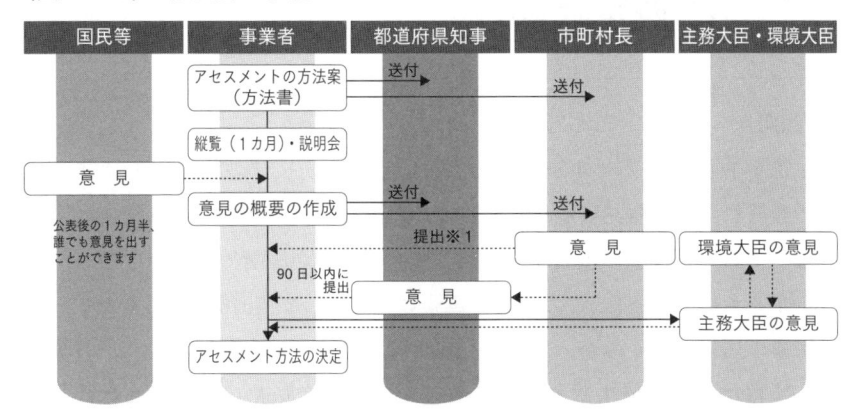

※1：対象事業により環境影響を受ける範囲が環境影響評価法施行令で定める一つの市の区域に限られるものである場合
※環境影響評価法施行令で定める市：札幌市、仙台市、さいたま市、千葉市、横浜市、川崎市、相模原市、新潟市、
　　　　　　　　　　　　　　　　　静岡市、浜松市、名古屋市、京都市、大阪市、堺市、吹田市、神戸市、
　　　　　　　　　　　　　　　　　尼崎市、岡山市、広島市、北九州市、福岡市

〈図2－4〉　準備書の手続[20]

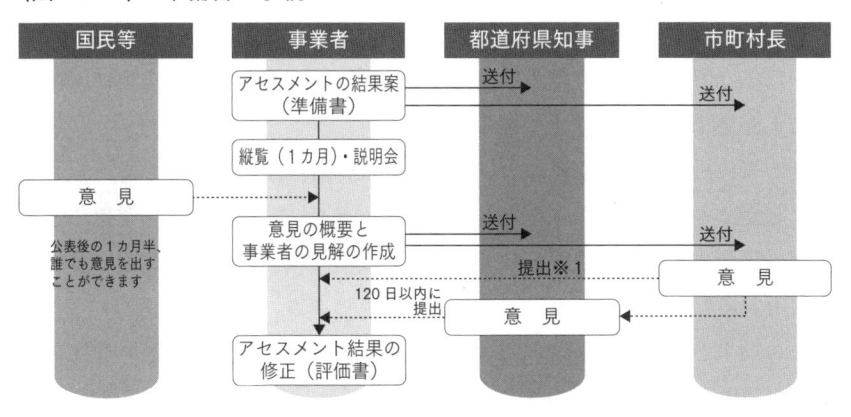

※1：対象事業により環境影響を受ける範囲が環境影響評価法施行令で定める一つの市の区域に限られるものである場合
※環境影響評価法施行令で定める市：札幌市、仙台市、さいたま市、千葉市、横浜市、川崎市、相模原市、新潟市、
　　　　　　　　　　　　　　　　　静岡市、浜松市、名古屋市、京都市、大阪市、堺市、吹田市、神戸市、
　　　　　　　　　　　　　　　　　尼崎市、岡山市、広島市、北九州市、福岡市

19　環境省大臣官房環境影響評価課・前掲（注14）9頁。
20　環境省大臣官房環境影響評価課・前掲（注14）11頁。

⑤　計画段階配慮書手続[21]

> **〔設問〕**
>
> 　環境大臣は、アセス法の下で、2015年以来、複数の石炭火力発電所の設置に関して意見表明をした。その内容は、事業者の対応は国の地球温暖化対策の2030年度目標と整合しないため「現段階で是認できない」とするものであった。このことを重要な契機として、2016年にエネルギー関連の法律のしくみが、温暖化対策に資するように改正された。この改正経緯には、アセス法の2011年改正が相当程度影響したといわれる。アセス法のどの点の改正か。

　アセス法の2011年改正により、第1種事業について計画段階配慮書手続が導入された（同法3条の2以下）。

　この趣旨は、事業に係る環境の保全について適正な配慮がなされるためには、可能な限り早期の段階で環境保全の見地から検討を加え、事業に反映することが望ましいという点にある[22]。

　そして、計画段階配慮書について環境大臣が計画立案の段階で意見を述べることができるようになった（アセス法3条の5）。この趣旨は、事業者にとって評価書作成という、手続として最後尾の段階で環境大臣から意見を述べられても対応しにくいという事情に対処する点にある[23]。

　その効果としては、主務大臣は、意見を述べる際に、環境大臣の意見を勘案しなければならないため（アセス法3条の6）、事業者は、計画段階配慮書の段階で環境大臣が当該石炭火力発電所の設置について否定的な意見を述べ

21　司法試験・環境法・令和3年度・第1問・改題。
22　環境省総合環境政策局長「環境影響評価法の一部を改正する法律の施行について（通知）」（2012年3月14日）2頁。
23　大塚124頁。

ると、計画立案段階という早い段階でこの意見に対処しなければならなくなり、事業の変更の可能性が高まるという結果となった。そして、それを踏まえて事業官庁がエネルギー関連法において温暖化対策を強化するという政策を導く結果となった[24]。

24　大塚135頁。

⑥　アセス法の手続上の瑕疵を理由とする後続許可処分の違法性[25]

〔設問〕

　A県は、同県B市に3000メートルの滑走路をもつ本件空港を設置する事業（アセス法の第1種事業にあたる）を計画し、2003年、B市内のC岳の北側陸上案を採用することを決めた。A県は、2005年、本件空港設置事業についてアセス法に基づく環境影響評価手続を開始した。この環境影響評価手続の中では、C岳の北側陸上案しか対象とされず、複数案は検討されていなかった。本件空港予定地周辺の海域には種々の希少なさんご礁が形成されていた。

　2008年、A県は、本件空港の許可権者である国土交通大臣あてに環境影響評価書（以下、「本件評価書」という）を送付し、国土交通大臣は、環境大臣あてにその写しを送付して意見を求めた。国土交通大臣は、環境大臣の意見の内容を勘案したうえでA県に対して、本件評価書についての環境保全の見地からの意見を書面により述べた。その後、A県は、本件評価書について補正を行い、国土交通大臣に対し、補正後の環境影響評価書（以下、「本件補正書」という）を送付し、国土交通大臣は、環境大臣あてにその写しを送付した。A県は、環境影響評価書を作成した旨その他の事項を公告するとともに、本件評価書等を所定の期間、縦覧に供した。

　国土交通大臣の本件評価書についての環境保全の見地からの意見の中では、本件事業実施区域への降雨および流入水が海域に浸出する場合の水質および水量並びにそれによるさんご礁への影響について把握し、その結果を評価書に記載することが求められていたが、本件補正書の中で

25　司法試験・環境法・平成25年度・第2問・改題。なお、越智・400頁以下も参照。

は答えられていない。

　その後、Ａ県は、本件空港の設置の許可の申請をし、2009年、国土交通大臣は、本件空港の設置を許可する旨の処分を行った。

　これに対し、本件空港予定地の敷地の一部の土地を所有するＤは、Ａ県が実施した環境影響評価手続に問題があったとして許可の取消訴訟を提起したいと考えている。

　Ｄはどのような主張をすることが考えられるか。

(1)　主張の骨子

　アセス法の手続上の瑕疵になるか、仮になるとして手続上の瑕疵が後続する許可処分を違法とするのはどのような場合か。

　まず、行政庁の裁量処分については、裁量権の範囲を超えまたはその濫用があった場合に限り、裁判所は、その処分を取り消すことができる（行訴法30条）。

　対象事業に係る免許等を行う者は、当該免許等の審査に際し、評価書の記載事項およびアセス法24条の書面に基づいて、当該対象事業につき、環境の保全についての適正な配慮がなされるものであるかどうかを審査しなければならない（アセス法33条１項）。この点、保全のための手段方法は当然に１つではなく、保全についての「配慮」の内容や程度は多種多様にありうるところ、そのような中で何をもって「適正な配慮」とするのかの判断も当然に含む審査であるところ、この判断においてよるべき基準を定めた法令の規定も見当たらないから、当該免許等を行う者の合理的な裁量に委ねられたものと考えられ、環境配慮審査において当該免許等を行う者には合理的な範囲での裁量権が認められている。

　裁判例は、「当該事業につき環境配慮がされるものであるとしたその判断が事実の基礎を欠き又は社会通念上著しく妥当性を欠くことが明らかであるなど、免許等を行う者に付与された裁量権の範囲を逸脱し又はこれを濫用し

たものであることが明らかであることを要する」と判示する。

◪設問の検討

　本設問についてみると、国土交通大臣が許可をするにあたっては、環境保全に適正な配慮をした審査を行わなければならないのであり、処分の根拠法により同大臣に付与された裁量権の範囲の逸脱または濫用があるかが問題となる。

(2)　瑕疵と後続行政決定

　環境影響評価に著しい瑕疵がある場合には、後続の行政決定は違法と考えられる。[27]

(3)　具体的検討

(A)　複数案の不検討

　複数案の検討がされていないことについて、複数案（アセス法14条1項7号ロ、21条2項1号）の同法における位置付けをどう解するか。

　アセス法14条1項7号ロは環境保全措置に係る複数案を、計画段階配慮（同法3条の2第1項）は立地に係る複数案を、それぞれ要求するものであり、事業自体の代替案ではない。したがって、同法14条1項7号ロ、21条2項1号は、環境保全措置に係る複数案を想定しているにすぎず、事業方法それ自体の代替案の検討まで要求していないから、ゼロ・オプションを含めた複数案を検討しなかった点にはアセス自体の瑕疵とはいいがたいとする見解がある。[28]

　一方で、被侵害利益や侵害の態様によっては、複数案検討の義務が発生し、これを検討していないことが著しい瑕疵と判断すべきことになろう。[29]

26　前掲（注5）・東京地判平成23・6・9。
27　大塚583頁、越智405頁。
28　越智402頁。
29　大塚583頁、越智404頁。

📖設問の検討

　これを本設問についてみると、この環境影響評価手続の中では、C岳の北側陸上案しか対象とされず、空港不設置（ゼロ・オプション）を含めた複数案は検討されていなかったことは、アセス自体の瑕疵とはいいがたい。なぜなら、アセス法14条1項7号ロかっこ書、21条2項1号は、環境保全措置に係る複数案を想定しているにすぎず、事業方法それ自体の代替案の検討まで要求していないので、アセス自体の瑕疵になるとは考えにくいからである。しかし、明文はなくとも、合理的な判断をするためには代替案の検討が極めて有効であるから、少なくとも環境影響を考慮して許認可をしうる裁量がある場合、代替案不検討が裁量権の逸脱濫用として違法となる場合もありうる。

(B)　意見に対する事業者見解の不記載

　事業者は、免許等を行う者等の意見が述べられたときはこれを勘案して、評価書の記載事項に検討を加え、当該事項の修正を必要とすると認めるとき（当該修正後の事業が対象事業に該当するときに限る）は、アセス法25条1項各号に掲げる当該修正の区分に応じ当該各号に定める措置をとらなければならない（アセス法25条1項）。

　ここで、評価書に対する免許権者等の意見に対してA県が補正書の中で答えていないことについて、「当該事項の修正を必要とすると認めるとき」（アセス法25条1項柱書）とは何かが問題となる。

　事業者がアセス法24条意見に従うべき法的義務は規定されておらず、事業者が意見に従わないのにされた許可が当然に違法となるわけではない。しかし、24条意見への事業者の対応の如何は、許可権者等のアセスにおける考慮事項となるから、対応が不十分な場合には不許可とできるはずであり、不対応を考慮しないでされた許可は考慮不尽として違法となりうるとする見解がある。[30]

30　越智404頁、406頁。前掲（注5）・東京地判平成23・6・9、東京高判平成24・10・26〔新石垣空港設置許可取消請求事件〕。

◨**設問の検討**

　これを本設問についてみると、許可権者である国土交通大臣が、環境大臣の意見（アセス法22条2項1号、23条）を勘案したうえで、さんご礁に係る調査を求める意見をA県に対して述べているところ（同法24条）、事業者であるA県は、24条意見を勘案して、評価書を再検討する義務があり、当該事項の修正が必要なときは、補正のうえ、補正後の評価書を許可権者等に送付する必要がある（同法26条、27条参照）。

　しかし、A県は、本件評価書に係る免許権者等の意見に対して、補正書の中で答えていない。準備書段階でも指摘されていたさんご礁の調査を全く行わず、24条意見にも従わなかったA県の対応は、環境保全への適正配慮を欠くといえ、この点を看過してされた本件許可は裁量権の逸脱濫用として、横断条項（アセス法33条2項1号）に反し違法である。

7 国道建設事業[31]

　Ａ県は、輸送量の増加に伴う渋滞緩和のため、Ａ県内に６車線の一般国道（以下、「本件国道」という）の新設を計画している。本件国道の新設事業は、アセス法の第１種事業に該当するものであったため、Ａ県は、同法に基づく環境影響評価を実施し、国土交通大臣に対し、法令上必要とされる道路法74条に基づく認可（以下、「本件認可」という）を申請中である。

　Ａ県は、計画段階環境配慮書において、道路の位置について、費用対効果が高いという理由でＰルートを設定した。Ｐルート上のＢ地区には、Ａ県の固有種で、絶滅危惧種の植物Ｑの稀少な群生地が存在していたが、道路の新設中止や別ルート設定の検討はなされなかった。

　計画段階環境配慮書に対し、Ｂ地区に居住し、長年Ｑの研究・保護活動をしているＣ、およびＡ県に拠点をおく自然保護団体である特定非営利活動法人Ｄは、「輸送量の増加はわずかであるため、国道の新設自体が不要で財政上の無駄である」、「Ｑを保護するため、少なくとも別ルートの検討をすべきである」との意見書をＡ県に提出した。しかし、Ａ県は、環境影響評価準備書においてＱの一部を別の場所に移植する旨を記載するにとどまった。これに対し、ＣおよびＤは、「Ｑの移植が成功した例はなく、環境保全措置が不十分である」との意見書を提出したが、環境影響評価書にはこの点に関するＡ県の見解は記載されていなかった。環境影響評価書作成後に、Ａ県がＱの移植実験を行ったところ、全株が消滅した。

　また、Ｐルート上には密集市街地のＥ地区も含まれており、Ｅ地区の住民Ｆらは、計画段階環境配慮書、環境影響評価方法書および環境影響

31　司法試験・環境法・令和３年度・第１問・改題。

評価準備書について、「E地区の近くにはG社の石炭火力発電所があり、同発電所による環境負荷との複合影響を検討すべきである。本件国道の供用により、環境基準を超える浮遊粒子状物質（SPM）および騒音による健康被害や生活環境被害が生じる蓋然性が高く、少なくともE地区についてはトンネル化し、換気所にSPM除去装置を設置すべきである」との意見書をA県に提出した。環境影響評価準備書および環境影響評価書には「本件事業により環境基準を超えるSPMや騒音が発生するおそれはない」と記載されていたが、A県に対するFらの情報公開請求により、SPMに関する予測データの一部が改ざんされていたことが明らかになった。

〔設問Ⅰ〕

　C、DおよびFらは、前記の環境影響評価手続には複数の瑕疵があり、また、アセス法等の法令に照らし、国土交通大臣が本件認可をすることは違法であると考えている。瑕疵を列挙せよ。

〔設問Ⅱ〕

　CおよびDは、本件国道の新設を阻止するために、どのような行政訴訟を提起することが考えられるか。ただし、仮の救済、本案要件は検討を要しない。

〔設問Ⅲ〕

　本件国道が設置された後、E地区における大気中のSPMの濃度は環境基準を超え、その後Fらは呼吸器系疾患に悩まされるようになった。これについては、本件国道に起因するSPMとG社の石炭火力発電所から排出されてきたSPMその他の大気汚染物質との競合の可能性も指摘されている。Fらは、誰に対して、いかなる規定に基づいていかなる点を主張立証して損害賠償請求ができるか。なお、本件国道の道路管理者は、A県とする。また、国に対する請求は考慮しなくてよい。

【参考】

○　アセス法施行令（平成９年政令第346号）（抄録）

（第一種事業）

第１条　環境影響評価法（以下「法」という。）第２条第２項の政令で定める事業は、別表第一の第一欄に掲げる事業の種類ごとにそれぞれ同表の第二欄に掲げる要件に該当する一の事業とする。ただし、当該事業が同表の一の項から五の項まで又は八の項から十三の項までの第二欄に掲げる要件のいずれかに該当し、かつ、公有水面の埋立て又は干拓（同表の七の項の第二欄に掲げる要件に該当するもの及び同表の七の項の第三欄に掲げる要件に該当することを理由として法第４条第３項第１号の措置がとられたものに限る。以下「対象公有水面埋立て等」という。）を伴うものであるときは、対象公有水面埋立て等である部分を除くものとする。

（免許等に係る法律の規定）

第３条　法第２条第２項第２号イの法律の規定であって政令で定めるものは、別表第一の第一欄に掲げる事業の種類（第二欄及び第三欄に掲げる事業の種類の細分を含む。）ごとにそれぞれ同表の第四欄に掲げるとおりとする。

（環境の保全の配慮についての審査等に係る法律の規定）

第19条　法第33条第２項各号の法律の規定であって政令で定めるものは、別表第四に掲げるとおりとする。

別表第一（第１条、第３条、第７条関係）（抄録）

　　第一欄　法第２条第２項第１号イに掲げる事業の種類

　　第二欄　第一種事業の要件

　　　ホ　道路法（昭和27年法律第180号）第５条第１項に規定する道路（首都高速道路等であるものを除く。以下「一般国道」という。）の新設の事業（車線の数が４以上であり、かつ、長さが10キロメートル以上である道路を設けるものに限る。）

　　第四欄　事業主体が国土交通大臣以外の者である場合につき、道路法第74条又は道路整備特別措置法第３条第１項若しくは第６項若しくは第10条第１項若しくは第４項

別表第四（第19条関係）（抄録）

　　三　法第33条第２項第３号の法律の規定であって政令で定めるもの

　　　　道路整備特別措置法第10条第４項及び第12条第６項、道路法第74条、河川法第79条第１項、独立行政法人水資源機構法第13条第１項、全国新

幹線鉄道整備法第9条第1項及び附則第11項、軌道法第5条第1項並びに土地区画整理法第52条第1項、第55条第12項、第71条の2第1項及び第71条の3第14項）

○　道路事業に係る環境影響評価の項目並びに当該項目に係る調査、予測及び評価を合理的に行うための手法を選定するための指針、環境の保全のための措置に関する指針等を定める省令（平成10年建設省令第10号）（抄録）

（位置等に関する複数案の設定）

第3条　第一種道路事業を実施しようとする者は、第一種道路事業に係る計画段階配慮事項についての検討に当たっては、第一種道路事業が実施されるべき区域の位置又は第一種道路事業の規模に関する複数の案（以下「位置等に関する複数案」という。）を適切に設定するものとし、当該複数の案を設定しない場合は、その理由を明らかにするものとする。

2　第一種道路事業を実施しようとする者は、前項の規定による位置等に関する複数案の設定に当たっては、既存の道路を活用する場合その他第一種道路事業を実施しないこととする案を含めた検討を行うことが合理的であると認められる場合には、当該案を含めるよう努めるものとする。

○　道路法（昭和27年法律第180号）（抄録）

（国土交通大臣の認可）

第74条　指定区間外の国道の道路管理者は、当該国道を新設し、又は改築しようとする場合においては、国土交通省令で定めるところにより、国土交通大臣の認可を受けなければならない。ただし、国土交通省令で定める軽易なものについては、この限りでない。

○　道路法施行規則（昭和27年建設省令第25号）（抄録）

（指定区間外の国道の新設又は改築の認可）

第7条　指定区間外の国道の道路管理者は、法第74条の規定により国道の新設又は改築について認可を受けようとする場合においては、別記様式第九の申請書を地方整備局長又は北海道開発局長に提出しなければならない。

2　前項の申請書には、次に掲げる書類を添付しなければならない。

一　工事計画書

二　工事費及び財源調書

> 三　平面図、縦断図、横断定規図その他必要な図面

設問 I

(1)　主張の骨子

環境影響評価に手続的瑕疵があった場合を含め、法の趣旨に照らし、どのような場合に処分が裁量権の踰越濫用等により違法となるのかが問題となる。

🔲設問の検討

> これを本設問についてみると、国道建設事業は環境影響評価が必要とされる事業であり（アセス法2条2項、アセス法施行令1条、別表1）、本件認可については本件事業の実施による利益と環境影響評価の結果をあわせて判断する必要がある（アセス法33条2項3号）。

(2)　複数の手続的瑕疵

事案における手続的瑕疵を発見するためには、当該法律の条文や制度だけでなく、当然のことながら施行令や施行規則等も参照しなければならない。実務では、当該事案において、参照すべき法令が何であるかを確認するところから始まる。

🔲設問の検討

> これを本設問についてみると、手続的瑕疵については、①配慮書段階で、複数案が検討されておらず、かつ、その理由も示されていないこと（アセス法3条の2第1項・3項、建設省令3条1項）、②CおよびDの意見に対する事業者の見解の未記載（アセス法21条2項4号）、③いわゆるゼロ・オプション（建設省令3条2項）、移植措置以外のQの保全措置やトンネル化案が検討されていないことの妥当性、④データ改ざん、があげられる。

設問 II

(1)　差止訴訟

「差止めの訴え」とは、行政庁が一定の処分または裁決をすべきでないにかかわらずこれがされようとしている場合において、行政庁がその処分または裁決をしてはならない旨を命ずることを求める訴訟をいう（行訴法3条7項）。

◨設問の検討

これを本設問についてみると、本件認可の差止訴訟を提起することが考えられる。本設問では、本件認可の処分性、重大な損害のおそれの有無、CとDそれぞれの原告適格が特に問題となる。

(A)　一定の処分がされようとしている場合

「差止めの訴え」は、行政庁が一定の処分または裁決をすべきでないにかかわらずこれがされようとしている場合に提起できる（行訴法3条7項、37条の4第1項本文）。差止訴訟の対象については、請求内容特定の要請と、将来行われる処分の具体的内容を特定することの困難さとを考慮して、裁判所の判断が可能な程度に特定されていれば、ある程度の幅が許されるという趣旨で、「一定の処分」とされている。また、救済の必要性を基礎づける前提として、一定の処分がされようとしていること、すなわち、一定の処分がされる蓋然性があることが必要である。[32]

◨設問の検討

これを本設問についてみると、認可の取消しという裁判所の判断が可能な程度に特定されている。また、A県は、アセス法に基づく環境影響評価を実施し、国土交通大臣に対し、法令上必要とされる道路法74条に基づく認可を申請中の状況であるから認可処分がされる蓋然性もある。

32　中原403頁。

(B) 重大な損害を生じるおそれ

差止めの訴えは、一定の処分または裁決がされることにより重大な損害を生ずるおそれがある場合に限り、提起することができる（行訴法37条の4第1項本文）。裁判所は、重大な損害を生ずるか否かを判断するにあたっては、損害の回復の困難の程度を考慮するものとし、損害の性質および程度並びに処分または裁決の内容および性質をも勘案する（同条2項）。判例[33]は、「重大な損害を生ずるおそれ」があると認められるかにつき、「処分がされることにより生ずるおそれのある損害が、処分がされた後に取消訴訟等（著者注：取消訴訟または無効確認訴訟）を提起して執行停止の決定を受けることなどにより容易に救済を受けることができるものではなく、処分がされる前に差止めを命ずる方法によるのでなければ救済を受けることが困難なものであること」を要求する。この理由について、判例は、「国民の権利利益の実効的な救済及び司法と行政の権能の適切な均衡の双方の観点」を指摘する。

◪設問の検討

> これを本設問についてみると、一度、認可処分がされてしまえば、道路の建設が開始され、A県の固有種で、絶滅危惧種の植物Qの希少な群生地が破壊される。こうなれば、取り返しはつかず、処分の取消しや無効を主張しても容易に復元・救済できるものではないから、認可処分がされる前に差止めを命ずる方法によるものではなければ救済を受けることが困難なものであるといえ、「重大な損害を生ずるおそれ」が認められる。

(C) 補充性

差止めの訴えは、重大な損害を避けるため他に適当な方法があるときは、提起することができない（行訴法37条の4第1項ただし書）。この要件は、ただし書として規定されていることから、例外的な場合に限られる。具体的には、差止めを求める処分（後行処分）の前提となる先行処分があって、先行

---

33 最判平成24・2・9民集66巻2号183頁。

処分の取消訴訟を提起すれば、当然に後行処分ができないことが法令上定められているような場合をいうと考えられる[34]。

◙設問の検討

これを本設問についてみると、先行処分のは取消訴訟を提起すれば、当然に後行処分ができないことが法令上定められているような場合にはあたらないので、補充性の要件を満たす。

(D)　原告適格

差止めの訴えは、行政庁が一定の処分または裁決をしてはならない旨を命ずることを求めるにつき法律上の利益を有する者に限り、提起することができる（行訴法37条の4第3項）。法律上の利益の有無の判断については、同法9条2項の規定を準用する（同法37条の4第4項）。

(a)　学術研究者の利益

まず、B地区に居住し、長年Qの研究・保護活動をしているCについて検討する。判例[35]は、静岡県浜松市に所在する伊場遺跡を学術研究の対象としてきた学者が、静岡県教育委員会が静岡県文化財保護条例に基づきした同遺跡の指定史跡の指定解除処分の取消しを求めた事案において、「本件遺跡を研究の対象としてきた学術研究者であるとしても、本件史跡指定解除処分の取消しを求めるにつき法律上の利益を有せず、本件訴訟における原告適格を有しない」とする。その理由として、「本件条例及び法の他の規定中に、県民あるいは国民が史跡等の文化財の保存・活用から受ける利益をそれら個々人の個別的利益として保護すべきものとする趣旨を明記しているものはなく、また、右各規定の合理的解釈によっても、そのような趣旨を導くことはできない」ことをあげ、「本件条例及び法は、文化財の保存・活用から個々の県民あるいは国民が受ける利益については、本来本件条例及び法がその目的としている公益の中に吸収解消させ、その保護は、もっぱら右公益の実現を通じて図ることとしているものと解され」、「文化財の学術研究者の学問研究上の

34　中原405頁。
35　最判平成元・6・20判時1334号201頁〔伊場遺跡訴訟〕。

利益の保護について特段の配慮をしていると解しうる規定を見出すことはできないから、そこに、学術研究者の右利益について、一般の県民あるいは国民が文化財の保存・活用から受ける利益を超えてその保護を図ろうとする趣旨を認めることはできない」とした。

　同判例の位置づけについて、中原教授は「処分により影響を受ける者の範囲が不特定の場合」の一例として掲げる。

　この判例を前提にすると、学術研究者一般の原告適格を否定したものではなく、当該処分の根拠規定等において、原告の問題としている利益を個別的利益として保護しようとしているものと解しうる何らかの手がかりがあるかといった個別法の解釈を通したものと考えられる。

◨設問の検討

> 　これを本設問についてみると、アセス法や各参照条文において、学術研究者の学問研究上の利益の保護について特段の配慮をしていると解しうる規定を見出すことはできないから、そこに、学術研究者の同利益について、その保護を図ろうとする趣旨を認めることはできない。したがって原告適格は認められない。

　　(b)　自然保護団体の利益

行政需要が多様化してきている中で、特定の個人の利益に必ずしも還元しがたい集団的利益についてどのような対処が考えられるか。改正行政事件訴訟法施行状況検証研究会（座長：髙橋滋教授）では、「原告適格をより柔軟に解釈する努力を続けたとしても、主観訴訟である限りは限界があることを踏まえれば、例えば、環境……等の分野においては、いわゆる団体訴訟制度を創設することが想定され得るとの指摘がされ、これに賛同する意見が多かった」ものの、「仮に個別法で各分野ごとに団体訴訟制度を創設するとしても、①客観訴訟として新たな訴訟制度を創設すると考えるか、②一定の適格団体については特別な当事者適格を認めることとし、全体としては主観訴訟の枠内の制度とすることを構想するかがあり得るところ、この点は制度の本質論として重要であるとともに制度設計全体にも大きな影響がある」との指摘も

あった。[36]

　しかし、伊場遺跡訴訟判決のように、行政処分によって侵害される利益が広く地域住民等に共通の利益として把握できる場合において、そのような多数人の共通利益を法律上または事実上代表する環境保護団体等が訴訟を提起したとき、判例はその団体に原告適格を認めない。

　一方で、学説では、多数人の集団的利益に関する紛争を一挙に解決するのに適していること、団体は多くの場合個人よりも訴訟追行能力が優れていることなどから、①組織構成、②活動目的、③活動実績ないし活動可能性に鑑み、当該団体が集団的利益を代表出訴するのに適した組織である場合と判断される場合について、団体の代表的出訴資格を積極的に認めようとする見解が有力に唱えられている。[37]

　しかし、現行の行訴法9条の下で団体訴訟の原告適格を認めることは困難である。[38]

■設問の検討

　これを本設問についてみると、A県に拠点をおく自然保護団体である特定非営利活動法人Dについては、任意団体であり、自然人と異なり、団体それ自体は良好な自然環境を享受できないし、関係法令を含め、法に団体の利益を個別的に保護する趣旨の規定もない。したがって、判例の趣旨に沿う限り原告適格は認められない。

(2)　住民訴訟

　ところで、行訴法上の客観訴訟（行政の違法性の統制を目的とする訴訟）には特別な法律上の根拠が必要とされ（行訴法42条）、現行法上、民衆訴訟（同法5条）として住民訴訟が個別法に規定されている。

36　改正行政事件訴訟法施行状況検証研究会「改正行政事件訴訟法施行状況検証研究会報告書」（2012年11月）110頁。大塚51頁も参照。
37　大塚543頁。
38　大塚543頁。北村246頁。

◪設問の検討

本設問についてみると、特にCおよびDの差止訴訟の原告適格を否定する場合には、住民訴訟（公金支出の差止請求。地方自治法242条の2第1項1号）についても検討すべきである。

(A) 出訴権者

普通地方公共団体の住民で、かつ、住民訴訟提起前に、住民監査請求を経なければならない（地方自治法242条の2第1項）

(B) 財務会計行為

監査請求段階で、対象となる財務会計行為を特定しなければならない。ただし、この要件を厳格に解すると、情報源に乏しい住民にとって負担過重となり、住民訴訟の実効性が損なわれるので、監査委員において監査請求の対象と特定して認識することができる程度に摘示されていれば足りる[39]。住民監査請求は、違法のみならず不当な財務会計行為をも対象としうるが、住民訴訟の対象は、違法な財務会計行為に限られる。

しかし、北村教授は、「環境破壊として批判される行為そのものは、非財務的行為が多い」と指摘する[40]。そこで、大塚教授は、「自治体財政を健全化させるという住民訴訟の機能を保持するためには、財政支出の原因となった非財務行為についても、一定の場合には、違法とすべきである。その基準としては、原因行為たる非財務的行為であっても財務会計の適正な執行の確保という見地から看過できない瑕疵がある場合には、その適否を住民訴訟の対象としうる」と指摘する[41]。

◪設問の検討

これを本設問についてみると、特に財務会計法規上の違法性をどのように構成するかは1つの問題である。また、A県は、輸送量の増加に伴う渋滞緩和のため、A県内に6車線の一般国道の新設を計画していると

---

[39] 最判平成16・11・25民集58巻8号2297頁。中原412頁。
[40] 北村252頁。
[41] 大塚560頁。

ころ、道路建設事業は、一般的に公共性の高い事業と考えられるから、「当該行為を差し止めることによつて……その他公共の福祉を著しく阻害するおそれがある」(地方自治法242条の 2 第 6 項) とされ、差止めが否定される可能性もあろう。

設問Ⅲ

まず、 F らが、誰に対していかなる規定に基づいて損害賠償請求ができるか。国道についてA県の営造物責任としての国賠法 2 条の責任と、 G 社の民法709条の責任との共同不法行為として、民法719条の適用の有無が問題となる。

(1)　営造物責任

道路、河川その他の公の営造物の設置または管理に瑕疵があったために他人に損害を生じたときは、国または公共団体は、これを賠償する責任を負う (国賠法 2 条 1 項)。実体的要件は、①公の営造物であること、②設置または管理に瑕疵があったこと、③他人に損害を生じさせたこと、④瑕疵と損害との間の因果関係、の 4 点である。

◨設問の検討

これを本設問についてみると、 F らは、A県に対し、国賠法 2 条に基づく損害賠償を請求することが考えられる。まず、道路は「公の営造物」であることに争いはない (①充足)。

ところで、国賠法 2 条 1 項の営造物の設置または管理の「瑕疵」とは、営造物が有すべき安全性を欠いている状態をいい、営造物が供用目的に沿って利用されることとの関連において危害を生ぜしめる危険性がある場合をも含み、その危害には、営造物の利用者以外の第三者に対するものも含むと考えられるところ、本件国道が設置された後、 E 地区における大気中のSPMの濃度が環境基準を超えている事実は、道路の交通の用に沿って利用されることとの関連において危害を生ぜしめる危険性が

あるといえ、通常有すべき安全性を欠いているから「瑕疵」が認められる（②充足）。

　また、Ｆらは呼吸器系疾患に悩まされるようになったから、治療にかかる医療費等の「損害を生じさせた」といえ（③充足）、上記瑕疵と損害との間に因果関係も認められる（④充足）。したがって、同請求は認められる。

(2)　不法行為に基づく損害賠償

　故意または過失によって他人の権利または法律上保護される利益を侵害した者は、これによって生じた損害を賠償する責任を負う（民法709条）。実体的要件は、①他人の権利または法律上保護される利益を侵害したこと、②損害、③侵害と損害との間の因果関係、④故意または過失である。

　■設問の検討

　　これを本設問についてみると、Ｆらは、Ｇ社に対して、民法709条に基づく損害賠償を請求することが考えられる。まず、Ｇ社の石炭火力発電所からはSPMその他の大気汚染物質が排出されているから、「他人の権利……を侵害した」といえる（①充足）。また、Ｆらは呼吸器系疾患に悩まされており、この治療にかかる医療費等は「損害」と認められ（②充足）、侵害と損害との間の因果関係（③充足）も肯定できる。さらに、大気汚染物質の排出については予見でき、回避も可能であったといえるから「過失」が認められる（④充足）。したがって、 同請求は認められる。

(3)　共同不法行為

　数人が共同の不法行為によって他人に損害を加えたときは、各自が連帯してその損害を賠償する責任を負う（民法719条1項前段）。共同行為者のうちいずれの者がその損害を加えたかを知ることができないときも、同様とする（同項後段）。

(A)　瑕疵と過失行為による損害惹起の場合の民法719条適用の可否

　道路の設置管理の「瑕疵」と第三者の過失「行為」が競合して損害を発生させた場合、営造物（工作物）責任の要件と不法行為の責任要件は異なるから、各要件を充足する限度で賠償責任が競合するだけで、共同不法行為が成立しないとも思われる。しかし、いずれも不法行為責任であって違法評価の対象が異なるにすぎず、瑕疵が損害惹起の要素を含むから、民法719条1項の（類推）適用を認めるべきである。[42]

(B)　関連共同性

　民法719条の要件として、個々の行為者の709条の不法行為の要件をすべて満たすよう要求すべきようにも思われる。この場合、個々の加害行為と結果との因果関係が必要とみる（伝統的多数説・判例）。

　しかし、各加害者の行為が独立に不法行為の要件を満たす場合には当然に709条責任を負うのであって、共同不法行為として民法719条を別に規定した意味がなくなる。719条1項が前段、後段と分けて規定する以上、両者には相違があるはずである。そこで、719条1項前段は「強い関連共同性」、同項後段は「弱い関連共同性」を規定していると考えられる（有力説・下級審裁判例）。

(a)　伝統的多数説・判例の立場

　共同不法行為は、加害行為の間に共同関係（関連共同性）がある場合に成立すると考えられる。共謀のような主観的認識がなくても客観的に共同していると認められれば、関連共同性は肯定され、容易に認められる。

(b)　有力説・下級審判例の立場

　民法719条1項後段は、結果の発生に対して社会通念上1個の行為と認められる程度の一体性（＝弱い関連共同性）がある場合に類推適用される。この場合、共同行為による結果発生の立証があれば、個別加害行為と結果の因果関係が推定される。ただし、加害者による減免責の反証が可能とされ、成功

42　越智229頁、大塚505頁。

すれば各加害者は部分的に責任を免れる。[43]

設問の検討

　これを本設問についてみると、G社の工場からの排煙と国道からの排煙には関連共同性が認められるかが問題となるところ、有力説および下級審裁判例によれば、A県とG社の関連共同性については、弱い関連共同性を肯定する裁判例と、否定する裁判例とに分かれる。

〔表2－4〕　有力説における関連共同性の整理（大塚教授の分析を踏まえた）

	719条1項前段	719条1項後段
関連共同性	強い	弱い
一体性	緊密	結果の発生に対して社会通念上1個の行為と認められる程度
判断要素	行為者間の資本的・経済的・組織的な結合関係の有無・程度、排出施設の立地状況、汚染物質の種類、排出の態様、排出量、汚染への寄与度、排出防止策とそれについての相互関与関係の有無、その他の客観的要素	両方の排煙の到達の態様、組成、排煙量の相違、健康被害に対する原因力の相違

43　越智227頁。

＜実務を見据えて──アセス法編＞

▶ 環境省大臣官房環境影響評価課「環境アセスメントのあらまし」(2023年 8 月改訂)

http://assess.env.go.jp/files/1_seido/pamph_j/pamph_j.pdf

▶ 環境省「環境影響評価法の概要」

http://assess.env.go.jp/files/0_db/contents/0508_03/mat_1_2-1.pdf

▶「環境影響評価法の一部を改正する法律の施行について (通知)」(2012年 3 月14日環政評発第120314001号環境省総合環境政策局長通知)

http://assess.env.go.jp/files/1_seido/1-3_horei/5_seitei/sonota_01.pdf

▶ 中央環境審議会「今後の環境影響評価制度の在り方について (答申)」(1997 年 2 月)

http://assess.env.go.jp/files/1_seido/1-3_horei/2_seitei/284/284.pdf

▶ 中央環境審議会「今後の環境影響評価制度の在り方について (答申)」(2010 年 2 月22日)

https://www.env.go.jp/council/seisaku_kaigi/epc013/mat01_3.pdf

第3章

大気汚染防止法
（大防法）

① ばい煙と有害大気汚染物質の対応の比較[1]

〔設問〕

　ばい煙と有害大気汚染物質についての対応の仕方には相違があるが、なぜか。

【参考】

○　大防法（昭和43年6月10日法律第97号）（抄録）

附　　則

1～8　（略）

（指定物質抑制基準）

9　環境大臣は、当分の間、有害大気汚染物質による大気の汚染により人の健康に係る被害が生ずることを防止するために必要があると認めるときは、有害大気汚染物質のうち人の健康に係る被害を防止するためその排出又は飛散を早急に抑制しなければならないもので政令で定めるもの（以下「指定物質」という。）を大気中に排出し、又は飛散させる施設（工場又は事業場に設置されるものに限る。）で政令で定めるもの（以下「指定物質排出施設」という。）について、指定物質の種類及び指定物質排出施設の種類ごとに排出又は飛散の抑制に関する基準（以下「指定物質抑制基準」という。）を定め、これを公表するものとする。

（勧告）

10　都道府県知事は、指定物質抑制基準が定められた場合において、当該都道府県の区域において指定物質による大気の汚染により人の健康に係る被害が生ずることを防止するために必要があると認めるときは、指定物質排出施設を設置している者に対し、指定物質抑制基準を勘案して、指定物質排出施設からの指定物質の排出又は飛散の抑制について必要な勧告をすることができる。

（報告）

11　都道府県知事は、前項の勧告をするために必要な限度において、同項に

1　司法試験・環境法・平成21年度・第1問・改題。

規定する者に対し、指定物質排出施設の状況その他必要な事項に関し報告を求めることができる。

12　環境大臣は、指定物質による大気の汚染により人の健康に係る被害が生ずることを防止するため緊急の必要があると認めるときは、都道府県知事又は第31条第1項の政令で定める市の長に対し、第10項の規定による勧告に関し、必要な指示を行うことができる。

13　環境大臣は、前項の指示をするために必要な限度において、指定物質排出施設を設置している者に対し、指定物質排出施設の状況その他必要な事項に関し報告を求めることができる。

(1)　規制的手法

規制的手法とは、法令によって社会全体として達成すべき一定の目標と遵守事項を示し、統制的手段を用いて達成しようとする手法（直接規制的手法）、または、目標を提示してその達成を義務づけ、または一定の手順や手続を踏むことを義務づけることなどによって規制の目的を達成しようとする手法（枠組規制的手法）をいう。

前者は、環境汚染の防止や自然環境保全のための土地利用・行為規制などに効果がある。後者は、規制を受ける者の創意工夫を活かしながら、定量的な目標や具体的遵守事項を明確にすることが困難な新たな環境汚染を効果的に予防し、または先行的に措置を行う場合などに効果がある[2]。

(2)　自主的取組手法

自主的取組手法とは、事業者などが自らの行動に一定の努力目標を設けて対策を実施するという取組みによって政策目的を達成しようとする手法をいう。事業者などがその努力目標を社会に対して広く表明し、政府においてその進捗点検が行われるなどによって、事実上社会公約化されたものとなる場

2　「環境基本計画」（2024年5月21日）49頁。

合等には、さらに大きな効果を発揮する。技術革新への誘因となり、関係者の環境意識の高揚や環境教育・環境学習にもつながるという利点がある。事業者の専門的知識や創意工夫を活かしながら複雑な環境問題に迅速かつ柔軟に対処するような場合などに効果が期待される[3]。

(3)　ばい煙と有害大気汚染物質対策

ばい煙（大防法第2章）については、「規制的手法」（直接規制的手法）が用いられている。一方で、有害大気汚染物質対策（同法第2章の5）については、「自主的取組手法」が中心である（事業者の責務（同法18条の42）とされ、罰則もない）[4]。有害大気汚染物質の中の指定物質に関して、ガイドラインのような形で指定物質抑制基準を設け（遵守義務付けはない）、必要があれば勧告をするというしくみである[5]。

(4)　理　由

このように対応の仕方に相違がある理由は、科学的知見が確実であるか否かによる[6]。

〔表3−1〕　ばい煙と有害大気汚染物質の相違

	ばい煙	有害大気汚染物質
政策手法	規制的手法	自主的取組手法
科学的知見	確実	不確実

3　前掲（注2）49頁。
4　大塚170頁。
5　北村78頁。
6　北村405頁。

② 環境基準の法的性格[7]

〔設問〕

　二酸化窒素の環境基準値については、厳しすぎるという科学的知見が
蓄積されてきたことから、基準値が緩和されたとする。この措置に不満
な者は、その直後に取消訴訟を提起できるか。なお、原告適格について
は触れなくてよい。

(1) 環境基準の法的性質

　環境汚染は個別発生源からの排出に起因するのみでなく、人間の日常生活
等にも由来することから、これらをも含めた総合的な環境管理行政を進める
ため、環境汚染をどの程度に抑えるかの目標値を明確にする必要がある。[8]

　そこで、政府は、大気の汚染、水質の汚濁、土壌の汚染および騒音に係る
環境上の条件について、それぞれ、人の健康を保護し、および生活環境を保
全するうえで「維持されることが望ましい基準」を定めることとした（環境基
本法16条1項）。また、環境基準は、常に適切な科学的判断が加えられ、必
要な改定がなされなければならない（同条3項）。

(2) 本設問の争点

　本設問においては、国に対して、改定告示の取消訴訟を提起することが考
えられる。同訴訟の争点は、特に改定告示の処分性である。環境基準につき「維
持されることが望ましい基準」をめぐる議論が問題となる。この論点に関し
ては、裁判例[9]が出されており、この判決を踏まえて、両当事者の主張と反論
を構成することができる。

7　司法試験・環境法・平成22年度・第2問・改題。
8　大塚153頁。

　具体的に、原告は、①環境基準は大防法の排出基準、総量規制基準と法的連動関係にあること、②環境基準は法律上の許容限度、受忍限度として裁判例上用いられていること、を主張することになろう。

　一方で、被告としては、①排出基準、総量規制基準は、環境基準から直接自動的に決定されず、その関係は事実上のものであること、②環境基準は行政の努力目標にすぎず法律上の許容限度を設定するものではないこと、を反論として述べることになろう。

(3)　法的性質の整理

　裁判例[10]によれば、国民の権利・義務を確定するものは、環境基準ではなく、規制基準としての排出基準であり、排出基準は環境基準から自動的に連動して決まるものではないのであるから、地域の汚染が環境基準を超える状態になっても、汚染源に対する規制強化の根拠とはならず、行政庁としては、行政指導等の非権力的な手法を用いて、汚染源に対して汚染行為の抑制を要請するしかないということになる[11]。

9　東京高判昭和62・12・24行集38巻12号1807頁〔二酸化窒素環境基準改定告示取消請求事件〕。

10　前掲（注9）・東京高判昭和62・12・24〔二酸化窒素環境基準改定告示取消請求事件〕。

11　大塚155頁。

③ 大気汚染を原因とする損害賠償請求訴訟[12]

〔設問〕

A市に居住しているB（45歳）は、数年前にぜん息を発症し、その後症状が悪化してきている。

Bの居宅から10メートル離れたところにはC鉄鋼会社（以下、「C社」という）の工場があり、このC社の操業に伴うばいじん、窒素酸化物（政令により、大防法2条1項3号の「ばい煙」に指定されている）等の排出が認められる。Bの居宅およびC社の工場は、同法に基づく窒素酸化物に係る総量規制の「指定地域」内にあり、C社の工場は「特定工場等」にあたる（大防法5条の2第1項）。

また、Bの居宅から30メートル離れたところには、高架式で設置されているD高速道路株式会社（以下、「D社」という）の高速道路があり、この高速道路を走行する自動車から窒素酸化物、粒子状物質（共に、政令により、大防法2条17項の「自動車排出ガス」に指定されている）が排出されている。

Bの居宅を含む地域では、現在も二酸化窒素、浮遊粒子状物質は、環境基準値を超えており、この地域には、B以外にも、多くの呼吸器系疾患に罹患した人々がいる。

Bは、自分がぜん息にかかったのは、居宅周辺の工場、道路からの大気汚染物質の排出が原因であると考え、C社およびD社を被告として損害賠償を求めて訴訟を提起した。この場合における法律上の問題点について検討せよ。なお、本文中に記載した以外の政令については、考慮する必要はない。

---

12 司法試験・環境法・平成22年度・第2問・改題。

(1)　問題の所在

　C社とD社に対するそれぞれの損害賠償責任の有無に加え、両社の共同不法行為（民法719条）責任を検討する。

(2)　C社（鉄鋼会社）の責任

　C社の工場については民法709条のほか、大防法の無過失責任規定（同法25条1項）の適用が問題となる。

　工場または事業場における事業活動に伴う健康被害物質（ばい煙、特定物質または粉じんで、生活環境のみに係る被害を生ずるおそれがある物質として政令で定めるもの以外のものをいう）の大気中への排出（飛散を含む）により、人の生命または身体を害したときは、当該排出に係る事業者は、これによって生じた損害を賠償する責めを負う（大防法25条1項）。実体的要件は、①工場または事業場における事業活動に伴う健康被害物質の大気中への排出、②人の生命または身体を害したこと、③損害、④因果関係（「これによって」）の4点である。

■設問の検討

　　これを本設問についてみると、C社の操業に伴うばいじん、窒素酸化物等の排出が認められるから、「工場または事業場における事業活動に伴う健康被害物質の大気中への排出」がある（①充足）。また、Bはぜんそくを発症しているから、「人の……身体を害した」といえる（②充足）。これらにかかる医療費等は「損害」である（③充足）。本設問では特に、因果関係（「これによって」）が問題となろう（④が争点）。

(3)　D社（高速道路株式会社）の責任

　土地の工作物の設置または保存に瑕疵があることによって他人に損害を生じたときは、その工作物の占有者は、被害者に対してその損害を賠償する責任を負う（民法717条1項本文）。実体的要件は、①土地の工作物であること、

②設置または保存に瑕疵があること、③損害、④瑕疵と損害の間の因果関係（「によって」）である。

◙設問の検討

　これを本設問についてみると、BはD社に対し、民法717条に基づく損害賠償請求をすることが考えられる。

　(A)　「土地の工作物」

土地工作物とは、「土地ニ接着シテ人工的作業ヲ為シタルニ依リテ成立スル物[13]」をいい、土地工作物といいうるためには、「土地への接着性」と「人工的な作業を加えたこと」の２点がポイントとなる[14]。

◙設問の検討

　これを本設問についてみると、道路は土地への接着性、人工的な作業を加えたことの２点を充たし、土地工作物として認められる（①充足。ただし、詳細な検討をするまでもない）。

　(B)　「設置・保存の瑕疵」

瑕疵とは、「通常有すべき安全性を欠いている状態」をいう。国賠法上の営造物責任においては、いわゆる機能的瑕疵が含まれると判断されているところ、民法上の土地工作物責任においても、「当該営造物を構成する物的施設自体に存する物理的、外形的な欠陥ないし不備によって一般的に……危害を生ぜしめる」性状瑕疵だけでなく、「その営造物が供用目的に沿って利用されることとの関連において危害を生ぜしめる」機能的瑕疵も含まれると考えられる[15]。

◙設問の検討

　これを本設問についてみると、道路自体に存する不備といったものではないが、走行する自動車から窒素酸化物、粒子状物質（共に、政令により、大防法２条17項の「自動車排出ガス」に指定されている）が排出されており、

13　大判昭和３・６・７民集７巻443頁。
14　吉村242頁。
15　吉村244頁。

Bの居宅を含む地域では、現在も二酸化窒素、浮遊粒子状物質は、環境基準値を超えているところ、これらは道路を供用目的に沿って利用されることとの関連においての危害にあたり、通常有すべき安全性を欠いている状態といえ、「瑕疵」にあたる（②充足）。また、呼吸器系疾患の治療に伴う諸経費は「損害」といえる（③充足）。

(4)　共同不法行為

(A)　瑕疵と過失行為による損害惹起の場合の民法719条適用の可否

瑕疵と過失行為については、不法行為責任であって違法評価の対象が異なるにすぎず、瑕疵が損害惹起の要素を含むから、民法719条1項の（類推）適用を認めるべきである。[16]

(B)　関連共同性

民法719条1項が前段、後段と分けて規定する以上、両者には相違があるはずなので、719条1項前段は「強い関連共同性」、後段は「弱い関連共同性」を規定していると考えられる。

民法719条1項後段は、結果の発生に対して社会通念上一個の行為と認められる程度の一体性（＝弱い関連共同性）がある場合に類推適用される。この場合、共同行為による結果発生の立証があれば、個別加害行為と結果の因果関係が推定される。ただし、加害者による減免責の反証が可能とされ、成功すれば各加害者は部分的に責任を免れる。

■設問の検討

これを本設問についてみると、C社の工場からの排煙とD社の高速道路からの排煙には民法719条の関連共同性が認められるかが問題となるところ、有力説および下級審裁判例によれば、C社とD社の関連共同性については、弱い関連共同性を肯定する裁判例と、否定する裁判例とに分かれる。

16　越智229頁。

(5)　因果関係

　因果関係の立証には、高度の蓋然性が必要である。判例[17]は、「訴訟上の因果関係の立証は、一点の疑義も許されない自然科学的証明ではなく、経験則に照らして全証拠を総合検討し、特定の事実が特定の結果発生を招来した関係を是認しうる高度の蓋然性を証明することであり、その判定は、通常人が疑を差し挟まない程度に真実性の確信を持ちうるものであることを必要とし、かつ、それで足りる」とする。

　しかし、特に複数汚染源、多数被害者が想定される公害訴訟では多くの場合、発生源・汚染経路の確定や、被害発生の科学的メカニズムの解明は容易でなく、さらに情報が加害者側に偏在し、被害者が加害企業に比べて、組織・資力・時間等の点で劣後するという事情がある。そのため、因果関係の立証は、環境訴訟における法的障害の１つとなるが、被害救済の観点から、因果関係立証の困難を緩和すべく、工夫すべきである[18]。

　大気汚染と健康被害の因果関係の問題については、疫学的因果関係について検討を要する。また、非特異性疾患の事案における集団的因果関係と個別的因果関係の関連および相対的危険度の問題を取り上げることの可否についても検討を要する。

(A)　疫学的因果関係

　疫学的因果関係が認められるためには、因子と疾病との間に次の４要素が必要である。

① 　当該因子が発病の一定期間前に作用する（時間的条件）。

② 　当該因子が作用する程度が著しいほど当該疾病の罹患率が上昇する（量反応関係の条件）。

③ 　当該因子が除去されれば当該疾病の罹患率が低下し、当該因子をもたない集団は当該疾病の罹患率が極めて低い（消去の条件）。

17　最判昭和50・10・24民集29巻９号1417頁〔ルンバール判決〕
18　越智89頁、大塚494頁。

④　当該因子が原因として作用するメカニズムが生物学的に無理なく説明
　　できる（生物学的妥当性の条件）。

これにより、加害行為と被害発生の関係を明らかにできた場合に、高度の
蓋然性があるとして、集団的因果関係としての法的因果関係を推認する[19]。

(B)　非特異性疾患

疫学的因果関係については、特異性疾患（疾病の発生原因が特定の物質であ
ることが証明されている疾患。たとえば水俣病など）と非特異性疾患（疾病と発
生原因の間に特異的関係が認められない疾患。たとえば慢性気管支炎など）とで
適用を異にすべきか。

この点、非特異性疾患に関して、疫学的因果関係により説明できる集団的
因果関係から個別的因果関係を推認できるという考え方がある一方で、汚染
物質に曝露した者の属する集団の罹患率とそうでない集団の罹患率を比較し
て、前者の相対的危険度（「オッズ比」）が相当程度高い場合でなければ集団的
因果関係から個別的因果関係を推認できないという考え方もある[20]。

(6)　違法性

違法性については受忍限度論の採用の可否、被害の考慮、公共性の考慮の
可否、環境基準と受忍限度との関係について検討する。

(A)　受忍限度論の採用の可否

国道43号訴訟判決は、損害賠償請求について受忍限度論を採用する。

(B)　環境基準と受忍限度との関係

損害賠償請求では、不法行為の要件である違法性の判断に際して、「規制
値を上回る排出」は、受忍限度判断の一要素として考慮される。規制値違反
の事実だけで、直ちに受忍限度を超える侵害が認められるわけではない。規
制値違反は、加害者側の事情の重要な要素として考慮される[21]。

19　北村210頁、大塚495頁。
20　北村210頁。
21　越智222頁。

(C)　公共性の考慮の可否

国道43号訴訟判決は、公共性の考慮について、「考慮はするが必ずしも重視はしない」立場を採用している。

◩設問の検討

　これを本設問についてみると、C社の工場からはその操業に伴うばいじん、窒素酸化物等の排出が認められ、さらにD社の高速道路の供用によって、走行する自動車から窒素酸化物、粒子状物質が排出され、Bの居宅を含む地域では、現在も二酸化窒素浮遊粒子状物質が環境基準値を超えている状況が生じ、この地域ではB以外を含む多くの呼吸器系疾患に罹患した人々がいる事実が認められる。このようにほぼ一日中沿道の生活空間に汚染された大気が流入するという侵害行為によりそこに居住するBは、汚染により呼吸器系疾患という生命・身体に重大な悪影響をもたらされている。

　他方、確かに本件道路が主として産業物資流通のための地域間交通に相当の寄与をしており、自動車保有台数の増加と貨物および旅客輸送における自動車輸送の分担率の上昇に伴い、その寄与の程度が高くなるに至っているという面も必ずしも否定し得ない。

　しかし、本件道路は、地域住民の日常生活の維持存続に不可欠とまではいうことのできないものであり、Bの一部を含む周辺住民が本件高速道路の存在によってある程度の利益を受けているとしても、その利益とこれによって被る前記の損害との間に、後者の増大に必然的に前者の増大が伴うというような彼此相補の関係はない。

　さらに、Dにおいて大気汚染等が周辺住民に及ぼす影響を考慮して当初からこれについての対策を実施すべきであったのに、対策が講じられないまま本件道路が開設され、その後に環境対策が講じられた事情も見当たらない。また、C社の操業についてはBが恩恵を受けるといった彼此相補の関係はない。

　そうすると、本件道路の公共性ないし公益上の必要性のゆえに、Bが

受けた被害が社会生活上受忍すべき範囲内のものであるということはできず、本件道路の供用が違法な法益侵害にあたり、C 社と D 社は B に対して損害を賠償すべきである。

④　公害防止協定の意義[22]

　　A県内のB地区内に、石綿（アスベスト）を発生、飛散させる原因となる建築材料が大量に使用されている古いビル（以下、「本件ビル」という）が存在していた。その所有者はYであり、B地区住民であるXは、本件ビルと道路を面した向かい側に住居を構えている。

　　Xは、石綿吸入による健康被害の不安を感じていたところ、Yが本件ビルを解体する予定であることを聞き及んだ。Xは、近隣住民全体の健康に影響を及ぼすおそれがあると考えてB地区自治会に自治会として対策を講じるように申し入れた。これを受け、B地区自治会は、A県を介し、Yに対して石綿飛散防止の措置が十分に講じられるように求める申入れを行った。その結果、B地区自治会とYとの間で【資料】のような内容の公害防止協定が交わされた。

　　その後、Yは、本件ビルの解体作業に着手したが、X宅の敷地内の大気中に、公害防止協定2条で定めた許容基準を超える石綿が浮遊していることが確認された。A県が調査したところ、Yは、石綿を発生、飛散させる原因となる建築材料の除去を行う場所をほかの場所から全く隔離していないことが明らかとなった。

〔設問Ⅰ〕

　　Yによる本件ビルの解体作業がなお続いているという状況の下で、A県知事としては、どのような措置を講ずることができるか。

〔設問Ⅱ〕

　　Yによる本件ビルの解体作業がなお続いているという状況の下で、Xは、Yに対してどのような訴訟上の請求をすることができるか。

〔設問Ⅲ〕

22　司法試験・平成20年度・第2問・改題。

　Ｘは、Ｙに対して、公害防止協定に基づく損害賠償請求をすることができるか。

【資料】

公害防止協定書

　Ｂ地区自治会とＹは、Ｙが行うビルの解体工事について、同ビルの近隣住民のために次のとおり公害防止協定を締結する。

第１条　Ｙは、その所有するビルの解体工事に当たって、周辺に石綿を飛散させないための措置を講ずることを約束する。

第２条　Ｙは、近隣住民の自宅敷地内の大気中において、１リットルにつき１本を超える石綿を飛散させないことを約束する。

設問Ⅰ

(1)　作業基準適合命令・一時停止

　都道府県知事は、特定工事の自主施工者が当該特定工事における特定粉じん排出等作業について作業基準を遵守していないと認めるときは、その者に対し、期限を定めて当該特定粉じん排出等作業について作業基準に従うべきことを命じ、または当該特定粉じん排出等作業の一時停止を命ずることができる（大防法18条の21）。

◾️**設問の検討**

　これを本設問についてみると、「石綿」は「特定粉じん」（大防法２条８項）に該当する。そして、本件ビルには石綿を発生、飛散させる原因となる建築材料が大量に使用されているところ、本件解体工事は、「特定粉じんを……飛散させる原因となる建築材料……が使用されている建築物……を解体……する作業のうち、その作業の場所から……飛散する特定粉じんが大気の汚染の原因となるもの」といえ、「特定粉じん排出等作

業」（同条11項）にあたる。特定工事の元請業者もしくは下請負人または自主施工者は、当該特定工事における特定粉じん排出等作業について、作業基準を遵守しなければならない（同法18条の20）。特定粉じん排出等作業に係る規制基準は、特定粉じんの種類、特定建築材料の種類および特定粉じん排出等作業の種類ごとに、特定粉じん排出等作業の方法に関する基準として、環境省令で定める（同法18条の14）。A県知事は、「作業基準を遵守していない」Yに対し、期限を定めて、作業基準に従うべきことを命じ、または作業の一時停止を命ずることができる。

(2)　報告・立入り・検査

都道府県知事は、この法律の施行に必要な限度において、政令で定めるところにより、解体等工事の自主施工者に対し、解体等工事に係る建築物等の状況、その他必要な事項の報告を求め、またはその職員に、解体等工事に係る建築物等、解体等工事の現場、自主施工者の営業所、事務所その他の事業場に立ち入り、解体等工事に係る建築物等その他の物件を検査させることができる（大防法26条1項）。

◧設問の検討

　これを本設問についてみると、A県知事は、Yに対し必要な事項の報告を求め、または職員に立ち入らせ、物件を検査させることができる。

(3)　刑事告発

大防法18条の21の規定による命令に違反した場合、当該違反行為をした者は、6月以下の懲役または50万円以下の罰金に処される（同法33条の2第1項2号）から、この罰則適用のために刑事告発しなければならない（刑訴法239条2項）。

◧設問の検討

　これを本設問についてみると、Yが作業基準適合命令または作業一時停止命令に違反した場合には、A県知事は、刑事告発しなければならない。

設問 II

(1)　公害防止協定に基づく債権的請求

(A)　公害防止協定の意義

　公害防止または公害発生後の事後処理を目的として、地方公共団体や住民が、事業者（企業）との間で結ぶ取決めを公害防止協定という。条例によって厳しい規制を導入することの適法性に疑問の余地がある場合に相手方との合意に基づいて措置をとることが可能になること、法律上権限のない市町村が、協定により、特定の事業場に対して、立入検査権限や指導権限をもつことができることなどの意義がある。他方、事業者にとっては、最近では、積極的な取組みをしていることを示して企業のイメージアップにつなげるとか、特別融資制度の対象とされることを狙う例なども出てきている。[23]

(B)　公害防止協定の法的拘束力

　公害防止協定の法的性質に関しては、伝統的に紳士協定説と契約説があるものの、現在では、契約説を採用したうえ、個別条項ごとにその性質を検討すべきとされている。

　具体的には、行政目的との関係において、過大な負担を相手方に課すものとなっていないか、他の事業者との関係において極端にバランスの欠いたものになっていないか等、行政法固有の見地から、適法性を審査する必要がある。[24]規制代替的な機能を付与された行政介入のための手法である以上、比例原則、平等原則等、協定内容の合理性・妥当性につき、行政裁量論の枠組みにおいて司法統制を及ぼす必要がある。[25]

　判例[26]は、法的性質についての一般論を述べたものではないが、その判示内容からして、公害防止協定の法的性質につき契約説の立場を前提としてい

23　大塚69頁。
24　髙橋187頁、匿名記事「判批」判時2058号54頁。
25　髙橋188頁。
26　最判平成21・7・10判時2058号53頁〔福津市最終処分場事件〕。

ると考えられる。最高裁判所は、公序良俗への違反がないか否か等につき審理を尽くすよう、審理を差し戻した。しかし差戻後2審判決に対し、髙橋教授は「行政法に固有な視点、例えば、比例原則、平等取扱原則等の観点からの踏み込んだ判断を示していない。ここにも、『民事法的思考』によって行政事件を処理することの問題点が現れている」と指摘する。[27]

▣設問の検討

これを本設問についてみると、B地区自治会とYは、Yが行うビルの解体工事について、同ビルの近隣住民のために「第1条　Yは、その所有するビルの解体工事に当たって、周辺に石綿を飛散させないための措置を講ずることを約束する」こと、「第2条　Yは、近隣住民の自宅敷地内の大気中において、1リットルにつき1本を超える石綿を飛散させないことを約束する」ことを締結しているが、これらの規定の表現振りから、比例原則などの法の一般原則に反するとはいえないし、公序良俗に反するような事情も見当たらない。したがって、本協定は法的拘束力を有するといってよい。

(C)　法的構成

協定の中に協定当事者以外の者に対しても事業者が措置を講ずることを想定していない場合に、協定当事者以外の第三者が協定に基づいて事業者に対して請求することができるか。法的構成として、①債権者代位権による構成（民法423条参照）と第三者のためにする契約による構成（同法537条）の2つが考えられるが、裁判例[28]はいずれも否定する。

▣設問の検討

本設問の協定は、B地区自治会とYが交わしたのであり、Xが請求できるための構成を検討する必要がある。法的構成としては、裁判例は否定的であるものの、①Xが協定に基づくB地区自治会に対する権利を代位行使する方法、②協定を、Xを受益者とする第三者のためにする契約

27　髙橋188頁。
28　札幌地判昭和55・10・14判時988号37頁〔伊達火力発電所事件〕。

｜と解する方法が考えられる。

(2)　人格権に基づく差止請求

(A)　健康被害に対する差止請求権の法的根拠

　健康被害に対する差止請求権の法的根拠について、以下3つの構成が考えられるものの、私見としては①が妥当を考える。

① 　人は、自らの生命・身体の完全性（健康）を害されない権利、すなわち身体的人格権を有しており（憲法13条、民法710条参照）、その侵害に対しては人格権に基づき差止めを請求する権利を有している。人格権侵害に基づく差止請求権の要件については、受忍限度論が適用されるとし、健康被害が生ずる蓋然性が高い場合には、公共性が高い場合であっても差止請求が認められるとする考え方である。

② 　人は、自らの生命・身体の完全性（健康）を害されない権利、すなわち身体的人格権を有しており（憲法13条、民法710条参照）、その侵害に対しては人格権に基づき差止めを請求する権利を有している。したがって、人の健康を侵害する蓋然性が高い場合には、身体的人格権の侵害となり、受忍限度論によることなく（受忍限度論は生活妨害のような精神的損害の場合に適用されると考える）、違法性が認められ、健康被害の高度の蓋然性を証明すれば、差止請求が認められるという考え方である。

③ 　環境基準を大幅に超えていることを根拠として健康被害が生ずる高度の蓋然性があることを主張するのではなく、現状の汚染により健康被害が生ずるのではないかという危惧感（精神的損害）を被侵害利益として主張するというとらえ方である。そのようなとらえ方によれば、身体的人格権に直結した平穏生活権の侵害の問題となるが、その場合の要件は受忍限度論となる。

　平穏生活権につき、北村教授は「身体的人格権に直結する精神的人格権の一種」と理解し、「不合理なストレスを受けない法的利益」としたうえで、平穏生活権を認めることの意義につき、「損害賠償のほか、健康被害に至る以

前の『不安感』の状態で差止めなどを求める根拠にできる」点に意義を見出している[29]。

一方、大塚教授は「因果関係の前倒しという効果が認められる点で差止めの重要な根拠を付与するもの」と評価しつつも、「因果関係を前倒しすることは相当異例のことであり、このような結果をもたらすためには、その要件は生活・健康侵害に対する『科学的に不適切とは言えない程度の不安・恐怖感』がある場合に限定されるべきである」としたうえで、「ここでいう『科学的に不適切とは言えない程度の不安・恐怖感』とは、リスクを確定する必要はないが、科学的にどの程度の範囲のリスクかを鑑定等を用いて分析することによって裁判所が判断する」と指摘する[30]。

　(B)　違法性ないし受忍限度論

請求が認容されるためには、侵害行為が私法上違法であることが必要である。これは、受忍限度論で判断され、かつ、一般に違法性段階説により、損害賠償の場合と比べて高い違法性が要求される。

■設問の検討

　これを本設問についてみると、石綿という有害物質の放出による汚染であり（侵害行為の態様・程度）、深刻な健康被害（被侵害利益の性質・内容）を生じさせかねないため、解体工事によって土地利用が高まるなどの社会的、経済的有用性を考慮しても、受忍限度を超えると考えられる。

　(C)　差止請求の内容

差止請求の内容が、禁止される被告の行為の内容を具体的に特定（工場の操業停止のように）しておらず、一定種類の侵害の禁止を求めるものを「抽象的不作為請求」という。この抽象的不作為請求に関しては、①訴訟物（審理対象）の特定が不十分ではないか、②給付条項としての明確性を欠くのではないか、③強制執行ができないのではないか、の3つの論点が提起されている。

29　北村215頁。
30　大塚516頁。

(a)　訴訟物（審理対象）の特定

判決で禁止されるべきすべての将来の侵害行為の予想・特定を原告らに要求することは酷であって、原告が人格権の侵害行為と侵害結果を特定すれば、裁判所は、人格権侵害をしない義務の履行請求権の有無を判断しうる。すなわち、原告は権利侵害の原因自体の排除を求めれば足り、原因除去手段（被告が実施すべき措置の内容）まで具体的に主張する必要はない。被告においても判決の命ずる大気質を達成するための手段を費用対効果等を踏まえて適切に選択する自由が残るし、特定のための能力も組織も欠く原告に特定され、裁判所に審理させる司法的解決はかえって不都合である[31]。

(b)　給付条項としての明確性

判決に従い、いかなる措置をとれば不作為義務を履行したことになるのかが明確ではないため、被告を不安定な地位におき、大気汚染は刻々変化するため、執行すべき範囲も明確でなく執行方法等をめぐり混乱を生ずるから、かかる訴えは不適法だとする考えがある。しかし、差止対象となる汚染が測定方法を含め数値によって客観的に指定されたレベルの大気汚染であれば、明確性を欠くとはいえない[32]。

(c)　強制執行の可否

適切に特定された方法で測定を行えば、間接強制により可能であるから、不適法とする理由にはならない[33]。

■設問の検討

本設問については、Xとしては、「被告は、本件ビルの解体作業をすることよって発生する石綿を、原告の居住敷地内に侵入させてはならない」といった請求を立てることになろう。

31　越智229頁。
32　越智230頁。
33　越智230頁。

⑶　民事上の保全処分の申立て

　債権者が勝訴判決を得て強制執行を行うまでには一定の時間を要する。しかし、勝訴判決を得るまでの間に債務者に財産を処分されてしまっては、勝訴判決が無意味になりかねない。そこで、債務者の財産を一時的に処分できないように民事保全手続を活用すべきである。保全命令の申立ては、その趣旨並びに保全すべき権利または権利関係および保全の必要性を明らかにして、これをしなければならない（民保法13条１項）。保全すべき権利または権利関係および保全の必要性は、疎明しなければならない（同条２項）。そして、仮の地位を定める仮処分命令の申立ては、争いがある権利関係について債権者に生ずる著しい損害または急迫の危険を避けるためこれを必要とするときに発することができる（同法23条２項）。

　以上を踏まえると、実体的要件は、①被保全権利（「保全すべき権利または権利関係」）、②保全の必要性（「著しい損害または急迫の危険を避けるためこれを必要」）の２つである。

■設問の検討

　これを本設問についてみると、人の生命・身体という人格権を被保全権利とすることが考えられる（①充足）。そして、Ｙは本件ビルの解体作業に着手したが、Ｘ宅の敷地内の大気中に、公害防止協定２条で定めた許容基準を超える石綿が浮遊していることが確認され、Ａ県が調査したところ、Ｙは、石綿を発生、飛散させる原因となる建築材料の除去を行う場所をほかの場所から全く隔離していないことが明らかとなったというのであるから、身体・健康を害する「著しい被害……を避ける」ため、保全の必要性があるというべきである（②充足）。

設問Ⅲ

(1)　公害防止協定違反に基づく損害賠償請求の可否

　債務者がその債務の本旨に従った履行をしないときまたは債務の履行が不能であるときは、債権者は、これによって生じた損害の賠償を請求することができる（民法415条1項本文）。ただし、その債務の不履行が契約その他の債務の発生原因および取引上の社会通念に照らして債務者の責めに帰することができない事由によるものであるときは、この限りでない（同項ただし書）。契約説を採用した場合、公害防止協定違反があれば、契約違反として債務不履行に該当する。したがって、民法415条に基づいて損害賠償を請求することが考えられる。

　■設問の検討

　　本設問についてみると、Xは、Yに対して、民法415条に基づく損害賠償を請求することが考えられる。公害防止協定について契約説を採用した場合、この協定違反は「債務の本旨に従った履行をしない」ことに該当する。

　　なお、本件では問うていないものの、不法行為と構成して民法709条に基づく損害賠償請求をすることもできる。この場合、債務不履行とは請求権競合の関係にあると考えられる。

(2)　違約金条項の可否

　契約説を採用した場合、契約ゆえに、通常の民事契約と同様に違約金規定を設けて、違反した事業者に対して民事訴訟を通じてその支払いを求めることも可能である。[34]

34　北村168頁。

⑤ 公害防止協定の法的性質およびその限界[35]

〔設問〕

　A県B町に所在するC社の工場の近隣に住むDは、自分がぜん息に罹患したのは、同社工場に設置されているばい煙発生施設から排出される窒素酸化物が原因であると考えている。同施設は、大防法の規制対象であり、C社はA県知事に届出をしている。

　C社は、1980年（昭和55年）の操業開始時に、B町との間で公害防止協定を締結している。この協定においては、大防法に基づく窒素酸化物の排出基準よりも2割厳しい基準が定められ、その基準に関して、「C社工場内のばい煙発生施設の排出口において、本協定に規定する排出基準に適合しないばい煙を排出してはならない」と規定されていた。

　Dからの相談を受けたB町役場では、C社工場に職員を派遣して窒素酸化物の濃度を測定させたところ、大防法に基づく排出基準値は辛うじて遵守していたことが同社の測定記録からは確認できたものの、協定に規定されている値は実現できていないことが判明した。D以外にもぜん息症状を訴える住民が出てきたことから、B町は、C社に対して、このままでは協定の履行を求める訴訟を提起せざるを得ないと伝えた。

　C社は、協定値不遵守の事実は認めたものの、「協定に規定されている値は、あくまで目標値にすぎない。また、窒素酸化物に関する規制は、大防法のみにより適法になしうるのであって、協定により法的義務を創出することはできないはずであるから遵守義務は発生しない。」と主張している。

　これに対してB町は、どのように反論できるか。なお、窒素酸化物に関する上乗せ条例は制定されていないものとする。

35　司法試験・環境法・平成24年度・第1問・改題。

(1)　協定の法的性質

　協定に関しては、現在では、契約説を採用したうえ、個別条項ごとにその性質を検討すべきとされている。また、協定には比例原則などの法の一般原則に反せないという限界がある。さらに、行政が一方当事者であるからではなく、あくまでも追加的受忍を個別に引き受ける事業者の任意の意思表示があってこその契約である点が重要である。

▣設問の検討

　　これを本設問についてみると、まず、契約説を基本とすると、本件協定の条文の内容であれば法的拘束力を有する契約として評価できる。次に、「2割」という個別具体的厳格化については過大なものでなく協定は合理的である。また、協定による法的義務の創出はできないという主張に対しては、事業者の任意の合意によるので問題ないと反論できる。事業者に法的影響を与える効果をもつ行政の権限行使は大防法が独占しているという主張に対しては、判例を踏まえると、公序良俗に違反しない任意の合意である限りはそうした制約は適用されないと反論できる。

(2)　地方公共団体が事業者に義務履行を求める訴訟

　さらに進んで、地方公共団体が事業者に対して公害防止協定上の義務の履行を求める訴訟と平成14年判決[36]との関係について考察したい。

(A)　平成14年判決の概要

　平成14年判決は、地方公共団体の長である原告が、「市パチンコ店等、ゲームセンター及びラブホテルの建築等の規制に関する条例」に基づき、市内においてパチンコ店を建築しようとする被告に対し、その建築工事の中止命令を発したが、被告がこれに従わないため、原告が被告に対し同工事を続行してはならない旨の裁判を求めた事案である。

36　最判平成14・7・9民集56巻6号1134頁〔宝塚市条例事件〕。

(B)　判　旨

　判例は、まず「行政事件を含む民事事件において裁判所がその固有の権限に基づいて審判することのできる対象は、裁判所法3条1項にいう『法律上の争訟』、すなわち当事者間の具体的な権利義務ないし法律関係の存否に関する紛争であって、かつ、それが法令の適用により終局的に解決することができるものに限られる[37]」ことを確認した。

　次に、「国又は地方公共団体が提起した訴訟であって、財産権の主体として自己の財産上の権利利益の保護救済を求めるような場合には、法律上の争訟に当たるというべきであるが、国又は地方公共団体が専ら行政権の主体として国民に対して行政上の義務の履行を求める訴訟は、……法律上の争訟として当然に裁判所の審判の対象となるものではなく、法律に特別の規定がある場合に限り、提起することが許される」とする。この理由として、このような訴訟は「法規の適用の適正ないし一般公益の保護を目的とするものであって、自己の権利利益の保護救済を目的とするものということはできない」ことをあげた。

　そのうえで、「法律に特別の規定がある」かにつき、「行政代執行法は、行政上の義務の履行確保に関しては、別に法律で定めるものを除いては、同法の定めるところによるものと規定して（1条）、同法が行政上の義務の履行に関する一般法であることを明らかにした上で、その具体的な方法としては、同法2条の規定による代執行のみを認めている」こと、「行政事件訴訟法その他の法律にも、一般に国又は地方公共団体が国民に対して行政上の義務の履行を求める訴訟を提起することを認める特別の規定は存在しない」ことの2点をあげ、「国又は地方公共団体が専ら行政権の主体として国民に対して行政上の義務の履行を求める訴訟は、裁判所法3条1項にいう法律上の争訟に当たらず、これを認める特別の規定もないから、不適法」と判示した。

37　最判昭和56・4・7民集35巻3号443頁参照。

(C)　学説の評価

中原教授は「実務上は、この判決（単なる事例判断にとどまらない一般論を示した点でも影響が大きい）によって、行政上の義務の履行強制については、法律に特別の規定を設けない限り、行政上の強制執行も民事手続による強制もできない、大きな『すきま』が空いてしまうという問題がある」と指摘する。[38]

(D)　判決間の理解

福津市最終処分場事件（前掲（注26）参照）と宝塚市条例事件との関係をいかに理解すべきか。

学説には、公害防止協定を行政契約であると解したうえで、平成14年判決によれば、地方公共団体が事業者に対して公害防止協定上の義務の履行を求める訴訟も法律上の訴訟ではないことになる、とするものもみられる。[39]

しかし、地方公共団体が事業者に対して公害防止協定上の義務の履行を求める訴訟は、地方公共団体が事業者との間で対等な立場に立って締結した契約上の義務（地方公共団体自身が有する契約上の請求権）の履行を求めるものであって、平成14年判決にいう「地方公共団体が専ら行政権の主体として国民に対して行政上の義務の履行を求める訴訟」にはあたらないと思われる。[40]

その理由について「協定が行政契約の性格を有するといっても、同種の協定が民間同士で締結された場合と紙一重しかない」ことが考えられる。[41]

〔表3-2〕　判決間の整理

	平成14年判決	平成21年判決
原告	地方公共団体	地方公共団体
被告	事業者	事業者
訴訟	民事	民事
「法律上の争訟」	あたらない	あたる

38　中原212頁。
39　斎藤誠「自治体の法政策における実効性確保──近時の動向から」地方自治660号7頁。
40　匿名記事「判批」判時2058号53頁。大塚71頁、606頁。北村168頁。中原182頁。
41　大塚607頁。

⑥ 測定データの改ざん対策およびその背景事情[42]

　A県B町に所在するC社の工場の近隣に住むDは、自分がぜん息に罹患したのは、同社工場に設置されているばい煙発生施設から排出される窒素酸化物が原因であると考えている。同施設は、大防法の規制対象であり、C社はA県知事に届出をしている。

　C社は、B町に対して、大防法に基づく窒素酸化物の排出基準値は遵守していたと主張したが、A県が立入検査をして質問などをしたところ、少なくとも2007年（平成19年）4月から2012年（平成24年）3月までの過去5年間にわたり、施行規則に基づく頻度で実施する排出基準の測定にあたって、たびたび同基準値を超過した排出をしていたにもかかわらず、それが基準値内にあるように測定値を改ざんして記録していたことが判明した。

〔設問 I〕

　このような事案に対し、1970年（昭和45年）の大防法改正の一部には、「十分認識されていなかった問題点」があったことが明らかになり、2010年（平成22年）に同法改正がなされた（2011年（平成23年）4月1日施行）。この問題点は、わが国の環境法令の多くに前提となっている認識と関連しており、わが国の環境法令の特徴ともいえるが、それは何か。

【参考】

○　中央環境審議会「今後の効果的な公害防止の取組促進方策の在り方について（答申）」（平成22年1月29日）（抄録）

　「近年においては、環境問題の対象が地球温暖化や廃棄物・リサイクル等にも多様化し、事業者や地方自治体においてもこのような課題への対応に重点

42　司法試験・環境法・平成24年度・第1問・改題。

が置かれるようになり、公害防止の取組に対する社会的な注目度は相対的に低下し、現場における担当者の公害問題に対する危機意識も希薄となりがちな傾向にある。それらを背景として、公害防止法令に基づく環境管理業務に充てられる人的・予算的な資源に制約が生じ、その適確な遂行が困難になりつつあり、さらに、これまで公害防止対策を担ってきた経験豊富な事業者や地方自治体の職員も退職期を迎えている。また、企業におけるコンプライアンスの確保が課題となっている。このような中で、ここ数年、大企業も含めた一部の事業者において、『大気汚染防止法』や『水質汚濁防止法』の排出基準の超過及び工場の従業員による測定データの改ざん等の法令違反事案が相次いで明らかとなり、事業者の公害防止管理体制に綻びが生じている事例が見られている」。

「現行の『大気汚染防止法』及び『水質汚濁防止法』においては、……ばい煙量等又は排出水の汚染状態の測定・記録……により得られる排出測定データは、事業者が排出基準を超過しないよう自主的管理のために用いられるとともに……地方自治体による報告徴収や立入検査、改善命令等の法に基づく措置を行う際に過去の排出の状況を明らかにする重要な資料となってきた」。

〔設問II〕

　C社はどのような刑事責任を負うか。なお、罪数については答えなくてよい。

設問 I

　従前、企業の自主管理に対して全幅の信頼がされていた。排出基準の違反が直罰制になっているものの、特定施設の排出口における基準遵守を捜査機関が的確に把握することができないために現実には刑罰の適用が困難になっていた。

　事業者による未記録、記録改ざん等への厳正な対処をするため、直罰規定を導入した1970年改正の際に削られた規定が復活したことになる。この点に関する1970年改正は、直罰制度が導入されたのだから、基準を遵守する

ため事業者は当然に適正に記録をするだろうという考えに基づくものであったがその後、むしろ直罰制度の実効性を損なう必ずしも合理的でない改正であったことが判明した。大塚教授は、「ここから自主的対応に対して盲目的な信頼をしてはいけないという教訓を得るべき」と指摘する。[43]

設問II

(1)　記録義務違反

ばい煙排出者は、環境省令で定めるところにより、当該ばい煙発生施設に係るばい煙量またはばい煙濃度を測定し、その結果を記録し、これを保存しなければならない（大防法16条）。同記録義務違反は30万円以下の罰金が科され（同法35条3号）、両罰規定（同法36条）もある。この趣旨は、事業者による未記録、記録改ざん等への厳正な対処にある。

回設問の検討

これを本設問についてみると、C社は、2011年4月以降については、同記録義務違反により、両罰規定として、30万円以下の罰金が科される。

(2)　排出基準遵守義務違反

ばい煙発生施設において発生するばい煙を大気中に排出する者は、そのばい煙量またはばい煙濃度が当該ばい煙発生施設の排出口において排出基準に適合しないばい煙を排出してはならない（大防法13条1項）。

ところで、命令前置制（罰則を課す前提として命令による義務付けを先行させる制度）の問題点について、北村教授は、「行政の判断を介在させるために違反への対応が遅れる、政治的圧力が介入する余地がある、行政リソースの制約ゆえに違反に対応できないケースが多い、前提となる不利益処分がなかなかされない」という点を指摘する。[44]

43　大塚173頁。
44　北村186頁。

　排出基準違反に対して、1968年法の問題点としても、命令前置制であるがゆえに、命令がされない限りは刑罰を科すことができないために迅速な違反是正が期待できなかった。そこで、直罰制（大防法33条の2第1項1号）が導入された。同排出基準遵守義務違反に対しては、50万円以下の罰金が科され（同号）、両罰規定（同法36条）もある。

■設問の検討

　これを本設問についてみると、2007年4月から2012年3月までの間の同排出基準遵守義務違反に対して、両罰規定として、50万円以下の罰金が科される。

⑦ 健康被害に対する差止請求[45]

〔設問〕

　A社は、電力事業の規制緩和に伴い、B県C市において、D発電所（石炭火力、出力17万キロワット）の設置を計画した。

　これに対して、同計画予定地付近の住民Eは、D発電所が稼働すれば、その居住地の窒素酸化物濃度について、近隣に所在するF社のG発電所からのばい煙と複合して、環境基準を超えることが予想され、健康被害が発生すると危惧している。

　その後、D発電所の工事計画は経済産業大臣の認可を受け、D発電所が操業を開始したところ、Eの居住地において、窒素酸化物の濃度が、常時環境基準を25％超えていることが確認されるようになった。

　健康被害が発生すると危惧するEは、A社およびF社に対してどのような訴訟上の請求をすることが考えられるか。

【参照条文】

○　大防法施行令（昭和43年11月30日政令第329号）（抄録）

（有害物質）

第1条　大気汚染防止法（以下「法」という。）第2条第1項第3号の政令で定める物質は、次に掲げる物質とする。

　　一～四　（略）

　　五　窒素酸化物

(1) 健康被害に対する差止請求権の法的根拠

人格権侵害に基づく差止請求権の要件として、受忍限度論が適用されると

45　司法試験・環境法・平成28年度・第1問・改題。

し、健康被害が生ずる蓋然性が高い場合には、公共性が高い場合であっても差止請求が認められるとする考え方が妥当である。

◼ **設問の検討**

　これを本設問についてみると、Eは、石炭火力発電所から発生する窒素酸化物による大気汚染から生じる健康被害の発生を危惧しており、人格権の侵害に基づき、A社およびF社に対して、A社D発電所およびF社G発電所から排出される窒素酸化物の量の削減を請求することが考えられる。

(2)　有害物質該当性

「ばい煙」とは、①燃料その他の物の燃焼に伴い発生するいおう酸化物、②燃料その他の物の燃焼または熱源としての電気の使用に伴い発生するばいじん、③物の燃焼、合成、分解その他の処理（機械的処理を除く）に伴い発生する物質のうち、カドミウム、塩素、弗化水素、鉛その他の人の健康または生活環境に係る被害を生ずるおそれがある物質（①に掲げるものを除く）で政令で定めるもの、に掲げる物質をいう（大防法2条1項）。そして、「窒素酸化物」は「有害物質」に指定されている（大防法施行令1条5号）。

◼ **設問の検討**

　これを本設問についてみると、既設・操業のG発電所および新設・操業のD発電所から石炭の燃焼により発生する窒素酸化物（直接排出される一酸化窒素およびその反応物質である二酸化窒素）は健康被害物質（呼吸器系の疾患の原因物質）である。窒素酸化物は「有害物質」として大防法によって規制され、二酸化窒素について環境基準が定められている。

(3)　要　件

差止請求が認められるためには、健康被害がすでに発生していること、あるいは発生するであろうことが高度の蓋然性をもって証明できることを要する（因果関係証明の原則）。

▣設問の検討

　これを本設問についてみると、既設のG発電所からのばい煙（その中の窒素酸化物）と新設のD発電所からの窒素酸化物が複合して、Eの居住地において、窒素酸化物（大気中で酸化反応して二酸化窒素となっている）の濃度が、常時環境基準を25％超える汚染が現出しているとして、Eは健康被害を危惧しているから、健康被害が発生するであろうことが高度の蓋然性をもって証明できることが必要である。

(4)　健康被害の蓋然性の問題と環境基準の法的性質

　環境基準は、一般的にいえば、達成すべき公害・環境行政上の政策目標であって、健康を保護するための基準値（健康閾値）とは必ずしも一致しない。環境基準が政策目標であるため、それを超えていることが差止め（汚染物質の削減）の根拠にできないとも思われる。

　しかし、検出されてはいけないとか、有害性が著しく厳しい基準を定められている健康被害物質については、環境基準を健康閾値である差止基準として主張することは考えられ、窒素酸化物（二酸化窒素を含む）についても、健康被害物質であり、達成時期も比較的に短期であって、健康影響が大きいともいえるから、環境基準を差止基準と仮定して、訴訟上の請求をすることも、1つの考え方としてはありうる。

(5)　複数汚染源に対する差止め（理論的根拠、寄与度と削減義務）

　汚染源が複数存在する場合、帰責者の問題が生ずるところ、複数汚染源に対する差止めをどのように考えるか。この点、理論的根拠としては以下の4つが考えられる。[46]

(A)　個別的差止説
各汚染源が差止基準を超えて被害者に原因物質を到達させていなければ差

46　越智231頁、大塚529頁。

止めを請求できないとする見解である。しかし、複数汚染源からの少量の有害物質が複合して差止基準を超えているような場合には、被害者の保護ができないという問題点が指摘されている。すなわち、各汚染源単独では受忍限度を下回る排出量にとどまるものの、汚染源全体でみると受忍限度を超える排出をしている場合に、差止めが認められない結論となり、被害者救済の点で十分ではない。

(B)　連帯的差止説

どの汚染源に対しても、汚染状態を一定基準以下にするよう請求できるとする見解である。確かに、複数汚染源の間に強い関連共同のような一体的関係とか主従の関係があれば妥当な結論となる。しかし、そうでない場合には、狙い撃ち的に、ある汚染源に対して、他の汚染源による排出を含めた基準超過汚染の削減義務を負わせるものであり、公平に反するという問題点が指摘されている。すなわち、これでは原告によりたまたま被告とされ狙い撃ちされた汚染源のみがゼロまでの排出削減を強いられ、現実的ではなく、公平の観点からも妥当な解決をもたらすとは限らない。

(C)　分割的差止説

複数の汚染源を被告にして汚染を差止基準以下にせよと請求でき、各被告の寄与度に応じた差止めの義務を負うとする見解である。しかし、各被告の寄与度をどう決めるべきかの問題が指摘されている。すなわち、寄与度の主張立証や反証は、必ずしも容易でなく煩雑な場合もある。

(D)　修正分割的差止説

分割的差止説の問題を解決すべく、現実の汚染（着地濃度）と差止基準（閾値）を基に一律の削減率を決定し、その削減率に基づいて各被告の排出量の削減を求めればよいとする見解であり、穏当と考えられる。

◪設問の検討

これを本設問についてみると、Eが求めるべき差止めの内容としては、汚染を人格権等の侵害が生じないレベルに低減することであるが、G発電所とD発電所の窒素酸化物が複合してE居住地に到達しているから、

複数汚染源に対する差止めをどのように考えるかが問題となるものの、修正分割的差止説を採用するのが妥当と考えられる。

(6) 請求の趣旨等

(A) 請求の趣旨

排出口における汚染物質の排出量の削減を求める請求と着地濃度の低減を求める請求が考えられるが、着地濃度方式は証明が困難であり、排出口における排出量による請求が実際的である。

(B) 抽象的不作為請求

抽象的不作為請求は、①結果の実現をする被告は、原告よりもその方法についての情報が豊富であり、裁判所の命令内容をどのようにして実現するのが適切かについての判断能力が高いこと、②原告は結果実現にのみ関心があるのであり、実現方法については関心が薄いし知識にも欠けること、③このような状況の下で、あくまでも原告に差止対象の特定を求めるのは、正義に反するといえること、④専門性に欠ける裁判所に特定の方法を決定させることは、効率的でもないし適任ともいえないことから、基本的には適法と考えられる。[47]

---

47 北村219頁。

⑧　建物解体等に伴う石綿などの特定粉じんの飛散防止[48]

　A県に所在するB大学（以下、「B」という）の昭和40年代後半に建設された研究棟（大学の敷地の端に立地していて、隣接地にはC保育所の園舎、運動場や他の民家がある）の大規模改造工事（以下、「本件工事」という）がBによって計画された。DがBから本件工事を受注したが、Dは研究棟が建設された時期を考えると、吹付け石綿ないし石綿を含有する断熱材・耐火被覆材などが使用されている可能性があると考えた。ところが、Bの施設担当者は、以前に同じ建物の一部で石綿除去工事を行っていたことを前任者から申し送られていたことから建物の全部が安全であると誤認していたため、建物には石綿使用がないとDに述べた。しかし、Dは念のために研究棟の一部について目視で調査を行ったところ、やはり石綿使用の懸念があったので、Bの担当者にこの旨を伝えたが、担当者は次年度の新学科設置に備えた大学全体の建物使用計画に間に合わせるために、本件工事の着工を急ぐようDに指示した。

　そこで、石綿粉じんの発生を想定した設備を設けることなく本件工事が2018年5月頃に始まったが、その段階で、作業従事者Eは作業箇所での石綿含有建材の存在を強く疑い、石綿被害防止支援活動を行っている団体Fに、自らが現場で採取した試料を持ち込んで相談した。Fが専門家に依頼して検査をした結果、Eの持ち込んだ試料には青石綿が高い濃度で含有されていると報告があったので、FからA県に対してその旨の通報がなされた。なお、青石綿は、他の種類の白石綿などに比して人の健康への有害性が極めて高いことが知られている。

〔**設問I**〕

48　司法試験・環境法・平成30年度・第2問・改題。

本件工事の着工にあたって、BおよびDには、大防法によれば、いかなる措置を講じる必要があったか。

〔**設問Ⅱ**〕

本件の事案で、Fから通報を受けたA県が、大防法によってとりうる措置は何か。

〔**設問Ⅲ**〕

本件工事による粉じんが、Bの敷地を超えて隣接地に流入するおそれがあったが、A県による大防法上の適切な措置が講じられていない場合に、C保育所の園児らは、A県に対して、義務付け訴訟（行訴法3条6項1号、37条の2）を提起できるか。

【**参考**】
○　大防法施行令（昭和43年11月30日政令第329号）（抄録）
（特定建築材料）
第3条の3　法第2条第11項の政令で定める建築材料は、吹付け石綿その他の石綿を含有する建築材料とする。
（特定粉じん排出等作業）
第3条の4　法第2条第11項の政令で定める作業は、次に掲げる作業とする。
　一　特定建築材料が使用されている建築物その他の工作物（以下「建築物等」という。）を解体する作業
　二　特定建築材料が使用されている建築物等を改造し、又は補修する作業
（報告及び検査）
第12条
1～6　（略）
7　環境大臣又は都道府県知事は、法第26条第1項の規定により、解体等工事の発注者に対し、法第18条の15第1項の規定による調査、特定粉じん排出等作業の方法等（同項第2号から第4号までに掲げる事項をいう。次項において同じ。）及び特定粉じん排出等作業の結果について報告を求めることができる。
8　環境大臣又は都道府県知事は、法第26条第1項の規定により、解体等工事の元請業者に対し法第18条の15第1項の規定による調査、特定粉じん排

出等作業の方法等及び特定粉じん排出等作業の結果について、自主施工者に対し同条第4項の規定による調査、特定粉じん排出等作業の方法等及び特定粉じん排出等作業の結果について、下請負人に対し特定粉じん排出等作業の方法等及び特定粉じん排出等作業の結果（当該解体等工事における施工の分担関係に応じた範囲に限る。）について、それぞれ報告を求め、又はその職員に、解体等工事に係る建築物等、解体等工事の現場若しくは解体等工事の元請業者、自主施工者若しくは下請負人の営業所、事務所その他の事業場に立ち入り、解体等工事に係る建築物等、解体等工事により生じた廃棄物その他の物、関係帳簿書類並びに特定粉じん排出等作業に使用される機械器具及び資材（特定粉じんの排出又は飛散を抑制するためのものを含む。）を検査させることができる。

9　（略）

○　**大防法施行規則**（昭和46年6月22日厚生省・通商産業省令第1号）（抄録）
（解体等工事に係る調査の方法）
第16条の5　法第18条の15第1項の環境省令で定める方法は、次のとおりとする。

一　設計図書その他の書面による調査及び特定建築材料の有無の目視による調査を行うこと。ただし、解体等工事が次に掲げる建築物等を解体し、改造し、又は補修する作業を伴う建設工事に該当することが設計図書その他の書面により明らかであつて、当該建築物等以外の建築物等を解体し、改造し、又は補修する作業を伴わないものである場合は、この限りではない。

イ　平成18年9月1日以後に設置の工事に着手した建築物等（ロからホまでに掲げるものを除く。）

ロ　平成18年9月1日以後に設置の工事に着手した非鉄金属製造業の用に供する施設の設備（配管を含む。以下この号において同じ。）であつて、平成19年10月1日以後にその接合部分にガスケットを設置したもの

ハ　平成18年9月1日以後に設置の工事に着手した鉄鋼業の用に供する施設の設備であつて、平成21年4月1日以後にその接合部分にガスケット又はグランドパッキンを設置したもの

ニ　平成18年9月1日以後に設置の工事に着手した化学工業の用に供する施設の設備であつて、平成23年3月1日以後にその接合部分にグラ

ンドパッキンを設置したもの

ホ　平成18年9月1日以後に設置の工事に着手した化学工業の用に供する施設の設備であつて、平成24年3月1日以後にその接合部分にガスケットを設置したもの

二　建築物を解体し、改造し、又は補修する作業を伴う建設工事に係る前号に規定する調査（前号ただし書に規定する場合を除く。）については、当該調査を適切に行うために必要な知識を有する者として環境大臣が定める者に行わせること。ただし、解体等工事の自主施工者である個人（解体等工事を業として行う者を除く。）は、建築物を改造又は補修する作業であつて、排出され、又は飛散する粉じんの量が著しく少ないもののみを伴う軽微な建設工事を施工する場合には、自ら当該調査を行うことができる。

三　第1号に規定する調査により解体等工事が特定工事に該当するか否かが明らかにならなかつたときは、分析による調査を行うこと。ただし、当該解体等工事が特定工事に該当するものとみなして、法及びこれに基づく命令中の特定工事に関する措置を講ずる場合は、この限りでない。

（解体等工事に係る説明の時期）

第16条の6　法第18条の15第1項の規定による説明は、解体等工事の開始の日までに（当該解体等工事が届出対象特定工事に該当し、かつ、特定粉じん排出等作業を当該届出対象特定工事の開始の日から14日以内に開始する場合にあつては、当該特定粉じん排出等作業の開始の日の14日前までに）行うものとする。ただし、災害その他非常の事態の発生により解体等工事を緊急に行う必要がある場合にあつては、速やかに行うものとする。

（解体等工事に係る掲示の方法）

第16条の9　法第18条の15第5項の規定による掲示は、長さ42・0センチメートル、幅29・7センチメートル以上又は長さ29・7センチメートル、幅42・0センチメートル以上の掲示板を設けることにより行うものとする。

113

設問 I

(1) 解体等工事に係る調査および説明等

　建築物等を解体し、改造し、または補修する作業を伴う建設工事の元請業者は、当該解体等工事が特定工事に該当するか否かについて、設計図書その他の書面による調査、特定建築材料の有無の目視による調査その他の環境省令で定める方法による調査を行うとともに、環境省令で定めるところにより、当該解体等工事の発注者に対し、当該調査の結果等について、これらの事項を記載した書面を交付して説明しなければならない（大防法18条の15第1項）。ここでいう元請業者とは、発注者（解体等工事の注文者で、他の者から請け負った解体等工事の注文者以外のもの）から直接解体等工事を請け負った者をいう。

　また、解体等工事の発注者は、当該解体等工事の元請業者が行う上記の調査に要する費用を適正に負担することその他当該調査に関し必要な措置を講ずることにより、当該調査に協力しなければならない（大防法18条の15第2項）。

　さらに、解体等工事の元請業者または自主施工者は、上記の調査に係る解体等工事を施工するときは、環境省令で定めるところにより、調査に関する記録の写しを当該解体等工事の現場に備え置き、かつ、当該調査の結果その他環境省令で定める事項を、当該解体等工事の現場において公衆に見やすいように掲示しなければならない（大防法18条の15第5項）。

■設問の検討

　　本設問についてみると、「建築物等を……改造……する作業を伴う建設工事」にあたるところ、元請業者Dは、当該解体等工事が特定工事に該当するか否かについて、設計図書その他の書面による調査、特定建築材料の有無の目視による調査その他の環境省令で定める方法による調査を行うとともに、環境省令で定めるところにより、当該工事の発注者であるB大学に対し、当該調査の結果等について、これらの事項を記載した書面を交付して説明しなければならない（大防法18条の15第1項）。

　また、同工事の発注者であるＢ大学は、当該解体等工事の元請業者が行う調査に要する費用を適正に負担することその他当該調査に関し必要な措置を講ずることにより、当該調査に協力しなければならない（大防法18条の15第2項）。

　さらに、解体等工事の元請業者Ｄは、調査に係る解体等工事を施工するときは、環境省令で定めるところにより、調査に関する記録の写しを当該解体等工事の現場に備え置き、かつ、当該調査の結果その他環境省令で定める事項を、当該解体等工事の現場において公衆に見やすいように掲示しなければならない（大防法18条の15第5項）。

(2)　特定粉じん排出等作業の実施の届出

　特定工事のうち、特定粉じんを多量に発生し、または飛散させる原因となる特定建築材料として政令で定めるものに係る特定粉じん排出等作業を伴うものの発注者または自主施工者は、当該特定粉じん排出等作業の開始の日の14日前までに、環境省令で定める事項を都道府県知事に届け出なければならない（大防法18条の17第1項）。

　上記受注者の調査・報告義務等は、発注者が受注者に対して特定工事に該当しないと説明したとしても免れうるものではない。また、調査が省略されたために説明がなかったことのみを理由に特定工事に関する上記の発注者の届出義務が免ぜられるものではない。

■設問の検討

　これを本設問についてみると、発注者であるＢ大学には、作業開始の14日前までの届出義務がある。

(3)　特定工事の発注者等の配慮等

　特定工事の発注者は、当該特定工事の元請業者に対し、施工方法、工期、工事費その他当該特定工事の請負契約に関する事項について、作業基準の遵守を妨げるおそれのある条件を付さないように配慮しなければならない（大

防法18条の16第1項)。

■設問の検討

　これを本設問についてみると、発注者であるB大学が工事の着工を急ぐように受注者であるDに指示することは、同配慮義務との関係で違法というべきであろう。

設問Ⅱ

(1)　立入検査

　2013年改正前の大防法では、施工者が特定粉じん排出等作業の実施の届出の義務者であり届出義務違反を問われるのは施工者であったため、発注者が契約上優位な立場にあることを背景に、施工者に対してできるだけ低額、短期間の工事を求め、施工者がこれに従わざるを得ないことや、施工者も低額、短期間の工事を提示することで契約を得ようとすることにより、届出がなされないことが問題となっていた。

　しかし、原因者負担の原則を考慮すれば、発注者と施工者の関係については、費用負担者である発注者が、石綿の飛散を伴う工事についてはその工事を注文する者として適切に役割を担い、施工者は請け負った工事を専門的知識に基づき適正に実施する役割を担うことが適当である。

　そこで、改正法において、解体工事等が特定粉じん排出等作業を伴うものである場合については、その届出の義務者を施工者から変更し、解体工事等において契約上優位な立場にある発注者に特定粉じん排出等作業実施の届出義務を課すこととし、これにより事前調査や届出が円滑に進むと考えられた。

　都道府県の職員は、2013年改正前は特定工事であることが明らかな場合でなければ立入検査ができなかったところ、2013年改正により、大防法18条の17による事前届出の有無にかかわらず、解体等工事につき、発注者・受注者からの報告徴収（これは、すでに行われたはずの調査の内容等につき報告を求めるものであって、調査をして報告するように命じることまでは規定されて

いない)、解体等工事現場への立入検査ができるようになった(同法26条1項・2項)。従来そもそも届出がない場合に特定工事の現場に立ち入ることができるか否かが明らかでなかったが、届出がない場合こそ立ち入る必要があると考えられたのである。[49]

📖設問の検討

　本設問では、A県知事がB、Dに対して報告徴収を求めることができ、その職員は立入検査ができる。また、より有害性の強い青石綿飛散の疑いに係るものであることから、「大気の汚染により人の健康又は生活環境に係る被害が生ずることを防止するため緊急の必要があると認められ」、大防法26条2項に該当する。

(2)　作業基準適合命令・作業一時停止命令

都道府県知事は、特定工事の元請業者もしくは下請負人または自主施工者が当該特定工事における特定粉じん排出等作業について作業基準を遵守していないと認めるときは、その者に対し、期限を定めて当該特定粉じん排出等作業について作業基準に従うべきことを命じ、または当該特定粉じん排出等作業の一時停止を命ずることができる(大防法18条の21)。

📖設問の検討

　これを本設問についてみると、立入検査の結果、受注者に大防法18条の20違反の事実があることが判明した場合、A県知事は、Dに対し、作業基準遵守ないし作業の一時停止命令を発しうる。

設問Ⅲ

(1)　義務付け訴訟

「義務付けの訴え」とは、行政庁が一定の処分をすべきであるにかかわら

49　大塚176頁。

ずこれがされない場合において、行政庁がその処分または裁決をすべき旨を命ずることを求める訴訟をいう（行訴法3条6項1号）。

◳設問の検討

これを本設問についてみると、都道府県職員による立入検査が行われない場合や都道府県知事が作業基準（特定粉じん排出等作業に係る規制基準。大防法18条の14）遵守命令ないし特定粉じん排出等作業の一時停止命令を発しない場合（同法18条の21）には、義務付けの訴えを提起することが考えられる。

(A)　一定の処分

義務付けの訴えは、行政庁が一定の処分をすべきであるにかかわらずこれがされない場合（行訴法3条6項1号）において、まず、一定の処分がされないときに、提起することができる（同法37条の2第1項）。一般に、訴えにおいては、裁判所の審理および判決の対象を画するため、請求内容を特定する必要がある。しかし、義務付け訴訟は、取消訴訟と異なり、将来行われるべき処分を対象とするため、処分の具体的な内容を完全に特定することは困難であり、これを厳格に求めることは、実効的な権利救済の妨げとなる。そこで、裁判所の判断が可能な程度に特定されていれば、ある程度の幅が許されるという趣旨で、「一定の処分」と規定されている。[50]

◳設問の検討

これを本設問についてみると、義務付け訴訟の対象とされている遵守命令ないし特定粉じん排出等作業の一時停止命令という本件各種命令は、根拠法令のほか、処分の対象となる者およびB大学の敷地という場所が特定されており、裁判所において、A県知事に対して生活環境の保全上の支障の除去等のために何らかの措置をすること等を義務付けるべきか否かについて判断することが可能である。したがって、本件処分は、「一定の処分」として特定されている。

50　中原392頁。

(B)　原告適格

　義務付けの訴えは、行政庁が一定の処分をすべき旨を命ずることを求めるにつき法律上の利益を有する者に限り、提起することができる（行訴法37条の2第3項）。法律上の利益の有無の判断については、行訴法9条2項の規定を準用する（同法37条の2第4項）。

▣設問の検討

　これを本設問についてみると、大防法は、事業活動等に伴う粉じんの排出等を規制し、大気の汚染に関し,国民の健康保護を目的とし（同法1条）、作業基準遵守命令や作業一時停止命令の制度は、いずれも健康被害が生ずるような大気の汚染を防止する趣旨である。

　また、青石綿は他の種類の白石綿などに比して人の健康への有害性が極めて高いことが知られている。

　したがって、本件現場の周辺に居住する住民のうち、当該現場から有害物質である青石綿が排出された場合にこれに起因する健康または生活環境に係る著しい被害を直接的に受けるおそれのある者は当該現場に対する命令の義務付けを求める原告適格を有すると解される。

　本件工事による粉じんが、Bの敷地を越えて隣接地に流入するおそれがあるところ、本件工事が行われる研究棟の隣接地に位置しているC保育所の園児らは、本件工事により有害物質である石綿が飛散された場合にこれに起因する健康または生活環境に係る著しい被害を直接的に受けるおそれのある者にあたり、原告適格が認められる。

(C)　重大な損害を生ずるおそれ

　義務付けの訴えは、行政庁が一定の処分をすべきであるにかかわらずこれがされない場合（行訴法3条6項1号）において、一定の処分がされないことにより重大な損害を生ずるおそれがあり、かつ、その損害を避けるため他に適当な方法がないときに限り、提起することができる（同法37条の2第1項）。裁判所は、重大な損害を生ずるか否かを判断するにあたっては、損害の回復の困難の程度を考慮するものとし、損害の性質および程度並びに処分の内容

および性質をも勘案する（同条2項）。

設問の検討

　　これを本設問についてみると、C保育所は本件工事が行われる研究棟の隣接地に位置し、同園児らは当然に遊戯などの際に大気に触れることになるところ、本件工事による粉じんがBの敷地を越えてC保育所に流入する危険性が高まっている。特に青石綿は、他の種類の石綿などに比して人の健康への有害性が極めて高いことが知られており、C保育所の園児らは、これを吸入することによる生命・健康への被害は回復困難であるから「重大な損害が生ずるおそれ」が認められる。

(D)　損害を避けるため他に適当な方法がないとき（補充性）

　行政庁が一定の処分をすべきであるにかかわらずこれがされない場合（行訴法3条6項1号）において、義務付けの訴えは、一定の処分がされないことにより重大な損害を生ずるおそれがあり、かつ、その損害を避けるため他に適当な方法がないときに限り、提起することができる（同法37条の2第1項）。

　この要件を満たさない場合の典型例は、損害を避けるための方法が個別法の中で特別に法定されている場合である。また、一般に、不利益処分に対して不服のある者は、当該処分の取消訴訟により適切な救済が得られるから、当該処分の職権取消しを求める非申請型義務付け訴訟を提起することは、原則としてできないと考えられる。

　これに対して、行政法規に基づき行政庁の権限行使を求める行政訴訟と、人格権侵害を理由とする私人間の民事訴訟とでは争点が異なるし、このような場合にどちらが適切な方法かを法が指定しているわけではなく、その選択は私人に委ねられている（並行提起も認められる）と考えられる。

　そこで、第三者に対する規制を求める義務付け訴訟は、当該第三者に対する民事差止訴訟が可能であるという理由で、補充性の要件を満たさないことにはならないと考えられる。[51]

51　中原394頁。

📖設問の検討

これを本設問についてみると、原告はＢに対する民事訴訟を提起することが可能ではあるものの、前記解釈によれば義務付け訴訟の補充性の要件を満たすと考えられる。

(E) 第三者に対する訴訟告知

義務付け訴訟判決には、取消判決の第三者効の規定（行訴法32条）は準用されていない（同法38条）。したがって、第三者に判決の効力を及ぼすには、第三者の訴訟参加（同法22条）または訴訟告知（民訴法53条）を活用して、第三者を当該義務付け訴訟の中に引き込むことが必要である[52]。また、非申請型義務付け訴訟において裁判所が処分することを命じる場合に、その処分について法定された行政手続（意見陳述手続等）が履践されないという問題があり、この点からも、第三者を当該義務付け訴訟の中に引き込んで防御の機会を与えることが必要であると解される[53]。

📖設問の検討

これを本設問についてみると、Ｃ保育所の園児らとＡ県間の義務付け訴訟の判決の効力をＢ大学にも及ぼすには、訴訟参加または訴訟告知によりＢを引き込む必要がある。

52　塩野宏『行政法Ⅱ〔第6版〕行政救済法』（有斐閣、2019年）257頁、中原394頁。
53　中原394頁。

〈図3－1〉　改正後の解体等工事に係る規制概要[54]

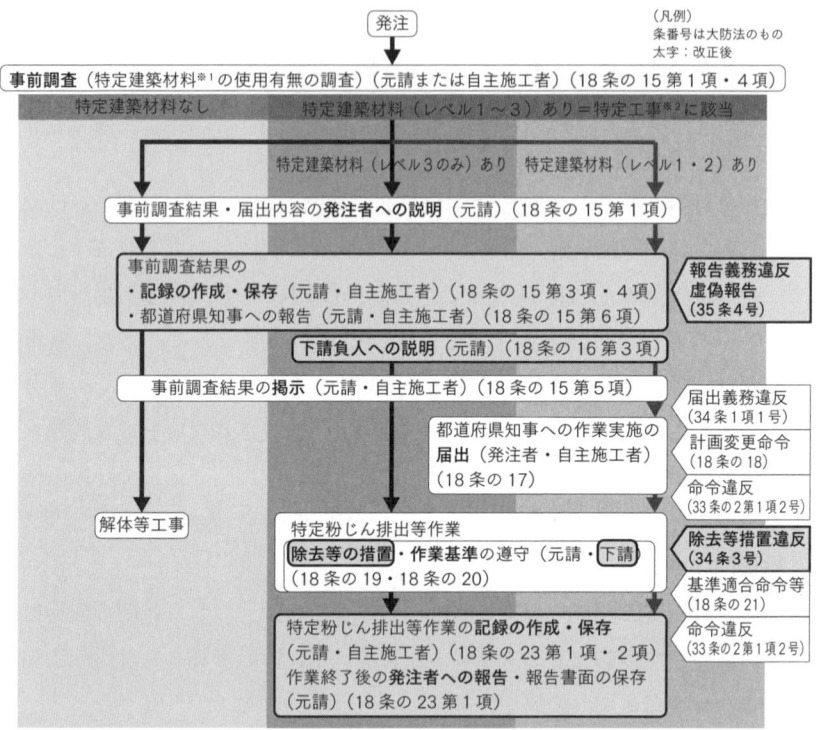

※1　特定建築材料：吹付け石綿（レベル1）、
　　　石綿含有断熱材、保温材、耐火被覆材（レベル2）
　　　石綿含有成形板等（レベル3）、石綿含有仕上塗材

※2　特定工事：特定粉じん排出等作業を伴う建設工事

54　環境省水・大気環境局大気環境課「改正大気汚染防止法等について（令和4年度建築物等の解体等工事における石綿の飛散防止対策研修会）」（2022年1月）。

⑨　K値規制基準（いおう酸化物に係る排出規制基準）[55]

〔設例〕

　K値規制基準の計算式においてHe（一定の補正を受けた煙突の排出口の高さ）が用いられた趣旨はどのようなものか。

　大防法によるいおう酸化物に係る規制には、施設ごとに適用される排出基準による規制（K値規制）と、工場・事業場に設置されているばい煙発生施設から排出されるいおう酸化物の合計量に係る規制基準（総量規制基準）がある。

　「ばい煙の排出の規制等」（大防法第2章）は、直接的規制の手法を採用する伝統的な公害規制のしくみである。ばい煙に含まれる有害物質が大気という環境媒体に拡散しつつ人の生活圏に到達する汚染の性格を踏まえた、いおう酸化物に係る排出規制基準として「K値規制基準」がある[56]。

　K値規制基準の算定式においてはHeの2乗が採用されており、これはばい煙から排出されるいおう酸化物の最大着地濃度はHeの2乗と風速に反比例するとの知見に基づいたものである。

　ばい煙に含まれるいおう酸化物によって人の生活圏にもたらされるリスクの大きさは大気中で拡散しつつ人の生活圏に到達することから排出口が高ければ高いほど小さくなる。

55　司法試験・環境法・令和4年度・第1問・改題。

56　大塚166頁。

⑩　ばい煙の排出規制と有害大気汚染物質対策の推進[57]

　株式会社Ａ（以下、「Ａ社」という）は、Ｂ県内のＣ工場において金属の精錬の用に供するためにコークス炉（以下、「炉」という）を設置するため、大防法に基づいて、ばい煙発生施設の届出をし、炉の稼働をしてきた。Ｃ工場は、稼働の当初は法の定めに従って、測定を実施し、法の定める規制基準は遵守されていることを確認し、記録を保存してきた。

　しかし、炉の老朽化に伴って公害発生防止設備の機能が低下したため、ばい煙に含まれる大防法の規制対象物質、特に、いおう酸化物とベンゼンの濃度が上昇し、平成10年代の中頃には、いおう酸化物については基準値の10倍、ベンゼンについても基準値の1.5倍の値が恒常的に測定されるようになった（当時の測定記録はＣ工場に保管されていたため、後述のＢ県の立入調査の際にＢ県に提出された）。それにもかかわらず、Ｃ工場の工場長は、費用の点から炉の改修を忌避し、ついには測定および記録の保存そのものを2008年（平成20年）頃に独断で中止した（後にＣ工場関係者の証言等により判明した経緯からは、その後も長期にわたり法令違反が継続していたことが確認されている）。2021年（令和3年）夏に入って、Ｃ工場の法令違反に関する匿名の通報がＢ県に寄せられ、これを受けてＢ県環境部の担当者がＣ工場の立入調査を実施したことから、Ｃ工場の法令違反が発覚するに至った。

　なお、大防法施行令附則では、大防法附則9項の政令で定める物質として、「ベンゼン」を掲げている。

〔設問Ⅰ〕

　いおう酸化物に関するＣ工場の法令違反に対してＢ県はどのように対応すべきか。

57　司法試験・環境法・令和4年度・第1問・改題。

【参考】

○ ベンゼンは大防法施行令附則３項により、大防法附則９項に規定する指定物質とされており、ベンゼンに関する指定物質抑制基準は定められて公表されている（コークス炉に関する指定物質抑制基準は省略する）。

○ 大防法施行令（昭和43年政令第329号）（抜粋）

附　　則

（指定物質）

3　法附則第９項の政令で定める物質は、次に掲げる物質とする。

　一　ベンゼン（以下、略）

〔**設問Ⅱ**〕

　ベンゼンは有害大気汚染物質であり、指定物質抑制基準が定められている物質でもある。そのうえで、指定物質抑制基準が設けられているベンゼンに関するＣ工場の基準値超過に対してＢ県はどのように対応すべきか（ベンゼンは揮発性有機化合物であるが、「揮発性有機化合物の排出の規制等」（大防法第２章の２）については本件において検討しなくてよい）。

〔**設問Ⅲ**〕

　本設問において、Ａ社は、立入調査時には施設の点検等を通じていおう酸化物およびベンゼンの基準値超過を解消しており、Ｂ県の調査方法に問題があったと考えている。上記設問Ⅰ・Ⅱにおいて検討した対応をＢ県が実施しようとし、かつ、ベンゼンに関する基準値超過を含めてＢ県がその対応を公表しようと計画している時点において、Ａ社は、行訴法上の差止訴訟を提起することを検討している。あなたがＡ社の顧問弁護士とした場合、訴訟要件の何が課題になると考えられるか。

設問 I

　法令違反に対する行政命令と刑事的制裁とを用いた直接的規制のしくみである「ばい煙の排出の規制等」（大防法第2章）について、法令違反行為に対して行政規制と刑事的制裁とがどのような形で発動されるか。

(1)　排出基準違反

　ばい煙発生施設において発生するばい煙を大気中に排出する者は、そのばい煙量またはばい煙濃度が当該ばい煙発生施設の排出口において排出基準に適合しないばい煙を排出してはならない（大防法13条1項）。

　そして、都道府県知事は、ばい煙排出者が、そのばい煙量またはばい煙濃度が排出口において排出基準に適合しないばい煙を継続して排出するおそれがあると認めるときは、その者に対し、期限を定めて当該ばい煙発生施設の構造もしくは使用の方法もしくは当該ばい煙発生施設に係るばい煙の処理の方法の改善を命じ、または当該ばい煙発生施設の使用の一時停止を命ずることができる（大防法14条1項）。

　また、大防法13条1項の規定に違反したときは、6月以下の懲役または50万円以下の罰金に処される（同法33条の2第1項1号）との直罰規定が設けられていることから、この罰則適用のために刑事告発しなければならない（刑訴法239条2項）。

■設問の検討

　　これを本設問についてみると、排出基準違反に対しては、改善命令または施設の使用の一時停止ができる。平成10年代の中頃には、いおう酸化物については基準値の10倍、ベンゼンについても基準値の1.5倍の値が恒常的に測定されるようになっているから、「排出基準に適合しないばい煙を継続して排出するおそれがある」といえ、B県知事は、C工場に対し、期限を定めて当該ばい煙発生施設の構造もしくは使用の方法もしくは当該ばい煙発生施設に係るばい煙の処理の方法の改善を命じ、

　または当該ばい煙発生施設の使用の一時停止を命ずることができる。

(2)　ばい煙量等の測定・記録保存義務違反

　ばい煙排出者は、環境省令で定めるところにより、当該ばい煙発生施設に係るばい煙量またはばい煙濃度を測定し、その結果を記録し、これを保存しなければならない(大防法16条)。

　この趣旨は、事業者による未記録、記録改ざん等への厳正な対処にある。

　大防法16条の規定に違反して、記録をせず、虚偽の記録をし、または記録を保存しなかったときは、30万円以下の罰金に処される(同法35条3号)から、この罰則適用のために刑事告発しなければならない(刑訴法239条2項)。

▣設問の検討

　これを本設問についてみると、Ｃ工場の工場長は、測定および記録の保存そのものを2008年(平成20年)頃に独断で中止し、後にＣ工場関係者の証言等により判明した経緯からは、その後も長期にわたり法令違反が継続していたことが確認されているから、「ばい煙の濃度を測定し、その結果を記録し、これを保存し」ていないといえ、違反に対して直ちに告発しなければならない。

設問Ⅱ

　「有害大気汚染物質対策の推進」(大防法第2章の5)の制度は、有害大気汚染物質の低濃度での長期的な暴露によって人の健康影響が懸念されるものの、科学的知見は必ずしも十分なものではないことから、事業者には汚染状況と排出・飛散抑制措置の実施を責務として求めるにとどめ(同法18条の42)、国・地方公共団体には科学的知見の充実と情報・知識の普及(国の施策につき同法18条の43、地方公共団体につき同法18条の44)を、国民にも抑制の努力義務を求めるものである(同法18条の45)。

　問題の発生の要因やそれに伴う被害の影響の評価、または、施策の立案・実施においては、その時点での最良の科学的知見に基づいて必要な措置を講

じたものであったとしても、常に一定の不確実性が伴うことは否定できない。しかし、不確実性を有することを理由として対策をとらない場合に、ひとたび問題が発生すれば、それに伴う被害や対策コストが非常に大きくなる場合や、長期間にわたる極めて深刻な、あるいは不可逆的な影響をもたらす場合も存在する。

　このため、このような環境影響が懸念される問題については、科学的に不確実であることをもって対策を遅らせる理由とはせず、科学的知見の充実に努めながら、予防的な対策を講じるという「予防的な取組方法」の考え方に基づいて対策を講じていくべきである[58]。

　「有害大気汚染物質対策の推進」の制度も、対象物質の健康リスクに関する科学的知見が不十分であるものの予防的な取組方法に基づいて、関係者の自主的取組みに依拠しつつ、情報を通じた誘導的手法を用い、長期暴露による影響が懸念される物質が大気を媒体として人に暴露されるリスクを低減することをめざしている。したがって、命令および罰則等の強制力を伴う手段は採用されていない。

　また、有害大気汚染物質の中でも、特に長期暴露の影響が懸念されることにつき一定の根拠がある指定物質に関しては、大防法附則9項以下に勧告や報告の求め等の規定がおかれている。ただし、大防法附則10項・11項の文言は「勧告」および「報告の求め」であり、罰則等の適用もない。

設問III

　いおう酸化物に係る行政の対応については、「ばい煙の排出の規制等」（大防法第2章）に基づく命令が処分性を有することを前提として、差止訴訟の提起が考えられる。

58　前掲（注2）47頁。

(1)　一定の処分がされようとしている場合

「処分」とは、「公権力の主体たる国又は公共団体が行う行為のうち、その行為によって直接国民の権利義務を形成し又はその範囲を確定することが法律上認められているもの」をいう。[59] 近時、上記の処分性の有無に関する一般的な判断基準からすると処分性が認められるかどうか微妙な行政上の行為について、その処分性を肯定する最高裁判所の判決が現れている。[60] これらは、「実効的な権利救済」を図るという観点から、上記の処分性の有無に関する一般的な判断基準を柔軟に解したものと理解することができる。

(A)　勧告の処分性

ところで、「勧告」、「指導」、「助言」等は、一定の行政目的を達成するため任意の協力を期待するものであるから、通常は単なる行政指導であって処分ではない。しかし、上記処分性の説示に従えば、条文の文言が「勧告」等とされていて本来的には非権力的なものであっても実体法上、これらの行政庁の行為について、直接国民の権利義務を形成し、またはその範囲を画定するという法律効果が付与されていると認めることができるのであれば、当該行政行為の処分性が肯定される。[61]

(B)　勧告に処分性を認めない場合

大防法附則9項以下のしくみに関しては、「有害大気汚染物質対策の推進」（大防法第2章の5）の中のしくみであること、大防法附則9項以下の文言や罰則の適用のないこと等を踏まえると、立法者はこれを強制力の伴った手段と位置づけていないものと考えられる。このように勧告が処分性のない法定の行政指導であるとの立場をとる場合には、公法上の当事者訴訟（行訴法4条）として本件勧告の違法確認訴訟（または本件勧告に従う義務がないことの確認訴訟）を、または民事訴訟を提起することが考えられる。[62]

59　最判解民事篇平成20年452頁以下参照。
60　最判昭和39・10・29民集18巻8号1809頁等。
61　杉原則彦「判解」最判解民事篇平成17年度（下）440頁、443頁。
62　中原290頁参照。

　公法上の当事者訴訟を検討する際には、行訴法の改正の経緯からは確認訴訟の提起を検討すべきである。

　民事訴訟における確認訴訟については、確認の利益が必要とされ、①方法選択の適切さ（他の手段との関係）、②確認対象（訴訟物）の選択、③即時確定の現実的必要性、の視点から判断される。この点は、行政訴訟においても同様であるものの、行政訴訟の場合に紛争解決の手段として抗告訴訟が用意されている点や確認の対象が公法上の法律関係である点を踏まえる必要がある[63]。

(C)　勧告に処分性を認める場合

　勧告に処分性のあることを前提とする場合には、公表を伴う勧告が法人の名誉・信用を毀損する重大な不利益を与えることを重視した立場で立論する必要がある。

■設問の検討

　　これを本設問についてみると、差止めの法的請求について、本件においては公法上の当事者訴訟と民事訴訟とを区別する実益は大きくない。また、設例Ⅰ・Ⅱにおいて検討した対応をB県が実施しようとし、かつ、ベンゼンに関する基準値超過を含めてB県がその対応を公表しようと計画しているのであるから、命令処分がなされる蓋然性があるといえる。

(2)　重大な損害を生ずるおそれ

　処分がされることにより生ずるおそれのある損害が、処分がされた後に取消訴訟または無効確認訴訟を提起して執行停止の決定を受けることなどにより容易に救済を受けることができるものではなく、処分がされる前に差止めを命ずる方法によるのでなければ救済を受けることが困難なものであることが必要である。

63　高橋486頁。

■設問の検討

　これを本設問についてみると、一度情報が公表されてしまえば、人々の記憶から完全に消し去ることは現実的に不可能であることから、処分がされた後に取消訴訟等を提起して執行停止の決定を受けることなどにより容易に救済を受けることができるものではなく、処分がされる前に差止めを命ずる方法によるのでなければ救済を受けることが困難なものであるといえ、「重大な損害を生ずるおそれ」があるといえる。

11 建材メーカーにおける表示義務[64]

石綿は、天然に産出される繊維状けい酸塩鉱物（クリソタイル、クロシドライト等）の総称であり、耐熱性等にその特長を有し、建材等に広く使用されてきた。わが国で使用されてきた石綿含有建材には、壁や天井の内装材として用いられるスレートボードおよびけい酸カルシウム板、外壁や軒天の外装材として用いられるスレート波板等があった。また、鉄骨造建物の工事においては、軀体となる鉄骨の耐火被覆として、石綿とセメント等の結合材を混合した吹付け材が用いられていた。

建物の解体工事において、石綿含有建材の切断、破砕、除去等をする際に、当該建材に含まれる石綿が粉じんとなって発散し、解体作業従事者が石綿粉じんに暴露することがあった。

石綿関連疾患には、石綿肺、肺がん等がある。石綿肺は、石綿粉じんを大量に吸入することによって発生する疾患であり、じん肺の一種である。肺がんは、肺に発生する悪性腫瘍の総称である。石綿粉じんの暴露量と肺がんの発症率との間には、直線的な量反応関係（累積暴露量が増えるほど発症率が高くなること）が認められる。

石綿粉じんへの暴露と石綿関連疾患のり患との間の因果関係に関しては、石綿肺につき1958年3月頃に、肺がん、中皮腫等につき1972年頃にそれぞれ医学的知見が確立し、1973年までに当該知見を基礎づける研究報告等が国際機関等により公表されていた。

建物の解体作業等に従事した後に石綿肺、肺がん等の石綿（アスベスト）関連疾患にり患したXは、建材メーカーであるYに対し、当該疾患へのり患は、Yが、石綿含有建材を製造販売するにあたり、当該建材が使用される建物の解体作業等に従事する者に対し、当該建材から生ずる

64　オリジナル問題（最判令和4・6・3集民268号1頁をモチーフにした）。

粉じんに暴露すると石綿関連疾患にり患する危険があること等（以下、「本件警告情報」という）を表示すべき義務を負っていたにもかかわらず、その義務を履行しなかったことによるものであると主張したいと考えている。

　具体的には、遅くとも1975年1月1日以降、石綿含有建材を製造販売するにあたり、当該建材が使用される建物の解体作業従事者に対し、当該建材自体に本件警告情報を記載し、本件警告情報を記載したシール等とこれを当該建材が使用された部分に貼付するよう当該建物の建設工事の施工者に求める文書とを当該建材に添付し、または本件警告情報を記載した注意書とこれを当該建物の所有者に交付するよう当該施工者に求める文書とを当該建材に添付するなどの方法により、本件警告情報を表示すべき義務を負っていたにもかかわらず、その義務を履行しなかったという主張を検討している。

　不法行為に基づく損害賠償（民法709条）は認められるか。

(1)　「過失」の意義

「過失」は、損害の発生が予見可能であり、損害の発生を回避すべき義務があったのに、その義務を怠ったこと、などと定義され、客観的行為義務違反として理解されている。

(2)　判　旨

判例（前掲（注64）・最判令和4・6・3））は、建材メーカーについて、「石綿含有建材を製造販売するに当たり、当該建材が使用される建物の解体作業従事者に対し、本件警告情報を表示すべき義務を負っていたということはできない」とした。判例は、判断基準を具体的に示したわけではないものの、「損害回避の方法としての実現性・実効性」と「必要な措置を講じるべき立場にあったか」の2点に重きをおいたものと思われる。

　まず「実現性・実効性」の事実としては、①「石綿含有建材の中には、吹付け材のように当該建材自体に本件警告情報を記載することが困難なものがある上、その記載をしたとしても、加工等により当該記載が失われたり、他の建材、壁紙等と一体となるなどしてその視認が困難な状態となったりすることがあり得る」こと、②「建物において石綿含有建材が使用される部位や態様は様々であるから、本件警告情報を記載したシール等を当該建材が使用された部分に貼付することが困難な場合がある上、その貼付がされたとしても、当該シール等の経年劣化等により本件警告情報の判読が困難な状態となることがあり得る」こと、③「本件警告情報を記載した注意書及びその交付を求める文書を石綿含有建材に添付したとしても、当該建材が使用された建物の解体までには長期間を経るのが通常であり、その間に当該注意書の紛失等の事情が生じ得るのであって、当該注意書が解体作業従事者に提示される蓋然性が高いとはいえない」こと、④「Ｙらは、建材メーカーであり、上記の貼付又は交付等の実現を確保することはできない」ことの諸点をあげ、結論として、「いずれも解体作業従事者が石綿粉じんにばく露する危険を回避するための本件警告情報の表示方法として実現性又は実効性に乏しい」と判示した。

　次に「必要な措置を講じるべき立場にあったか」の事実として「Ｙらは、その製造販売した石綿含有建材が使用された建物の解体に関与し得る立場になく、建物の解体作業は、当該建物の解体を実施する事業者等において、当該建物の解体の時点での状況等を踏まえ、あらかじめ職業上の知見等に基づき安全性を確保するための調査をした上で必要な対策をとって行われるべき」と判示した。

設問の検討

　以上の判例を踏まえると、請求は認められない。

＜実務を見据えて——大防法編＞

▶ 環境省水・大気環境局大気環境課「大気汚染防止法が改正されました」
https://www.env.go.jp/air/air/osen/R1-Main16.pdf

▶ 「大気汚染防止法の一部を改正する法律の施行等について」（2020年11月30日環水大大発第2011301号環境省水・大気環境局長通知）
https://www.env.go.jp/content/000063582.pdf

▶ 中央環境審議会「今後の石綿飛散防止の在り方について（答申）」（2020年１月）
https://www.env.go.jp/content/900501413.pdf

第4章

水質汚濁防止法
（水濁法）

① 水質の環境基準の内容・設定方法[1]

〔設問〕

　水質の汚濁に係る環境上の条件について、人の健康の保護に関する環境基準と生活環境の保全に関する環境基準とでは、基準の設定の仕方がどのように異なるか。

【参考】

○　水質汚濁に係る環境基準（昭和46年12月28日号外環境庁告示第59号）（抄録）

　環境基本法（平成5年法律第91号）第16条による公共用水域の水質汚濁に係る環境上の条件につき人の健康を保護し及び生活環境（同法第2条第3項で規定するものをいう。以下同じ。）を保全するうえで維持することが望ましい基準（以下「環境基準」という。）は、次のとおりとする。

第1　環境基準

　公共用水域の水質汚濁に係る環境基準は、人の健康の保護および生活環境の保全に関し、それぞれ次のとおりとする。

1　人の健康の保護に関する環境基準

　人の健康の保護に関する環境基準は、全公共用水域につき、別表1の項目の欄に掲げる項目ごとに、同表の基準値の欄に掲げるとおりとする。

2　生活環境の保全に関する環境基準

(1)　生活環境の保全に関する環境基準は、各公共用水域につき、別表2の水域類型の欄に掲げる水域類型のうち当該公共用水域が該当する水域類型ごとに、同表の基準値の欄に掲げるとおりとする。

(2)　水域類型の指定を行うに当たつては、次に掲げる事項によること。

　ア　水質汚濁に係る公害が著しくなつており、又は著しくなるおそれのある水域を優先すること。

　イ　当該水域における水質汚濁の状況、水質汚濁源の立地状況等を勘案すること。

1　司法試験・環境法・令和元年度・第1問・改題。

ウ　当該水域の利用目的及び将来の利用目的に配慮すること。

エ　当該水域の水質が現状よりも少なくとも悪化することを許容することとならないように配慮すること。

オ　目標達成のための施策との関連に留意し、達成期間を設定すること。

カ　対象水域が、2以上の都道府県の区域に属する公共用水域（以下「県際水域」という。）の一部の水域であるときは、水域類型の指定は、当該県際水域に関し、関係都道府県知事が行う水域類型の指定と原則として同一の日付けで行うこと。

第2　公共用水域の水質の測定方法等

環境基準の達成状況を調査するため、公共用水域の水質の測定を行なう場合には、次の事項に留意することとする。

(1)　測定方法は、別表1および別表2の測定方法の欄に掲げるとおりとする。この場合においては、測定点の位置の選定、試料の採取および操作等については、水域の利水目的との関連を考慮しつつ、最も適当と考えられる方法によるものとする。

(2)　測定の実施は、人の健康の保護に関する環境基準の関係項目については、公共用水域の水量の如何を問わずに随時、生活環境の保全に関する環境基準の関係項目については、公共用水域が通常の状態（河川にあつては低水量以上の流量がある場合、湖沼にあつては低水位以上の水位にある場合等をいうものとする。）の下にある場合に、それぞれ適宜行なうこととする。

(3)　測定結果に基づき水域の水質汚濁の状況が環境基準に適合しているか否かを判断する場合には、水域の特性を考慮して、2ないし3地点の測定結果を総合的に勘案するものとする。

第3　環境基準の達成期間等

環境基準の達成に必要な期間およびこの期間が長期間である場合の措置は、次のとおりとする。

1　人の健康の保護に関する環境基準

これについては、設定後直ちに達成され、維持されるように努めるものとする。

2　生活環境の保全に関する環境基準

これについては、各公共用水域ごとに、おおむね次の区分により、施策の推進とあいまちつつ、可及的速かにその達成維持を図るものとする。

139

(1)　現に著しい人口集中、大規模な工業開発等が進行している地域に係る水域で著しい水質汚濁が生じているものまたは生じつつあるものについては、5年以内に達成することを目途とする。ただし、これらの水域のうち、水質汚濁が極めて著しいため、水質の改善のための施策を総合的に講じても、この期間内における達成が困難と考えられる水域については、当面、暫定的な改善目標値を適宜設定することにより、段階的に当該水域の水質の改善を図りつつ、極力環境基準の速やかな達成を期することとする。

(2)　水質汚濁防止を図る必要のある公共用水域のうち、(1)の水域以外の水域については、設定後直ちに達成され、維持されるよう水質汚濁の防止に努めることとする。

第4　（略）

　政府は、大気の汚染、水質の汚濁、土壌の汚染および騒音に係る環境上の条件について、それぞれ、人の健康を保護し、および生活環境を保全するうえで維持されることが望ましい基準を定める（環境基本法16条1項）。水質の環境基準は、健康項目と生活環境項目に分けて設定されている。また、健康項目は全公共水域一律の基準であるのに対し、生活環境項目については2以上の類型を設け、それぞれの類型をあてはめる水域を指定するものとして定められている（同条2項）。なお、現在、水質の環境基準のうち健康項目に関しては、全国的に環境基準がほぼ100％達成されているものの、生活環境項目については、特に閉鎖性海域および湖沼において環境基準が未達成のところも少なくない。

　環境省告示を参照すると、①生活環境項目については、河川（湖沼以外と湖沼）と海域という水域ごとに利用目的に応じた類型ごとの基準が設けられていること、②基準の達成期間については、健康項目に関しては直ちに達成とされているのに対し、生活環境項目に関しては段階的達成も認められていることが読みとれる。

　このように設定方法が異なる理由について、人の健康は何ものにも優先して尊重されなければならないため、健康項目に関しては、数値に差を設けた

り、一部の水域には適用しないこととしたりするのが適当ではないのに対し、生活環境項目に関しては、①水産業の生産物等も保護対象に含まれ（環境基本法2条3項）、②保護されるべき利水目的が公共水域ごとに多種多様であるから、基準を一律に設けることが適当ではないこと、があげられる。

〔表4－1〕　水濁法の環境基準

	健康項目	生活環境項目
水域の指定	全公共水域一律	2以上の類型
基準の達成期間	直ちに達成	段階的達成も認める
性質	人の健康は何ものにも優先して尊重	生産物等も保護対象で利水目的も公共水域ごとに多種多様

②　水濁法の排出基準の遵守場所[2]

〔設問〕

　大防法の下でのばい煙に係る排出基準の遵守が求められる場所は、水濁法の下での排水基準の遵守が求められる場所とどのように異なっているか。

　排出水を排出する者は、その汚染状態が当該特定事業場の排水口において排水基準に適合しない排出水を排出してはならない（水濁法12条1項）。また、「排出口」とは、排出水を排出する場所をいう（同法8条1項）。

　一方、ばい煙発生施設において発生するばい煙を大気中に排出する者は、そのばい煙量またはばい煙濃度が当該ばい煙発生施設の排出口において排出基準に適合しないばい煙を排出してはならない（大防法13条1項）。また、「排出口」とは、ばい煙発生施設において発生するばい煙、揮発性有機化合物排出施設に係る揮発性有機化合物または水銀排出施設に係る水銀等を大気中に排出するために設けられた煙突その他の施設の開口部をいう（同法2条15項）。

　水濁法の排出口とは異なり、大防法のばい煙規制の場合には、個々の施設の開口部たる排出口からの排出時に基準遵守をしなければならない。事業場全体をドームで覆ってその頂上に設置された煙突からの排出の規制を観念することは可能であるが、実現には技術的に困難である[3]。

　汚染者支払原則の観点からは事業場主義をとる水濁法が望ましいが、大防法においては技術的制約から施設主義にならざるを得ない。このため、大防法のばい煙規制は、事業場主義ではなく、施設主義になっている。

2　司法試験・環境法・平成25年度・第1問・改題。
3　北村406頁。

〔表4－2〕　遵守場所の整理

	水濁法	大防法
考え方	事業場主義	施設主義
出口	排出口から	排出口（開口部）から

③ 刑事責任と実施制限がある届出制のしくみ[4]

A社は、B県C町の海沿いにD製鉄所を設置して操業をしているが、その岸壁にいくつかの亀裂があり、そこを通して排出水が数カ月にわたって海に漏出している事実が、海上保安庁によって確認された。同庁の分析によれば、D製鉄所に適用されるpH（水素イオン濃度）に係る排水基準値をはるかに超える高アルカリ水であった。D製鉄所は、公有水面を埋め立てて造成した土地に立地しているが、捜査の結果、原因は、造成の際に用いられた埋立材料であることが判明している。

D製鉄所には、場内で発生する汚水の処理をする水処理施設があり、これは水濁法の下の特定施設となっている。その設置届出において、A社は、埋立地全体を特定事業場の所在地としている。D製鉄所の工場長EおよびA社は、「特定施設が設置されている工場である特定事業場から、排水基準値違反の排出水を、排水口を通じて排水した」として、水濁法違反で起訴された。

〔設問Ⅰ〕

A社および工場長Eは、以下のように主張している。このような主張に対して、どのような反論をすることが考えられるか。

「水濁法が規制対象としているのは、特定事業場内で発生する排水が特定施設の排水と合流してパイプの先から排水されたものに限定されるはずである。本件では、特定施設以外の部分から直接に公共用水域に排水されているのであるから、水濁法の規制対象外である。したがって、水濁法31条1項1号および34条に該当しないから、A社および工場長Eは無罪である」。

---

4 司法試験・環境法・平成26年度・第1問・改題。

〔設問Ⅱ〕

　結局、工場長EおよびA社のいずれに対しても、罰金刑が確定した。ところで、A社は、D製鉄所の場内で発生する産業廃棄物である廃プラスチックを焼却処理するための施設を設置し、B県知事から廃掃法に基づく中間処理施設許可を得ている。

　A社が、水濁法上、有罪とされたことにより、D製鉄所の許可に対して、廃掃法上、どのような影響があるか。

【参考】
○　廃掃法施行令（昭和46年政令第300号）（抄録）
（法第7条第5項第4号ニの生活環境の保全を目的とする法令）
第4条の6　法第7条第5項第4号ニに規定する政令で定める法令は、次のとおりとする。
　一〜三　（略）
　四　水質汚濁防止法（昭和45年法律第138号）
　五〜九　（略）

設問Ⅰ

　まず、「特定施設」とは、①カドミウムその他の人の健康に係る被害を生ずるおそれがある物質として政令で定める物質を含むこと、②化学的酸素要求量その他の水の汚染状態（熱によるものを含み、①に規定する物質によるものを除く）を示す項目として政令で定める項目に関し、生活環境に係る被害を生ずるおそれがある程度のものであること、のいずれかの要件を備える汚水または廃液を排出する施設で政令で定めるものをいう（水濁法2条2項）。

　そのうえで、「特定事業場」とは、特定施設（指定地域特定施設を含む）を設置する工場または事業場をいう（水濁法2条6項参照）。

　排出水を排出する者は、その汚染状態が当該特定事業場の排水口において排水基準に適合しない排出水を排出してはならない（水濁法12条1項）。

「排水口」とは、排出水を排出する場所をいう（水濁法8条1項）。

このように、排水基準遵守義務の対象行為は「特定施設」（水濁法2条2項）からの排水ではなく、「特定事業場」からの排水である（同法12条1項、2条6項）。

■設問の検討

　これを本設問についてみると、まず、特定施設起因ではない排水は規制対象にはならないとするところ、そのように限定的に解せない。また、「パイプの先」のような場所での排水に関して排水基準遵守が義務付けられるとするところ、そのように限定的に解せない。

設問II

廃棄物処理業には社会的にコンプライアンスが強く求められる。そのうえで、「生活環境の保全」という目的を共通にする法令の重大な違反者に廃棄物処理に関する業や施設の許可を与えるのは不適当である。

廃掃法施行令4条の6第4号に水濁法が掲げられている。

■設問の検討

　これを本設問についてみると、本設問の状況は、「その他生活環境の保全を目的とする法令で政令で定めるもの……の規定に違反し……罰金の刑に処せられ」（廃掃法7条5項4号二）に該当する。

　本設問では、産業廃棄物処理施設許可に対する影響が問われているところ、廃掃法7条5項4号二が、14条5項2号イを通じて15条の3第1項1号に規定される許可取消事由となっている。

　そのうえで、許可取消しが義務的となっていることから、施設許可が取り消される。

④　水濁法と土対法の基本的理解[5]

　A県に居住するBは、長年、B所有の敷地内にある井戸水を飲料水として使用してきたところ、中毒症状を発症した。Bが2007年4月に調査したところ、井戸水からは環境基準を上回る高濃度のカドミウムおよび鉛が検出された。また、B宅の隣にはCが開設した工場があり、Cは、製造工程中で使用したカドミウムおよび鉛を含んだ水を、長年にわたり同工場敷地の地下に浸透させてきたことが明らかとなった。Dは、2007年1月にCから同工場を譲り受けるとともに、A県知事に対して直ちに所要の届出をし、2007年6月から同工場を稼働する予定である。

〔設問Ⅰ〕

　2007年5月の時点で、A県知事はどのような対応をすることができるか。

〔設問Ⅱ〕

　2007年5月の時点で、Bは、CおよびDに対してどのような訴訟上の請求をすることができるか。

設問Ⅰ

(1)　水濁法の措置

(A)　改善命令

　都道府県知事は、有害物質使用特定事業場から水を排出する者（特定地下浸透水を浸透させる者を含む）が、水濁法8条の環境省令で定める要件に該当する特定地下浸透水を浸透させるおそれがあると認めるときは、その者に対

5　司法試験・環境法・平成19年度・第2問・改題。

し、期限を定めて特定施設の構造もしくは使用の方法もしくは汚水等の処理の方法の改善を命じ、または特定施設の使用もしくは特定地下浸透水の浸透の一時停止を命ずることができる（同法13条の2第1項）。

設問の検討

これを本設問についてみると、まず、カドミウムおよび鉛は「有害物質」（水濁法2条2項1号、水濁法施行令2条4号）に該当し、本件工場は「特定施設」（水濁法2条2項）に該当するから、「特定事業場」に該当する。

Cが、同工場敷地の地下に浸透させた製造工程中で使用したカドミウムおよび鉛を含んだ水は、「有害物質を、その施設において製造……する特定施設……を設置する特定事業場……から地下に浸透する水で有害物質使用特定施設に係る汚水等……を含むもの」に該当するから「特定地下浸透水」（水濁法2条8項）に該当する。

そのうえで、隣地の井戸水から高濃度のカドミウムや鉛が検出されており、Dが、本件工場をそのまま稼働させれば、水濁法8条の省令に該当する「特定地下浸透水を浸透させるおそれ」がある。したがって、A県知事は、Dに対し、期限を定めて特定施設の構造もしくは使用の方法もしくは汚水等の処理の方法の改善を命じ、または特定施設の使用もしくは特定地下浸透水の浸透の一時停止を命ずることができる。

(B)　地下水の水質の浄化に係る措置命令等

都道府県知事は、特定事業場または有害物質貯蔵指定施設を設置する工場もしくは事業場において有害物質に該当する物質を含む水の地下への浸透があったことにより、現に人の健康に係る被害が生じ、または生ずるおそれがあると認めるときは、環境省令で定めるところにより、その被害を防止するため必要な限度において、当該特定事業場または有害物質貯蔵指定事業場の設置者に対し、相当の期限を定めて、地下水の水質の浄化のための措置をとることを命ずることができる（水濁法14条の3第1項本文）。

この趣旨は、地下水汚染の浄化について、原因者負担原則を堅持する点にある。[6]

　ただし、その者が、当該浸透があった時において当該特定事業場または有害物質貯蔵指定事業場の設置者であった者と異なる場合は、この限りでない（水濁法14条の3第1項ただし書）。

　水濁法14条の3第1項本文に規定する場合において、都道府県知事は、同項の浸透があった時において当該特定事業場または有害物質貯蔵指定事業場の設置者であった者に対しても、同項の措置をとることを命ずることができる（同条2項）。

　特定事業場または有害物質貯蔵指定事業場の設置者（特定事業場もしくは有害物質貯蔵指定事業場またはそれらの敷地を譲り受け、もしくは借り受け、または相続、合併もしくは分割により取得した者を含む）は、当該特定事業場または有害物質貯蔵指定事業場について水濁法14条の3第2項の規定による命令があったときは、当該命令に係る措置に協力しなければならない（同条3項）。

◪設問の検討

　これを本件についてみると、Cは、製造工程中で使用したカドミウムおよび鉛を含んだ水を、長年にわたり同工場敷地の地下に浸透させてきたから、「特定事業場……において有害物質に該当する物質を含む水の地下への浸透があった」といえる。また、Bは中毒症状を発症しているから「現に人の健康に係る被害が生じ」ている。

　そこで、A県知事は、環境省令で定めるところにより、その被害を防止するため必要な限度において、当該特定事業場または有害物質貯蔵指定事業場の設置者であるDに対し、相当の期限を定めて、地下水の水質の浄化のための措置をとることを命ずることができそうである。ただし、Dは、「当該浸透があった時において当該特定事業場または有害物質貯蔵指定事業場の設置者であった者と異なる」ため、Dに対して命ずることはできない。

　そこで、A県知事は、Cに対して、その被害を防止するため必要な限

6　大塚198頁。

度において、相当の期限を定めて、地下水の水質の浄化のための措置を
とることを命ずることができる。

(C)　刑事告発

水濁法14条の3第1項・2項の規定による命令に違反した者は、1年以
下の懲役または100万円以下の罰金に処される（同法30条、34条）から、この
罰則適用のために刑事告発しなければならない（刑訴法239条2項）。

◼️**設問の検討**

これを本設問についてみると、Cが措置命令、Dが改善命令に違反し
た場合は、A県知事は刑事告発しなければならない。

(2)　土対法の措置

(A)　土壌汚染による健康被害が生ずるおそれがある土地の調査

都道府県知事は、土対法3条1項本文および8項並びに4条2項および3
項本文に規定するもののほか、土壌の特定有害物質による汚染により人の健
康に係る被害が生ずるおそれがあるものとして政令で定める基準に該当する
土地があると認めるときは、政令で定めるところにより、当該土地の土壌の
特定有害物質による汚染の状況について、当該土地の所有者等に対し、指定
調査機関に3条1項の環境省令で定める方法により調査させて、その結果を
報告すべきことを命ずることができる（同法5条1項）。

このように土対法5条は、特定有害物質による汚染により人の健康に係る
被害が生じるものとして、かなり細かく厳格に定められている政令の要件に
該当する土地について、当該土地所有者等に、都道府県知事が、同法3条1
項、4条3項と同様の調査・報告を命じることができる。

◼️**設問の検討**

これを本設問についてみると、本件工場にて、製造工程中で使用した
カドミウムおよび鉛を含んだ水を、長年にわたり同工場敷地の地下に浸
透させてきたところ、「土壌の特定有害物質による汚染により人の健康
に係る被害が生ずるおそれがあるものとして政令で定める基準に該当す

る土地があると認めるとき」にあたるから、政令で定めるところにより、当該土地の土壌の特定有害物質による汚染の状況について、A県知事は、当該土地の所有者であるDに対し、指定調査機関に土対法3条1項の環境省令で定める方法により調査させて、その結果を報告すべきことを命ずることができる。

(B) 要措置区域の指定

都道府県知事は、土地が以下のいずれにも該当すると認める場合には、当該土地の区域を、その土地が特定有害物質によって汚染されており、当該汚染による人の健康に係る被害を防止するため当該汚染の除去、当該汚染の拡散の防止その他の措置を講ずることが必要な区域として指定する（土対法6条1項）。

① 土壌汚染状況調査の結果、当該土地の土壌の特定有害物質による汚染状態が環境省令で定める基準に適合しないこと。

② 土壌の特定有害物質による汚染により、人の健康に係る被害が生じ、または生ずるおそれがあるものとして政令で定める基準に該当すること。

都道府県知事は、要措置区域の指定をするときは、環境省令で定めるところにより、その旨を公示しなければならず（土対法6条2項）、この公示によってその効力を生ずる（同条3項）。

■設問の検討

これを本設問についてみると、Bが2007年4月に「土壌汚染状況」調査をし、その「結果」、井戸水からは環境基準を上回る高濃度のカドミウムおよび鉛が検出されたとあるので「当該土地の土壌の特定有害物質による汚染状態が環境省令で定める基準に適合しない」。

また、B宅の隣にはCが開設した工場があり、Cは、製造工程中で使用したカドミウムおよび鉛を含んだ水を、長年にわたり同工場敷地の地下に浸透させてきたことが明らかとなっているから「土壌の特定有害物質による汚染により、人の健康に係る被害が生じ、または生ずるおそれがあるものとして政令で定める基準に該当する」。

　そこで、A県知事は、Dの所有地を要措置区域として指定すべく、その旨を公示する。

(C)　汚染除去等計画の提出等

　都道府県知事は、要措置区域の指定をしたときは、環境省令で定めるところにより、当該汚染による人の健康に係る被害を防止するため必要な限度において、要措置区域内の土地の所有者等に対し、当該要措置区域内において講ずべき汚染の除去等の措置およびその理由、当該措置を講ずべき期限その他環境省令で定める事項を示して、土対法 7 条 1 項各号に掲げる事項を記載した計画（以下、「汚染除去等計画」という）を作成し、これを都道府県知事に提出すべきことを指示する（同法 7 条 1 項本文）。

　ただし、当該土地の所有者等以外の者の行為によって当該土地の土壌の特定有害物質による汚染が生じたことが明らかな場合であって、その行為をした者に汚染の除去等の措置を講じさせることが相当であると認められ、かつ、これを講じさせることについて当該土地の所有者等に異議がないときは、環境省令で定めるところにより、その行為をした者に対し、指示する（土対法 7 条 1 項ただし書）。

　これは、土地の所有者等が指示を受けて措置に着手した後の場合も同様であり、措置の着手後に汚染原因者が判明した場合には、当該指示を取り消し、あらためて、汚染原因者に対し、指示がなされるべきものである。

【水・大気環境局長通知（2022 年 3 月 24 日）】
　「汚染原因者に措置を講じさせることが相当」でない場合とは、法第 8 条において汚染原因者に費用を請求できない場合として規定されている「既に費用を負担し、又は負担したものとみなされる」場合、汚染原因者に費用負担能力が全くない場合、土地の所有者等が措置を実施する旨の合意があった場合又は合意があったとみなされる場合等である。これについては、個々の事例ごとに、汚染原因者の費用負担能力、土地の売却時の契約の内容等を勘案して、判断することとされたい。
　なお、汚染原因者の一部のみが明らかな場合には、当該明らかとなった一

部の汚染原因者以外の原因による土壌汚染については、土地の所有者等の指示を受けるべき地位は失われないこととなる。

設問の検討

これを本設問についてみると、A県知事は、要措置区域の指定をしたときは、当該要措置区域内の土地の所有者であるDに対し、当該要措置区域内において講ずべき汚染の除去等の措置およびその理由、当該措置を講ずべき期限等を示して、都道府県知事により示された汚染の除去等の措置等を記載した汚染除去等計画を作成し、これをA県知事に提出すべきことを指示するのが原則である（土対法7条1項本文）。

しかし、Cが開設した工場が、製造工程中で使用したカドミウムおよび鉛を含んだ水を、長年にわたり同工場敷地の地下に浸透させてきたことが明らかとなっているから、「土地の所有者等以外の汚染原因者が明らかな場合」にあたる。

また、Dは、2007年1月にCから同工場を譲り受けているところ、Cの費用負担能力については明らかではないものの、土地の売却時の契約の内容等を勘案すると特段、Dがカドミウムや鉛を含んだ水を譲り受けた工場から地下に浸透させてきた事実まで引き受けたといった事情は見当たらないから、Dよりもむしろ「汚染原因者」C「に措置を講じさせることが相当」と認められる。

これらの要件に加え、「土地の所有者」Dが「講じさせることにつき……異議がない」のであれば、当該汚染原因者Cに指示をすることになる（土対法7条1項ただし書）。

(D) 刑事告発

土対法5条1項の規定による命令に違反した者は、1年以下の懲役または100万円以下の罰金に処される（同法65条1号）から、この罰則適用のために刑事告発しなければならない（刑訴法239条2項）。

◨設問の検討

　これを本設問についてみると、Cが土対法5条1項の命令に違反した場合には、A県知事は、刑事告発しなければならない（刑訴法239条2項）。

設問II

(1)　原因者Cに対する関係

(A)　水濁法19条1項に基づく損害賠償請求

　工場または事業場における事業活動に伴う有害物質の汚水または廃液に含まれた状態での排出または地下への浸透により、人の生命または身体を害したときは、当該排出または地下への浸透に係る事業者は、これによって生じた損害を賠償する責任を負う（水濁法19条1項）。

　このように、実体的要件は、①工場または事業場における事業活動に伴う有害物質の汚水または廃液に含まれた状態での排出または地下への浸透があったこと、②人の生命または身体を害したこと、③損害、④因果関係（「これによって」）の4点である。

　また、水濁法19条の責任は無過失責任であり、事業活動に伴う排出と健康被害との間の因果関係が立証できれば故意・過失の主張立証は不要である。なお、水濁法上の規制対象かどうかは問題とならず、事業活動に伴う排出であれば工場内の設備からの排出に限られない。

◨設問の検討

　これを本設問についてみると、B宅の隣にはCが開設した工場があり、Cは、製造工程中で使用したカドミウムおよび鉛を含んだ水を、長年にわたり同工場敷地の地下に浸透させてきたから、「工場……における事業活動に伴う有害物質の汚水または廃液に含まれた状態での……地下への浸透」があったといえる（①充足）。また、Bは、中毒症状を発症しているから、「人の……身体を害した」といえる（②充足）。さらに、中毒症状の治療に係る医療費等の「損害」も認められる（③充足）。また、Bは

長年B所有の敷地内にある井戸水を飲料水として使用してきたところ、中毒症状を発症したのであり、Bが2007年4月に調査したところ、井戸水からは環境基準を上回る高濃度のカドミウムおよび鉛が検出され、B宅の隣にはCが開設した工場があり、Cは、製造工程中で使用したカドミウムおよび鉛を含んだ水を、長年にわたり同工場敷地の地下に浸透させてきたことが明らかとなっているから、汚染と損害との間に因果関係も肯定できる（④充足）。したがって、同請求は認められる。

(B) 不法行為に基づく損害賠償請求

故意または過失によって他人の権利または法律上保護される利益を侵害した者は、これによって生じた損害を賠償する責任を負う（民法709条）。実体的要件は、①他人の権利または法律上保護される利益を侵害したこと、②損害、③因果関係（「これによって」）、④故意または過失の4点である。

■設問の検討

これを本設問についてみると、BはCに対して、民法709条に基づく損害賠償を請求することが考えられる。土地浄化費用等の財産的「損害」も生じている（②充足）。健康被害を生ずるような水質汚濁・土壌汚染を受けたのであり、受忍限度は優に超える。また、Cにとってカドミウムや鉛の浸透による隣地の土壌汚染は予見・回避可能というべきであるから、「過失」も認められる（④充足）。

(2) 現所有者Dに対する関係

(A) 操業差止請求および仮処分

(a) 操業差止請求

健康被害に対する差止請求権の法的根拠について、人格権侵害に基づく差止請求権の要件については、受忍限度論が適用されるとし、健康被害が生ずる蓋然性が高い場合には、公共性が高い場合であっても差止請求が認められるとする考え方が妥当である。

◼設問の検討

　　これを本設問についてみると、Dは2007年6月から同工場を稼働す
る予定であるとの事実があるところ、Bとしては、人格権に基づく操業
差止請求を提起し、民事仮処分を求めることになろう。本件は、侵害行
為の態様・程度はカドミウムや鉛の浸透による汚染であり、すでに中毒
症状を発症しているから被侵害利益の性質・内容としては重大で深刻な
健康被害が生じているものであり、仮に工場が稼働することで社会的有
用性があったとしても、受忍限度を超えている。

　　(b)　仮処分

　仮の地位を定める仮処分命令の実体的要件は、①被保全権利と、②保全の
必要性である（民保法23条2項）。

◼設問の検討

　　これを本設問についてみると、Dは2007年6月から同工場を稼働す
る予定であるとの事実があるところ、Bとしては、人格権に基づく操業
差止請求を提起し、民事仮処分を求めることになろう。本件は、侵害行
為の態様・程度はカドミウムや鉛の浸透による汚染であり、被侵害利益
の性質・内容としては重大で深刻な健康被害が生じているものであり、
仮に工場が稼働することで社会的有用性があったとしても、受忍限度を
超えるものと考えられる。

　　(B)　**民法717条1項に基づく損害賠償請求**

　土地の工作物の設置または保存に瑕疵があることによって他人に損害を生
じたときは、その工作物の占有者は、被害者に対してその損害を賠償する責
任を負う（民法717条1項本文）。実体的要件は、①土地の工作物であること、
②設置または保存に瑕疵があること、③他人に損害を生じさせたこと、④因
果関係（「によって」）の4点である。

◼設問の検討

　　これを本設問についてみると、BはCに対して土地工作物責任に基づ
く損害賠償を請求することが考えられる。まず、本件工場が「土地の工

作物」であり（①充足）、カドミウムや鉛を地下に浸透させている状態は争いなく「設置または保存に瑕疵がある」といえる（②充足）。そして、現に中毒症状を患っており、この治療に係る医療費の負担は「損害を生じさせた」といえ（③充足）、因果関係も認められる（④充足）。したがって、同請求は認められる。

⑤ 非意図的な漏出による地下水汚染の規制の妥当性[7]

〔設問〕

　2011年水濁法改正によって、公共用水域に排水をしない行為を規制した妥当性はどのように肯定できるか。

---

(1) 汚染者支払原則（原因者負担原則）

　国および地方公共団体は、公害または自然環境の保全上の支障を防止するために国もしくは地方公共団体またはこれらに準ずる者により実施されることが公害等に係る支障の迅速な防止の必要性、事業の規模その他の事情を勘案して必要かつ適切であると認められる事業が公的事業主体により実施される場合において、その事業の必要を生じさせた者の活動により生ずる公害等に係る支障の程度およびその活動がその公害等に係る支障の原因となると認められる程度を勘案してその事業の必要を生じさせた者にその事業の実施に要する費用を負担させることが適当であると認められるものについて、その事業の必要を生じさせた者にその事業の必要を生じさせた限度においてその事業の実施に要する費用の全部または一部を適正かつ公平に負担させるために必要な措置を講ずる（環境基本法37条）。

　このように、環境保全措置に関する費用配分の基準として、受容可能な状態に環境を保つための汚染防止費用は、汚染者が負うべきであるという「汚染者負担原則」を活用し、環境汚染防止のコストを、価格を通じて市場に反映することで、希少な環境資源の合理的な利用を促進することが重要である。

　同原則の実質的根拠は、汚染原因者に負担を課すことが、環境保全上最も効率的かつ実効性があること、汚染の原因者が正確に費用負担することで、

7　司法試験・環境法・平成26年度・第1問・改題。

競争上の公平性を確保することにある。

　また、日本の汚染者負担原則は、汚染修復や被害者救済の費用も含めた正義と公平の原則として議論されてきた。漏出による環境負荷がないようにするための費用負担責任は設置者にある[8]。

(2)　未然防止アプローチ（未然防止原則）

　環境政策を行ううえでは、最新最良の科学的知見に基づくことが前提となる。そのための基本原則として、まず、人間の活動と人の健康や環境に係る被害の因果関係が科学的に確実であれば、未然に被害の防止を行わなければならないという「未然防止原則」がある[9]。

(3)　有害物質使用特定施設等に係る構造基準等の遵守義務

　有害物質使用特定施設を設置している者または有害物質貯蔵指定施設を設置している者は、当該有害物質使用特定施設または有害物質貯蔵指定施設について、有害物質を含む水の地下への浸透の防止のための構造、設備および使用の方法に関する基準として環境省令で定める基準を遵守しなければならない（水濁法12条の4）。

　この趣旨は、工場・事業場からの有害物質の非意図的な漏えい、床面からの地下浸透による地下水の汚染の未然防止を図る点にある。

　改正の背景は、工場または事業場からのトリクロロエチレン等の有害物質の漏えいによる地下水汚染事例が、毎年継続的に確認されていたところ、その原因の大半は、事業場等における生産設備・貯蔵設備等の老朽化や生産設備等の使用の際の作業ミス等による有害物質の漏えいにあり、その中には水濁法の特定施設でないものも含まれることが明らかになったことにある[10]。

　このように、漏出の事実が一定程度確認された以上、既存施設については

8　「環境基本計画」（令和6年5月21日）48頁。
9　前掲（注8）48頁。
10　大塚197頁。

一層の拡大を防ぐために、また、新規施設については漏出がないことを確実にするために、事前的対応が必要である。

〈図4－1〉　地下水汚染事例[11]

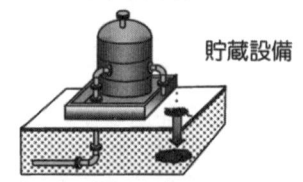

【地下水汚染事例1】

生産設備

【地下水汚染事例2】

貯蔵設備

◆平成19年、金属製品製造工場で、溶液槽の配管つなぎ目が劣化し、六価クロムが漏えいし、床面の亀裂から浸透

◆平成13年、輸送用機械器具製造工場で、トリクロロエチレンの貯蔵タンクへの移し替え作業による地下水汚染が判明

周辺井戸から検出。自治体は、井戸所有者に飲用中止を指導

11　環境省「水質汚濁防止法の一部を改正する法律について」（2012年3月）。

6　水濁法における届出制のしくみ[12]

〔設問〕

　A社は、B県C村内にある自社敷地において、水濁法に基づき、テトラクロロエチレンを液体状態で貯蔵する地下タンク（以下、「本件地下タンク」という）を設置しようとしている。

　A社の担当者Dは、2013年1月9日に、事前相談のためにB県の担当課に協議に出向いたところ、同課は、かねてより、E内水面漁業協同組合（以下、「E組合」という）からの設置反対陳情を受けていたために、Dに対して、E組合の同意書を取得のうえ、これを添付して届け出るように指導した。A社は、何度も同意書の取得を試みたが、成功しなかった。

　同意書の取得は不可能と判断したA社は、2013年10月9日に、B県担当課あてに、配達証明付郵便で、水濁法上必要とされる届出書および関係書類一式を送付し、同郵便は、同月10日に配達された。しかし、3日後、「水濁法上必要とされる届出書および関係書類一式は配達されたが、なおE組合の同意書が添付されていない。このため、届出はまだ完了していない。同意書の取得についてさらなる努力を期待する。」という趣旨の手紙と一緒に、送付したものがそのままA社に返送されてきた。A社はどのように対応しようかと思案していたが、結局本件地下タンクを設置することを決意した。

　ただ、A社の代表取締役Fは、水濁法の下で刑事責任を問われることを懸念し、2013年12月1日に弁護士Gのもとを訪れ、2014年1月以降に設置することについて意見を求めた。Gは、「設置に問題はない」旨を述べた。

　Gがこのように答えた理由はなぜか。

12　司法試験・環境法・平成26年度・第1問・改題。

【参考】

○　水濁法施行令（昭和46年6月17日政令第188号）（抄録）

（カドミウム等の物質）

第2条　法第2条第2項第1号の政令で定める物質は、次に掲げる物質とする。

　一〜九　（略）

　十　テトラクロロエチレン

　十一〜二十八　（略）

（有害物質貯蔵指定施設）

第4条の4　法第5条第3項の政令で定める指定施設は、第2条に規定する
　物質を含む液状の物を貯蔵する指定施設とする。

○　水濁法施行規則（昭和46年6月19日総理府・通商産業省令第2号）（抄録）

（有害物質使用特定施設等に係る構造基準等）

第8条の2　法第12条の4の環境省令で定める基準は、次条から第8条の7
　までに定めるとおりとする。

（使用の方法）

第8条の7　有害物質使用特定施設又は有害物質貯蔵指定施設の使用の方法
　は、次の各号のいずれにも適合することとする。

　一　次のいずれにも適合すること。

　　イ　有害物質を含む水の受入れ、移替え及び分配その他の有害物質を含
　　　む水を扱う作業は、有害物質を含む水が飛散し、流出し、又は地下に
　　　浸透しない方法で行うこと。

　　ロ　有害物質を含む水の補給状況及び設備の作動状況の確認その他の施
　　　設の運転を適切に行うために必要な措置を講ずること。

　　ハ　有害物質を含む水が漏えいした場合には、直ちに漏えいを防止する
　　　措置を講ずるとともに、当該漏えいした有害物質を含む水を回収し、
　　　再利用するか、又は生活環境保全上支障のないよう適切に処理すること。

　二　前号に掲げる使用の方法並びに使用の方法に関する点検の方法及び回
　　数を定めた管理要領が明確に定められていること。

工場もしくは事業場において有害物質貯蔵指定施設（指定施設（有害物質を

貯蔵するものに限る。）であって当該指定施設から有害物質を含む水が地下に浸透するおそれがあるものとして政令で定めるものをいう）を設置しようとする者は、環境省令で定める事項を都道府県知事に届け出なければならない（水濁法5条3項）。

水濁法5条の規定による届出をせず、または虚偽の届出をした者は、3月以下の懲役または30万円以下の罰金に処され（同法32条）、法人処罰規定もある（同法34条）。

水濁法5条の規定による届出をした者は、その届出が受理された日から60日を経過した後でなければ、それぞれ、その届出に係る特定施設もしくは有害物質貯蔵指定施設を設置し、またはその届出に係る特定施設もしくは有害物質貯蔵指定施設の構造、設備もしくは使用の方法もしくは汚水等の処理の方法の変更をしてはならない（同法9条1項）。

◳設問の検討

これを本設問についてみると、弁護士への相談は刑事責任について、具体的には届出義務違反の罪（水濁法5条3項違反により同法32条・34条（両罰規定）に基づく処罰）をいうものである。テトラクロロエチレンを液体状態で貯蔵する本件地下タンクは、有害物質貯蔵指定施設（同法5条3項、同法施行令4条の4）である。同意書の添付は同施設の届出にあたって法的に必要とされておらず、必要な書類は提出されている。届出をしたとしても、その届出が受理された日から60日を経過した後でなければ、その届出に係る有害物質貯蔵指定施設を設置してはならないところ（同法9条1項）、本件では、2013年12月9日に制限期間終了となり、翌年1月以降であれば問題がない。上述の整理に基づけば、届出は適法にされているために刑事責任が問われる余地はない。

７　有害物質貯蔵指定施設の操業に起因する地下水汚染への対応[13]

A社は、B県C村内にある自社敷地において、水濁法に基づき、テトラクロロエチレンを液体状態で貯蔵する地下タンク（以下、「本件地下タンク」という）を設置しようとしている。

その後、本件地下タンクは、適法に設置された。ところが、テトラクロロエチレンを含む水の受入れをしている際に、A社従業員のバルブ操作のミスが原因で、本件地下タンクから、テトラクロロエチレンを含む水が大量に溢れ出し、事業場の地下に浸透した。B県の調査によって、敷地境界において、地下水環境基準を大幅に超過する地下水汚染が確認された。事業場の隣地には、飲用井戸があり、現在も利用されている。

B県知事は、本件地下タンクの使用、および地下水の汚染に関して、A社に対し、水濁法上、どのような措置を講ずることができるか。

【参考】
○　水濁法施行令（昭和46年6月17日政令第188号）（抄録）
（カドミウム等の物質）
第2条　法第2条第2項第1号の政令で定める物質は、次に掲げる物質とする。
　　一〜九　（略）
　　十　テトラクロロエチレン
　　十一〜二十八　（略）
（有害物質貯蔵指定施設）
第4条の4　法第5条第3項の政令で定める指定施設は、第2条に規定する物質を含む液状の物を貯蔵する指定施設とする。

○　水濁法施行規則（昭和46年6月19日総理府・通商産業省令第2号）（抄録）

13　司法試験・環境法・平成26年度・第1問・改題。

（有害物質使用特定施設等に係る構造基準等）

第8条の2　法第12条の4の環境省令で定める基準は、次条から第8条の7までに定めるとおりとする。

（使用の方法）

第8条の7　有害物質使用特定施設又は有害物質貯蔵指定施設の使用の方法は、次の各号のいずれにも適合することとする。

　一　次のいずれにも適合すること。

　　イ　有害物質を含む水の受入れ、移替え及び分配その他の有害物質を含む水を扱う作業は、有害物質を含む水が飛散し、流出し、又は地下に浸透しない方法で行うこと。

　　ロ　有害物質を含む水の補給状況及び設備の作動状況の確認その他の施設の運転を適切に行うために必要な措置を講ずること。

　　ハ　有害物質を含む水が漏えいした場合には、直ちに漏えいを防止する措置を講ずるとともに、当該漏えいした有害物質を含む水を回収し、再利用するか、又は生活環境保全上支障のないよう適切に処理すること。

　二　前号に掲げる使用の方法並びに使用の方法に関する点検の方法及び回数を定めた管理要領が明確に定められていること。

(1)　構造基準等の遵守義務

　有害物質貯蔵指定施設を設置している者は、当該施設について、有害物質を含む水の地下への浸透の防止のための構造、設備および使用の方法に関する基準として環境省令で定める基準を遵守しなければならない（水濁法12条の4）。

　そして、都道府県知事は、当該施設を設置している者が水濁法12条の4の基準を遵守していないと認めるときは、その者に対し、期限を定めて当該施設の構造、設備もしくは使用の方法の改善を命じ、または当該施設の使用の一時停止を命ずることができる（同法13条の3第1項）。

　▣設問の検討

　　これを本設問についてみると、「法第2条第2項第1号の政令で定め

る物質」であるテトラクロロエチレンを液体状態で貯蔵する本件地下タンクは「第2条に規定する物質を含む液状の物を貯蔵する指定施設」にあたるので、「有害物質貯蔵指定施設」に該当する。

そのうえで、「有害物質を含む水の受入れ、移替え及び分配その他の有害物質を含む水を扱う作業」である本件のバルブ操作のミスは「有害物質を含む水が……地下に浸透しない方法で行う」義務に違反する（水濁法施行規則8条の7第1項イ）。

そこで、B県知事は、Aに対し、改善命令が可能である。

(2)　地下水の水質の浄化に係る措置命令

都道府県知事は、有害物質貯蔵指定施設を設置する事業場において有害物質に該当する物質を含む水の地下への浸透があったことにより、現に人の健康に係る被害が生じ、または生ずるおそれがあると認めるときは、環境省令で定めるところにより、その被害を防止するため必要な限度において、当該事業場の設置者に対し、相当の期限を定めて、地下水の水質の浄化のための措置をとることを命ずることができる（水濁法14条の3第1項本文）。

■設問の検討

これを本設問についてみると、「有害物質貯蔵指定施設」である本件地下タンクから、「有害物質に該当する物質」テトラクロロエチレンを含む水が大量に溢れ出し、事業場の「地下への浸透があった」。

また、B県の調査によって、敷地境界において、地下水環境基準を大幅に超過する地下水汚染が確認され、事業場の隣地には、飲用井戸があり、現在も利用されているから「人の健康に係る被害が……生ずるおそれ」がある。

そこで、B県知事は、Aに対し、浄化命令が可能である。

⑧ 河川および沿岸海域の汚染に関する民事訴訟[14]

　A県に所在する山地に電力会社B社がダムを設置して管理しているところ、連日続いた集中豪雨によりダム湖に急激に大量の土砂が堆積し、ダムの機能が維持できないおそれが生じた。B社は、二次災害を防止するため、ダムから放流水とともに土砂等の大量の堆積物を川に排出した。その結果、川の下流域と河口付近の沿岸海域に急激に濁りが生じた。

　また、C社が設置していた金属加工工場から、その敷地に漏れ出して堆積していたセレン化合物が上記集中豪雨により堤防の割れ目を通じて同じ川に排出され、環境基準の100倍を超えるセレン化合物が上記の濁水に押し流されて沿岸海域に流出した。

　Dは、同じ川の河口から約1キロメートルの海域ではまちの養殖業を営んでいたが、ダムから堆積物が排出された数日後に5000匹のはまちが第1いけす内で全滅した。第1いけすからさらに300メートル離れた海域にある第2いけすには、現在もはまち1万匹が養殖されている。

　また、ダムから堆積物が排出された数日後に、一般消費者であるEは、第2いけすで養殖されたはまちを食べたところ、吐き気、激しい腹痛等の健康被害の症状を発症した。Eは同じ場所で養殖されたはまちを食べて同様の症状を発症した者が他に100人程度いると報道で聞いている。

〔設問Ⅰ〕

　Dは、B社に対して、民法717条に基づく損害賠償を請求することができるか。

〔設問Ⅱ〕

　EがC社に対して法的手段をとる場合、C社はどのような点を主張することが考えられるか。ただし、B社に対する請求と共同不法行為につ

14　司法試験・環境法・平成30年度・第1問・改題。

いては検討を要しない。

【参考】

○　水濁法施行令（昭和46年6月17日政令第188号）（抄録）

（カドミウム等の物質）

第2条　法第2条第2項第1号の政令で定める物質は、次に掲げる物質とする。

　　一〜二十二　　（略）

　　二十三　セレン及びその化合物

　　二十四〜二十八　　（略）

設問 I

　土地の工作物の設置または保存に瑕疵があることによって他人に損害を生じたときは、その工作物の占有者は、被害者に対してその損害を賠償する責任を負う（民法717条1項本文）。実体的要件は、①土地の工作物であること、②設置または保存に瑕疵があること、③損害、④因果関係（「によって」）の4点である。

◻設問の検討

　これを本設問についてみると、ダムは「土地の工作物」である（①充足）ところ、B社はダムから放流水とともに土砂等の大量の堆積物を川に排出した結果、川の下流域と河口付近の沿岸海域に急激に濁りを生じさせているから、通常有すべき安全性を欠いているといえ、「設置または保存に瑕疵がある」といえる（②充足）。また、Dは、同じ川の河口から約1キロメートルの海域ではまちの養殖業を営んでいたが、ダムから堆積物が排出された数日後に5000匹のはまちが第1いけす内で全滅したから、営業「損害」も認められる（③充足）。放流による急激な濁りによって、はまちが死亡するという損害との間に「因果関係」も認められる（④充足）。したがって、同請求は認められる。

設問 II

(1)　水濁法19条1項に基づく損害賠償請求

　工場または事業場における事業活動に伴う有害物質の汚水または廃液に含まれた状態での排出または地下への浸透により、人の生命または身体を害したときは、当該排出または地下への浸透に係る事業者は、これによって生じた損害を賠償する責任を負う（水濁法19条1項）。

　このように、実体的要件は、①工場または事業場における事業活動に伴う有害物質の汚水または廃液に含まれた状態での排出または地下への浸透があったこと、②人の生命または身体を害したこと、③損害、④因果関係（「これによって」）の4点である。

　また、同条の責任は無過失責任であり、事業活動に伴う排出と健康被害との間の因果関係が立証できれば故意・過失の主張立証は不要である。なお、水濁法上の規制対象かどうかは問題とならず、事業活動に伴う排出であれば工場内の設備からの排出に限られない。

▨設問の検討

　これを本設問についてみると、EがCに対して水濁法19条1項に基づく損害賠償を請求することが考えられる。まず、セレン化合物は「有害物質」（同法2条2項1号、同法施行令2条23号）であるところ、C社が設置していた金属加工工場から、その敷地に漏れ出して堆積していたセレン化合物が集中豪雨により堤防の割れ目を通じて同じ川に排出され、環境基準の100倍を超えるセレン化合物が上記の濁水に押し流されて沿岸海域に流出したことは「工場……における事業活動に伴う有害物質の汚水……の排出……があった」といえる（①充足）。また、吐き気、激しい腹痛等の健康被害の症状を発症しているから「人の……身体を害した」といえ（②充足）、治療に係る医療費等は「損害」（③充足）にあたる。「因果関係」も肯定できよう（④充足）。

⑵　賠償についてのしんしゃく

水濁法19条１項に規定する損害の発生に関して、天災その他の不可抗力が競合したときは、裁判所は、損害賠償の責任および額を定めるについて、これをしんしゃくすることができる（同法20条の２）。

▣設問の検討

これを本設問についてみると、Ｃはセレン化合物の排出につき連日の集中豪雨という「天災……が競合した」ことを主張することが考えられ、裁判所は、損害賠償の責任および額を定めるについて、これをしんしゃくすることができる。

⑨　水濁法に基づく環境基準の達成手法[15]

〔設問〕

　A県を流れるB川上流域には農村地帯が広がっており、中流域には大小多数の旅館やホテルが立ち並ぶ観光地がある。そして、B川は、下流域の人口密集地と河口部の電気めっき工場の集積地を通り、A県最大の内湾であるC湾に流れ込んでいる。現在、C湾においては、人の健康の保護に関する環境基準に関しては、カドミウム、全シアン等、全項目について基準を達成している。これに対し、生活環境の保全に関する環境基準に関しては、水域の利用目的に関し、水浴、自然環境保全等を目的としてA類型に指定されている海域Dにおいて、化学的酸素要求量（COD）について基準を達成していない。また、自然環境保全等を目的としてI類型に指定されている海域Eにおいて、全窒素と全燐について基準を達成していない。さらに、水生生物の生息状況に関し、水生生物の産卵場等として生物特A類型に指定されている海域Fにおいて、全亜鉛について基準を達成していない。

　A県においては、従来、水濁法3条1項に基づく排水基準が適用されてきた。しかし、C湾において、COD、全窒素および全燐に関する環境基準が一部海域において未達成であるという状況は20年以上にわたって続いており、その発生源は、水濁法の特定事業場のほか、生活排水、農地等であると考えられている。また、全亜鉛については、水生生物保全の観点から、2006年に同条同項に基づく亜鉛の排水基準が強化されたものの（5mg/lから2mg/l）、電気めっき業については、この基準に直ちに対応することが困難であるとして、現在に至るまで同条同項に基づく環境省令の附則による暫定排水基準（5mg/l）が適用されている。

15　司法試験・環境法・令和元年度・第1問・改題。

　A県は、C湾において、COD、全窒素、全燐および全亜鉛の環境基準を達成するため、従来の対策に加え、どのような措置をとることができるか。

【参考】

○　水濁法施行令（昭和46年政令第188号）（抄録）

（特定施設）

第1条　水質汚濁防止法（以下「法」という。）第2条第2項の政令で定める施設は、別表第1に掲げる施設とする。

（水素イオン濃度等の項目）

第3条　法第2条第2項第2号の政令で定める項目は、次に掲げる項目とする。

　一　水素イオン濃度

　二　生物化学的酸素要求量及び化学的酸素要求量

　三〜六　（略）

　七　亜鉛含有量

　八〜十一　（略）

　十二　窒素又は燐（りん）の含有量（湖沼植物プランクトン又は海洋植物プランクトンの著しい増殖をもたらすおそれがある場合として環境省令で定める場合におけるものに限る。第4条の2において同じ。）

2　（略）

（排水基準に関する条例の基準）

第4条　法第3条第3項の政令で定める基準は、水質の汚濁に係る環境上の条件についての環境基本法（平成5年法律第91号）第16条第1項の基準（以下「水質環境基準」という。）が定められているときは、法第3条第3項の規定による条例（農用地の土壌の汚染防止等に関する法律（昭和45年法律第139号）第3条第1項の規定により指定された対策地域における農用地の土壌の同法第2条第3項の特定有害物質による汚染を防止するため水質環境基準を基準とせず定められる条例の規定を除く。）においては、水質環境基準が維持されるため必要かつ十分な程度の許容限度を定めることとする。

別表第1（第1条関係）

　一〜六十六の二　（略）

　六十六の三　旅館業（旅館業法（昭和23年法律第138号）第2条第1項に規

定するもの（住宅宿泊事業法（平成29年法律第65号）第2条第3項に規定する住宅宿泊事業に該当するもの及び旅館業法第2条第4項に規定する下宿営業を除く。）をいう。）の用に供する施設であつて、次に掲げるもの

　イ　ちゆう房施設

　ロ　洗濯施設

　ハ　入浴施設

六十六の四～七十四　（略）

○　排水基準を定める省令（昭和46年総理府令第35号）（抄録）

（排水基準）

第1条　水質汚濁防止法（昭和45年法律第138号。以下「法」という。）第3条第1項の排水基準は、同条第2項の有害物質（以下「有害物質」という。）による排出水の汚染状態については、別表第1の上欄に掲げる有害物質の種類ごとに同表の下欄に掲げるとおりとし、その他の排出水の汚染状態については、別表第2の上欄に掲げる項目ごとに同表の下欄に掲げるとおりとする。

＊　別表第2の概要

　　排水基準を定める省令1条にいう「その他の排出水の汚染状態」について、水濁法施行令3条が掲げる項目が上欄に掲げられ、これに対応し、水素指数または排出水一定単位あたりの許容量により定められた許容限度が下欄に掲げられている。同表の備考2では、同表に掲げる排出基準は、1日あたりの平均的な排出水の量が50立方メートル以上である工場または事業場に係る排出水について適用するとされている。

附　則　（平成18年11月10日環境省令第33号）（抄録）

（施行期日）

第1条　この省令は、平成18年12月11日から施行する。

（経過措置）

第2条　附則別表の上欄に掲げる項目につき同表の中欄に掲げる業種に属する特定事業場（水質汚濁防止法第2条第6項に規定する特定事業場をいう。以下この条及び次条において同じ。）から公共用水域に排出される水（以下「排出水」という。）の汚染状態についての水質汚濁防止法第3条第1項に規定する排水基準（以下単に「排水基準」という。）については、この省令の施行の日（以下「施行日」という。）から18年間は、第1条の規定による改正後

の排水基準を定める省令（以下「改正後の排水基準省令」という。）第1条の
規定にかかわらず、それぞれ同表の下欄に掲げるとおりとする。

2・3（略）

＊　附則（平成18年11月10日環境省令第33号）別表の概要

　電気めっき業等3業種について、亜鉛含有量の許容限度を5mg/lとする
暫定基準が掲げられている。

📖 設問の検討

　A県においては、従来、水濁法3条1項に基づく一律排水基準が適用
されてきたが、生活環境項目であるCOD、全窒素、全燐および亜鉛に
関する環境基準が一部海域において未達成であるという状況が20年以
上にわたって続いているという状況に対し、都道府県が水質汚濁防止法
上とりうる措置について、工場・事業場およびそれ以外の汚染源に分け
て検討する必要がある。その際、水濁法は一律排水基準のみで環境基準
を達成できない場合の工場・事業場対策として、排水基準の上乗せによ
る濃度規制と汚濁負荷量に関する総量規制を設けているから、工場・事
業場対策については、両方の措置について検討する必要がある。

　第1に、排水基準の上乗せに関して、COD、窒素、燐および亜鉛に
関する一律排水基準は、水濁法3条2項にいうその他の汚染状態に関す
る基準として排水基準を定める省令1条の別表第2に掲げられている
が、水濁法3条3項により、この一律排水基準に代えて、より厳しい基
準の設定が可能であり（上乗せ基準）、A県においても、より厳しい許容
限度を設定することが考えられる。

　また、排水基準を定める省令によれば、生活環境項目の排水基準は、
1日あたりの平均的な排出水量が50立方メートル未満の特定施設には
適用されないこととされているが、水濁法3条3項に基づいて、これら
生活環境項目に係る一律排水基準が適用されない小規模事業場に排水基
準を適用することも可能であり（裾出し規制）、A県には、小規模な旅館
も多数あることから、裾出し基準の設定を検討すべきである。

　さらに、海域Ｆにおいて全亜鉛の環境基準が達成されていないことについては、Ａ県には亜鉛について暫定基準が適用されているめっき工場が集積していることに着目することが望まれる。暫定基準は、排水基準違反には直罰規定が適用されること、業種により技術的に直ちに基準を遵守することが困難な場合があること等から経過的措置として認められているものであるが、長年にわたり環境基準が達成されていない状況を踏まえ、亜鉛の暫定基準に関する上乗せの可否について検討することが考えられる。水濁法にはこれを禁じる明文規定はなく、実務上も、環境基準が達成されていない場合に暫定基準について上乗せ規制を行うことは差支えないと解されている。

　なお、特定事業場以外にも発生源施設がある場合には、当該施設に対し、条例により独自の排水基準を設けて規制を行うことも考えられる（水濁法29条3号）。

　第2に、総量規制に関しては、海域について総量削減計画を策定し（水濁法4条の3）、総量規制基準の設定が可能であることを指摘したうえで（同法4条の5）、都道府県知事が総量削減計画の作成等をするためには環境大臣による基本方針の作成と政令による指定地域の設定が必要であること（同法4条の2）にも留意する必要がある。さらに、本件において政令指定がされない場合の措置として、都道府県独自に総量規制を設けることの可否について検討することも考えられる。

　第3に、工場・事業場以外の汚染源のうち、生活排水対策については、非規制的手法が基本とされており（水濁法14条の5以下）、生活排水対策には、家庭における対策（努力義務。同法14条の7）と地域における対策（下水道整備等）があることを踏まえたうえで、都道府県知事は生活排水対策重点地域の指定が可能であること（同法14条の8）、当該地域において生活排水対策推進計画を作成し、計画に基づく施策を実施するのは市町村であるが、知事は対策の推進に関する助言・勧告が可能である（同法14条の9）。

175

⑩ 水濁法に基づく環境基準未設定物質への対応[16]

〔設問〕

　水質汚濁に係る環境基準が設定されていない物質Ｐについて、近年、発がん性と催奇形性があるとの研究結果が相次いで報告されている。そこで、環境団体等が国に対して環境基準の設定および規制を求めているが、いまだ実現していない。Ｐを含む水を排出している特定事業場が多数存在しているＡ県Ｂ市が、条例により独自の排水基準を設定することができるか。

(1)　横出し条例

　水濁法は、地方公共団体が、次に掲げる事項に関し条例で必要な規制を定めることを妨げるものではない（同法29条）。

① 排出水について、同法２条２項２号に規定する項目によって示される水の汚染状態以外の水の汚染状態（有害物質によるものを除く）に関する事項

② 特定地下浸透水について、有害物質による汚染状態以外の水の汚染状態に関する事項

③ 特定事業場以外の工場または事業場から公共用水域に排出される水について、有害物質および同法２条２項２号に規定する項目によって示される水の汚染状態に関する事項

④ 特定事業場以外の工場または事業場から地下に浸透する水について、有害物質による水の汚染状態に関する事項

16　司法試験・環境法・令和元年度・第１問・改題。

(2) 上乗せ条例

次に、都道府県は、当該都道府県の区域に属する公共用水域のうちに、その自然的、社会的条件から判断して、環境省令で定める排水基準によっては人の健康を保護し、または生活環境を保全することが十分でないと認められる区域があるときは、その区域に排出される排出水の汚染状態について、政令で定める基準に従い、条例で、上記の排水基準に代えて適用すべき上記の排水基準で定める許容限度より厳しい許容限度を定める排水基準を定めることができる（水濁法3条3項）。このように制定主体が水濁法の実施権限がある都道府県に限定されている[17]。

(3) ポイント

このように、水濁法は2種類の制定手法（横出し、上乗せ）があるため、そのいずれなのか、主体を含め意識すべきである。

排水基準が設定されていない物質に関する排水基準の設定は、いわゆる横出し規制である（水濁法29条）。同条は、地方公共団体一般を対象にしている。また、上乗せ条例と異なり、この場合の基準は一律排水基準に代えて適用される基準ではないため、条例では、基準を遵守させるためのしくみについて、すべて独自に定める必要がある。

◨設問の検討

これを本設問についてみると、「地方公共団体」であるB市も条例による規制が可能であり、水濁法29条1号は有害物質を横出し規制の対象から除外しているが、同条同号にいう有害物質は、政令が定める物質であるから、水濁法の規制対象外の物質Pの規制は可能である。

17　北村380頁。

〔表4－3〕　水質汚濁の条例規制

	上乗せ規制（水濁法3条3項）	横出し規制（水濁法29条）
設定主体	都道府県	地方公共団体一般（市も含む）
しくみ	その部分のみ差替え	すべて独自に定める

⑪　有害物質使用特定施設における地下水汚染防止の義務付け[18]

〔設問〕

　Aは、B県においてトリクロロエチレンを使用・処理する施設を設置している。Aの施設は、水濁法上の特定施設である。地下水汚染防止のため、水濁法上、Aにはどのような義務が課されているか。

【参考】
○　水濁法施行令（昭和46年政令第188号）（抄録）
（カドミウム等の物質）
第2条　法第2条第2項第1号の政令で定める物質は、次に掲げる物質とする。
　一～八　（略）
　九　トリクロロエチレン
　十～二十八　（略）

　有害物質使用特定施設について、地下水汚染防止のため、水濁法は2つの義務付けを行っている。

⑴　特定地下浸透水の浸透の制限

　有害物質使用特定事業場から水を排出する者（特定地下浸透水を浸透させる者を含む）は、省令で定める要件に該当する特定地下浸透水を浸透させてはならない（水濁法12条の3）。

　この趣旨は、地下水はそのままあるいは簡易な処理の下に飲用に用いられることが少なくないこと、地下水の特質としていったん汚染が生じればその影響が長期間継続すること等を考慮する必要があることから、地下浸透によ

18　司法試験・環境法・令和4年度・第2問・改題。

る排水処理を容認しない趣旨を示す点にある[19]。浸透が意図的であるか否かにかかわらず、この規制を受けることになる。

(2)　構造基準等の遵守義務

有害物質使用特定施設を設置している者は、当該施設について、有害物質を含む水の地下への浸透の防止のための構造、設備および使用の方法に関する基準として環境省令で定める基準を遵守しなければならない（水濁法12条の4）。

この趣旨は、工場・事業場からの有害物質の非意図的な漏えい、床面からの地下浸透による地下水汚染の未然防止を図る点にある。2011年法改正の背景には、工場または事業場からのトリクロロエチレン等の有害物質の漏えいによる地下水汚染事例が、毎年継続的に確認されていたところ、その原因の大半は、事業場における生産設備・貯蔵設備等の老朽化や、生産設備等の使用の際の作業ミス等による有害物質の漏えいにあり、その中には水濁法の特定施設でないものも含まれることが明らかになったことにある[20]。

19　大塚197頁。
20　大塚197頁。

⑫ 地下水汚染と土壌汚染の両方が生じた場合[21]

〔設問〕

　Aは、B県においてトリクロロエチレンを使用・処理する施設を設置している。Aの施設は、水濁法上の特定施設である。Aの施設からCが排出されまたは漏えいし、地下水等が汚染され、さらに周辺のDおよびEの所有地の土壌も汚染されたことが判明した。

　この場合において、B県知事は、Aに対してどのような措置をとることができるか。

【参考】

○　「水質汚濁防止法の一部を改正する法律の施行について」（平成8年環水管第275号）（抄録）

　　地下水汚染から人の健康を保護するという観点から、措置命令は、水質汚濁防止法施行規則（昭和46年総理府・通商産業省令第2号。以下「規則」という。）第9条の3第2項に定められる浄化基準を超えて汚染された地下水に関し、次に掲げる地下水の利用等の状態に応じて、同項各号に定められる地点において浄化基準（汚染原因者が二以上ある場合には、削減目標）を達成することを限度として発することができることとされている。（中略）

　(1)　人の飲用に供せられ、又は供せられることが確実である場合（規則第9条の3第2項第1号）（中略）

　(2)　水道法（昭和32年法律第177号）第3条第2項に規定する水道事業（同条第5項に規定する水道用水供給事業者により供給される水道水のみをその用に供するものを除く。）、同条第4項に規定する水道用水供給事業又は同条第6項に規定する専用水道のための原水として取水施設より取り入れられ、又は取り入れられることが確実である場合（規則第9条の3第2項第2号）（中略）

　(3)　災害対策基本法（昭和36年法律第223号）第40条第1項に規定する都道

21　司法試験・環境法・令和4年度・第2問・改題。

府県地域防災計画等に基づき災害時において人の飲用に供せられる水の水源とされている場合（規則第9条の3第2項第3号）（中略）

(4)　水質環境基準（有害物質に該当する物質に係るものに限る。）が確保されない公共用水域の水質の汚濁の主たる原因となり、又は原因となることが確実である場合（規則第9条の3第2項第4号）（以下、略）

○　**土対法施行令（平成14年政令第366号）（抄録）**
（土壌汚染状況調査の対象となる土地の基準）
第3条　法第5条第1項の政令で定める基準は、次の各号のいずれにも該当することとする。

一　次のいずれかに該当すること。

イ　当該土地の土壌の特定有害物質（法第2条第1項に規定する特定有害物質をいう。以下同じ。）による汚染状態が環境省令で定める基準に適合しないことが明らかであり、当該土壌の特定有害物質による汚染に起因して現に環境省令で定める限度を超える地下水の水質の汚濁が生じ、又は生ずることが確実であると認められ、かつ、当該土地又はその周辺の土地にある地下水の利用状況その他の状況が環境省令で定める要件に該当すること。

ロ　当該土地の土壌の特定有害物質による汚染状態がイの環境省令で定める基準に適合しないおそれがあり、当該土壌の特定有害物質による汚染に起因して現にイの環境省令で定める限度を超える地下水の水質の汚濁が生じていると認められ、かつ、当該土地又はその周辺の土地にある地下水の利用状況その他の状況がイの環境省令で定める要件に該当すること。

ハ　当該土地の土壌の特定有害物質による汚染状態が環境省令で定める基準に適合せず、又は適合しないおそれがあると認められ、かつ、当該土地が人が立ち入ることができる土地（工場又は事業場の敷地のうち、当該工場又は事業場に係る事業に従事する者その他の関係者以外の者が立ち入ることができない土地を除く。第5条第1号ロにおいて同じ。）であること。

二　次のいずれにも該当しないこと。

イ　（略）

ロ　（略）

○　**土対法施行規則（平成14年環境省令第29号）（抄録）**

（地下水の利用状況等に係る要件）

第30条　令第3条第1号イの環境省令で定める要件は、地下水の流動の状況
　　等からみて、地下水汚染（地下水から検出された特定有害物質が地下水基
　　準に適合しないものであることをいう。以下同じ。）が生じているとすれば
　　地下水汚染が拡大するおそれがあると認められる区域に、次の各号のいず
　　れかの地点があることとする。
　一　地下水を人の飲用に供するために用い、又は用いることが確実である
　　　井戸のストレーナー、揚水機の取水口その他の地下水の取水口
　二　地下水を水道法（昭和32年法律第177号）第3条第2項に規定する水道
　　　事業（同条第5項に規定する水道用水供給事業者により供給される水道
　　　水のみをその用に供するものを除く。）、同条第4項に規定する水道用水
　　　供給事業若しくは同条第6項に規定する専用水道のための原水として取
　　　り入れるために用い、又は用いることが確実である取水施設の取水口
　三　災害対策基本法（昭和36年法律第223号）第40条第1項の都道府県地域
　　　防災計画等に基づき、災害時において地下水を人の飲用に供するために
　　　用いるものとされている井戸のストレーナー、揚水機の取水口その他の
　　　地下水の取水口
　四　地下水基準に適合しない地下水のゆう出を主たる原因として、水質の
　　　汚濁に係る環境上の条件についての環境基本法（平成5年法律第91号）第
　　　16条第1項の基準が確保されない水質の汚濁が生じ、又は生ずることが
　　　確実である公共用水域の地点

（1）　地下水の水質の浄化に係る措置命令等

　都道府県知事は、特定事業場または有害物質貯蔵指定施設を設置する工場
もしくは事業場において有害物質に該当する物質を含む水の地下への浸透が
あったことにより、現に人の健康に係る被害が生じ、または生ずるおそれが
あると認めるときは、環境省令で定めるところにより、その被害を防止する
ため必要な限度において、当該特定事業場または有害物質貯蔵指定事業場の
設置者に対し、相当の期限を定めて、地下水の水質の浄化のための措置をと

183

ることを命ずることができる（水濁法 14 条の 3 本文）。ただし、その者が、当該浸透があった時において当該特定事業場または有害物質貯蔵指定事業場の設置者であった者と異なる場合は、この限りでない（同条ただし書）。

(2)　土壌汚染による健康被害が生ずるおそれがある土地の調査

都道府県知事は、土対法 3 条 1 項本文および 8 項並びに 4 条 2 項および 3 項本文に規定するもののほか、土壌の特定有害物質による汚染により人の健康に係る被害が生ずるおそれがあるものとして政令で定める基準に該当する土地があると認めるときは、政令で定めるところにより、当該土地の土壌の特定有害物質による汚染の状況について、当該土地の所有者等に対し、指定調査機関に 3 条 1 項の環境省令で定める方法により調査させて、その結果を報告すべきことを命ずることができる（同法 5 条 1 項）。

(3)　本設問の論点

地下水汚染と土壌汚染の両方が生じた場合に、水濁法と土対法のどのような措置が問題とされ、それらがどのような関係にあるか。

水濁法 14 条の 3（地下水浄化措置命令）と、土対法 5 条（調査命令）の要件は類似しているが、前者は当該地点において地下水を飲用に利用している等の状況があることを必要とするのに対し、後者の調査命令では、土壌汚染のおそれがある地点の周辺で、地下水を飲用に利用している等の状況があれば足り（土対法施行令 3 条 1 号イ・ロ、土対法施行規則 30 条）、汚染のある地点と、地下水の飲用等の地点が離れていても命令を発出できる点で、より広く適用できると解されている（土対法 7 条の指示措置および措置命令についても同様である）。

このように、水濁法 14 条の 3 の地下水浄化措置命令のほうが、土対法 5 条の調査命令、7 条の指示措置・措置命令よりも要件が狭く、特別な場合であると考えられるところから、両方が発出される場合には、水濁法 14 条の

3のほうが優先的に適用される。[22]

22　環境省水・大気環境局土壌環境課編『逐条解説　土壌汚染対策法』（新日本法規出版、2019年8月）97頁。大塚199頁、北村376頁。

⑬　環境基準の強化を理由とした追加的措置[23]

Aは、B県においてトリクロロエチレンを使用・処理する施設を設置している。Aの施設は、水濁法上の特定施設である。Aは、2020年（令和2年）に、自己の施設のある土地のトリクロロエチレンによる土壌汚染に対してB県知事の指示に基づく汚染除去等の措置を完了していたところ、2021年（令和3年）に、トリクロロエチレンに関する土壌の汚染に係る環境基準（以下、「土壌環境基準」という）が（検液1Lにつき）0.03mg以下から0.01mg以下に強化された。そのため、2020年（令和2年）にAがとった措置では、強化された土壌環境基準に基づく「環境省令で定める基準」に適合しない状況になった。

B県知事は、Aに対して土壌汚染に関して上記環境基準の強化を理由として汚染除去等の追加的措置を求めることができるか。

【参考】
○　中央環境審議会「土壌の汚染に係る環境基準及び土壌汚染対策法に基づく特定有害物質の見直しその他法の運用に関し必要な事項について（第4次答申）——カドミウム及びその化合物、トリクロロエチレン」（令和2年1月）（抄録）
IV　特定有害物質の基準の見直しに伴う法の制度運用について
　1.　基本的考え方
　　　特定有害物質の見直しに伴う法（著者注：ここにいう「法」とは、土壌汚染対策法をいう。以下同じ）の制度運用については、「土壌の汚染に係る環境基準及び土壌汚染対策法に基づく特定有害物質の見直しその他法の運用に関して必要な事項について（第2次答申）」（平成27年12月中央環境審議会）で基本的考えを整理しており、カドミウム等（著者注：ここにいう「カドミウム等」とは、カドミウムおよびその化合物並びにトリクロロエチレンをいう。以下同じ）の基準の見直しにおいても第2次答申

23　司法試験・環境法・令和4年度・第2問・改題。

の考え方を踏まえ、土地の所有者等に過剰な負担をかけないものとする
必要がある。

　カドミウム等の基準が見直された後に、法第3条第1項の有害物質使
用特定施設の廃止、法第3条第8項の調査の命令、法第4条第2項の報告、
法第4条第3項の調査の命令、法第5条第1項の調査の命令、又は法第
14条第1項の申請（以下「有害物質使用特定施設の廃止等」という。）を行
う場合の土壌汚染状況調査（法第14条第3項において土壌汚染状況調査
とみなされるものを含む。以下同じ。）においてカドミウム等を測定の対
象とする場合には、見直し後の基準で評価を行うことが適当である。

　また、カドミウム等の基準が見直された後に行う、法第7条第1項の
指示を受ける場合の汚染の除去等の措置に伴う土壌の分析及び地下水の
測定並びに認定調査については、見直された後の基準で評価を行うこと
が適当である。また、汚染土壌処理業に関する省令（平成21年環境省令
第10号）第5条第22号イに基づく調査（以下「浄化確認調査」という。）に
おけるカドミウム等の測定においても、見直された後の基準で評価を行
うことが適当である。

　カドミウム等の基準が見直される以前に、既に有害物質使用特定施設
の廃止等が行われている場合にあっては、基準が見直されたことのみを
理由に当該有害物質使用特定施設の廃止等に係る土壌汚染状況調査の再
実施を求めないことが適当である。同様に、カドミウム等の基準が見直
される以前に、カドミウム等により要措置区域に指定されている土地に
おいて都道府県知事の指示に基づく汚染の除去等の措置を講じている場
合にあっては、見直される前の基準により評価を行っていることのみを
理由に、当該措置の再実施を求めないことが適当である。

　ただし、見直し後の基準に適合せず、又は適合しないおそれがあると
認められる土壌がある場合にあっては、土壌溶出量基準に適合しない場
合は地下水の水質の汚濁の状況及び地下水の飲用利用の有無によって、
土壌含有量基準に適合しない場合は人が立ち入ることができる土地であ
るか否かによって、それぞれ人の健康に係る被害が生ずるおそれがある
場合がある。このため、基準見直し前に実施した土壌汚染状況調査その
他の調査の結果において土壌溶出量又は土壌含有量が見直し後の基準に
適合しておらず、特段の措置が講じられていない土壌が現に存在するこ
とが明らかな場合にあっては、都道府県知事は、地下水の水質の汚濁の

状況若しくは地下水の飲用利用の有無又は人が立ち入ることができる土地であるか否かについて確認を行うことが適当である。その上で、法第5条第1項に基づく土壌汚染状況調査の対象となる土地の基準（令（著者注：ここにいう「令」とは、土壌汚染対策法施行令をいう。）第3条）を満たす場合にあっては、都道府県知事は、指導により汚染の摂取経路を遮断するための措置を講じさせることや、同項の調査命令を発出することが適当である。（以下、略）

　都道府県知事の指示に基づく汚染除去等の措置が完了した後に、土壌環境基準が強化された場合、土地所有者等に対して、同環境基準の強化を理由として、汚染除去等の追加的措置を求めることができるか。

　大塚教授は「水質汚濁防止法や大気汚染防止法のようなフローの汚染については、対象物質が追加された時から規制が追加されるだけであり、特に問題は生じない。これに対し、ストックの汚染である土壌汚染については、いったん調査や汚染除去等が終了した後に特定有害物質が追加された場合に再度の調査、汚染除去等が求められることは規制対象者に多大な負担をかけることになるし、（一度調査をさせ、汚染除去等を指示した）行政の信頼を失わせることになる（地下水の浄化もこれに類似する。）」と指摘する[24]。

　このように、すでに都道府県知事の指示に基づく汚染除去等の措置を講じた者に対しては、土壌環境基準の強化のみを理由に、当該措置の再実施（追加的措置）が求められることは行政法上の信義則と比例原則により一般的にはない。

　ただし、健康被害のおそれに対応する必要もあるから、土対法5条1項に基づく土壌汚染状況調査の対象となる土地の基準を満たす場合には、都道府県知事は、指導により汚染の摂取経路を遮断するための措置を講じさせることや、同項の調査命令を発出することが適当である。

24　大塚233頁。

■設問の検討

　これを本設問についてみると、B県知事は、Aに対して土壌汚染に関して環境基準の強化を理由として汚染除去等の追加的措置を求めることも必ずしも否定されるものではない。

14 民法709条における過失の有無[25]

〔設問〕

　Ａは、Ｂ県において物質Ｃを使用・処理する施設を設置している。Ａの施設は、水濁法上の特定施設である。

　本設問において、Ｃは水溶性が高く、塩素に反応する有機化合物であるとする。Ａの施設からＣが河川に排出され、下流に流下し、浄水場における浄水過程で注入された塩素と反応し、消毒副生成物としてホルムアルデヒドが生成されてしまった。浄水場では取水が停止され、浄水場が設置されていたＦ市では断水・減水が発生し、水道事業者としてのＦ市は拠点給水所の設置、給水車の出動等による応急給水を余儀なくされた。Ｃに関してはその当時、排水基準は設定されていなかったとする。

　Ｆ市は、Ａに対して民法709条の損害賠償請求が認められるか。

(1)　「過失」の意義

　故意または過失によって他人の権利または法律上保護される利益を侵害した者は、これによって生じた損害を賠償する責任を負う（民法709条）。実体的要件は、①他人の権利または法律上保護される利益を侵害したこと、②損害、③因果関係（「これによって」）、④故意または過失の4点である。本設問では、特に「過失」と「損害」が問題となろう。

　「過失」とは、損害発生が予見可能であり、損害発生を回避すべき義務があったのに、その義務を怠ったこと、などと定義され、客観的行為義務違反として理解されている。

25　司法試験・環境法・令和4年度・第2問・改題。

◪設問の検討

　下流に浄水場があることについて、Aは知ることができた。まず、浄水場では取水が停止され、浄水場が設置されていたF市では断水・減水が発生し、水道事業者としてのF市は拠点給水所の設置、給水車の出動等による応急給水を余儀なくされるという損害が発生した。したがって、本設問では、あくまでも行政の対応を講じさせられるという損害を予見可能であり、回避義務があり、それを怠ったか、が検討の対象となる。Cは水溶性が高い化合物であり、化合が起こる可能性は十分に認識できたといえ、発生可能性・緊急性の程度としては高かった。確かに、Cに関してはその当時、排水基準は設定されていなかった未規制物質であるから、被害発生の可能性が予見できなかったとも思える。しかし、そもそもCは水溶性が高く、塩素に反応する有機化合物であることは認識できたのであるから、他の物質との化合を防ぐべく措置を講じることはできたというべきである。

(2)　損　害

◪設問の検討

　水道事業者としてのF市に拠点給水所の設置や給水車の出動等による応急給水に費用がかかったことが「損害」にあたる。

＜実務を見据えて――水濁法編＞

▶ 「水質汚濁防止法の一部を改正する法律の施行について」（2012年3月27日環水大水発第120327003号・環水大土発第120327002号環境省水・大気環境局長通知）

https://www.env.go.jp/hourei/add/e021.pdf

▶ 環境省水・大気環境局土壌環境課地下水・地盤環境室「地下水汚染の未然防止のための構造と点検・管理に関するマニュアル（第1.1版）【本文】」（2013年6月）

https://www.env.go.jp/content/000237261.pdf

▶ 環境省「水質汚濁防止法の一部を改正する法律（改正法）の概要」（2012年3月）
https://www.env.go.jp/content/900539310.pdf

第5章

土壌汚染対策法
（土対法）

第5章

① 土対法の基本問題と地下水汚染除去[1]

　A社は、B県内に所有する自社の事業所の敷地に、製造プラント工場を数棟保有し稼働させていたが、このうちにはトリクロロエチレンなどの揮発性有機化合物を使用し、これらを含む排水を排出する施設（水濁法2条2項にいう特定施設に該当するものとする）を伴う甲工場があったところ、A社は、事業の見直しに伴って、この甲工場を廃止して解体・撤去した。しかし、この際に、A社は、何らの措置をとることなく、甲工場の跡地の区画（公道で区切られることなく、かつ、事業所関係者以外の立入りはない）をそのまま引き続き自社の将来の事業用地として保有し続けていた。

　A社は数年後に、この甲工場跡地に新たに乙工場を建設することを計画し、そのため甲工場跡地を、約1500平方メートルにわたって深さ数メートル程度掘り下げ、ここで発生した土壌を、自社の従業員に運搬させ、乙工場建設現場から離れており、事業所敷地内ではあるが敷地境界近くにある自社用地で長年空き地のままに放置されていた広場に運んで積み上げ保管した。

　ところで、この広場の敷地境界を挟んだ隣地には、C市によって児童公園が設置されており、公園内の井戸の揚水機によってくみ上げた井戸水はB県の地域防災計画により災害時の用水として利用されることとされていたほか、さらに、井戸水を利用した池も設置されていて、夏には近所に住むDらの子を含む子どもたちがこの池で泳いだり、水遊びをしていた（なお、C市は、土対法64条による権限の委任を受けていない）。

〔設問Ⅰ〕

　土対法の下で、A社がこの甲工場を廃止し、解体・撤去をした後に、

1　司法試験・環境法・令和2年度・第1問・改題。

本来とるべきであった措置は何か。また、その措置が免除されるのは、どのような場合か。

〔設問Ⅱ〕

　数年後に、乙工場の設置準備のための工事を行った際、A社が本来とるべきであった措置は何か。

〔設問Ⅲ〕

　A社が広場に積み上げて保管していた土壌に含まれていたトリクロロエチレンなどの発がん性のある揮発性有機化合物が、地下に浸透して地下水を汚染し、隣接する公園内の井戸水等を経由して、公園内の池の水をも汚染していることが新聞で報じられたため、Dらは不安を感じている。この場合にDらから相談を受けたB県知事は、A社に対していかなる法的措置をとりうるか。

〔設問Ⅳ〕

　Dらが、直接、A社に対してとることが可能な法的請求はあるか。

【参考】

○　土対法施行令（平成14年11月13日政令第336号）（抄録）

（土壌汚染状況調査の対象となる土地の基準）

第3条　法第5条第1項の政令で定める基準は、次の各号のいずれにも該当することとする。

　一　次のいずれかに該当すること。

　　イ　当該土地の土壌の特定有害物質（法第2条第1項に規定する特定有害物質をいう。以下同じ。）による汚染状態が環境省令で定める基準に適合しないことが明らかであり、当該土壌の特定有害物質による汚染に起因して現に環境省令で定める限度を超える地下水の水質の汚濁が生じ、又は生ずることが確実であると認められ、かつ、当該土地又はその周辺の土地にある地下水の利用状況その他の状況が環境省令で定める要件に該当すること。

　　ロ　当該土地の土壌の特定有害物質による汚染状態がイの環境省令で定める基準に適合しないおそれがあり、当該土壌の特定有害物質による

汚染に起因して現にイの環境省令で定める限度を超える地下水の水質の汚濁が生じていると認められ、かつ、当該土地又はその周辺の土地にある地下水の利用状況その他の状況がイの環境省令で定める要件に該当すること。

　ハ　（略）

二　次のいずれにも該当しないこと。

　イ　法第7条第4項に規定する技術的基準に適合する汚染の除去等の措置（法第6条第1項に規定する汚染の除去等の措置をいう。以下同じ。）が講じられていること。

　ロ　（略）

○　土対法施行規則（平成14年12月26日環境省令第29号）（抄録）

（使用が廃止された有害物質使用特定施設に係る工場又は事業場の敷地であった土地の調査）

第1条　土壌汚染対策法（平成14年法律第53号。以下「法」という。）第3条第1項本文の報告は、次の各号に掲げる場合の区分に応じ、当該各号に定める日から起算して120日以内に行わなければならない。ただし、当該期間内に当該報告を行うことができない特別の事情があると認められるときは、都道府県知事（土壌汚染対策法施行令（平成14年政令第336号。以下「令」という。）第10条に規定する市にあっては、市長。以下同じ。）は、当該土地の所有者等（法第3条第1項本文に規定する所有者等をいう。以下同じ。）の申請により、その期限を延長することができる。

一　当該土地の所有者等が当該有害物質使用特定施設（法第3条第1項に規定する有害物質使用特定施設をいう。以下同じ。）を設置していた者である場合（同項ただし書の確認を受けた場合を除く。）当該有害物質使用特定施設の使用が廃止された日

　二・三　（略）

2・3　（略）

（人の健康に係る被害が生ずるおそれがない旨の確認）

第16条　法第3条第1項ただし書の確認を受けようとする土地の所有者等は、次に掲げる事項を記載した様式第3による申請書を提出しなければならない。

　一〜五（略）

2　（略）

3　都道府県知事は、第1項の申請に係る同項第4号の土地の場所が次のいずれかに該当することが確実であると認められる場合に限り、当該土地の場所について、法第3条第1項ただし書の確認をするものとする。

　一　工場又は事業場（当該有害物質使用特定施設を設置していたもの又は当該工場若しくは事業場に係る事業に従事する者その他の関係者以外の者が立ち入ることができないものに限る。）の敷地として利用されること。

　二　当該有害物質使用特定施設を設置していた小規模な工場又は事業場において、事業の用に供されている建築物と当該工場又は事業場の設置者（その者が法人である場合にあっては、その代表者）の居住の用に供されている建築物とが同一のものであり、又は近接して設置されており、かつ、当該居住の用に供されている建築物が引き続き当該設置者の居住の用に供される場合において、当該居住の用に供されている建築物の敷地（これと一体として管理される土地を含む。）として利用されること。

　三　（略）

4・5　（略）

（法第4条第1項の土地の形質の変更の届出の対象となる土地の規模）

第22条　法第4条第1項の環境省令で定める規模は、3000平方メートルとする。ただし、現に有害物質使用特定施設が設置されている工場若しくは事業場の敷地又は法第3条第1項本文に規定する使用が廃止された有害物質使用特定施設に係る工場若しくは事業場の敷地（同項本文の報告をした工場若しくは事業場の敷地又は同項ただし書の確認を受けた土地を除く。）の土地の形質の変更にあっては、900平方メートルとする。

（法第4条第1項の土地の形質の変更の届出を要しない行為）

第25条　法第4条第1項第2号の環境省令で定める行為は、次に掲げる行為とする。

　一　次のいずれにも該当しない行為

　　イ　土壌を当該土地の形質の変更の対象となる土地の区域外へ搬出すること。

　　ロ　土壌の飛散又は流出を伴う土地の形質の変更を行うこと。

　　ハ　土地の形質の変更に係る部分の深さが50センチメートル以上であること。

　二〜五　（略）

（土壌汚染状況調査の対象となる土地の土壌の特定有害物質による汚染状態に係る基準）

第28条　令第3条第1号イの環境省令で定める基準は、土壌溶出量基準とする。

2　令第3条第1号ハの環境省令で定める基準は、土壌含有量基準とする。

（地下水の水質の汚濁に係る限度）

第29条　令第3条第1号イの環境省令で定める限度は、地下水基準とする。

（地下水の利用状況等に係る要件）

第30条　令第3条第1号イの環境省令で定める要件は、地下水の流動の状況等からみて、地下水汚染（地下水から検出された特定有害物質が地下水基準に適合しないものであることをいう。以下同じ。）が生じているとすれば地下水汚染が拡大するおそれがあると認められる区域に、次の各号のいずれかの地点があることとする。

一　地下水を人の飲用に供するために用い、又は用いることが確実である井戸のストレーナー、揚水機の取水口その他の地下水の取水口

二　（略）

三　災害対策基本法（昭和36年法律第223号）第40条第1項の都道府県地域防災計画等に基づき、災害時において地下水を人の飲用に供するために用いるものとされている井戸のストレーナー、揚水機の取水口その他の地下水の取水口

四　（略）

〇　水濁法施行令（昭和46年6月17日政令第188号）（抄録）

（カドミウム等の物質）

第2条　法第2条第2項第1号の政令で定める物質は、次に掲げる物質とする。

一～八　（略）

九　トリクロロエチレン

十～二十八　（略）

設問 I

　使用が廃止された有害物質使用特定施設（水濁法2条2項に規定する特定施設であって、同項1号に規定する物質（特定有害物質であるものに限る）をその施

設において製造し、使用し、または処理するものをいう）に係る工場または事業場の敷地であった土地の所有者、管理者または占有者であって、当該有害物質使用特定施設を設置していたものまたは土対法3条3項の規定により都道府県知事から通知を受けたものは、環境省令で定めるところにより、当該土地の土壌の特定有害物質による汚染の状況について、環境大臣または都道府県知事が指定する者に環境省令で定める方法により調査させて、その結果を都道府県知事に報告しなければならない（土対法3条1項本文）。

　ただし、環境省令で定めるところにより、当該土地について予定されている利用の方法からみて土壌の特定有害物質による汚染により人の健康に係る被害が生ずるおそれがない旨の都道府県知事の確認を受けたときは、この限りでない（土対法3条1項ただし書）。

■設問の検討

　　これを本設問についてみると、トリクロロエチレンは「特定有害物質」（水濁法2条2項1号、同法施行令2条9号）であり、本件施設は水濁法の特定施設に該当することから、本来は、本件施設廃止時に土地所有者等であるA社は、敷地の汚染の状況につき調査し、その結果を知事に報告すべきであった。一方で、「環境省令で定めるところにより、当該土地について予定されている利用の方法からみて土壌の特定有害物質による汚染により人の健康に係る被害が生ずるおそれがない旨の都道府県知事の確認を受けたとき」は免除の可能性もある。

設問 II

　土地の形質の変更であって、その対象となる土地の面積が環境省令で定める規模以上のものをしようとする者は、当該土地の形質の変更に着手する日の30日前までに、環境省令で定めるところにより、当該土地の形質の変更の場所および着手予定日その他環境省令で定める事項を都道府県知事に届け出なければならない（土対法4条1項本文）。

設問の検討

これを本設問についてみると、土対法3条1項ただし書の確認を受けていない使用廃止の特定施設に係る工場等の敷地については、土地の形質変更の際の届出義務を負う規模要件に該当するものとしているところ、A社は同項の定める手続に違背していることとは別に同法4条1項の事前届出義務を負うこととなる。同法4条1項は、同項1号で、同法3条1項ただし書の確認を経た土地につき同条7項以下の規定により届出義務を負うこととするが、それ以外の土地には同法4条1項の適用を想定している。

設問Ⅲ

(1)　土対法の措置

(A)　土壌汚染による健康被害が生ずるおそれがある土地の調査

都道府県知事は、土対法3条1項本文および8項並びに同法4条2項および3項本文に規定するもののほか、土壌の特定有害物質による汚染により人の健康に係る被害が生ずるおそれがあるものとして政令で定める基準に該当する土地があると認めるときは、政令で定めるところにより、当該土地の土壌の特定有害物質による汚染の状況について、当該土地の所有者等に対し、指定調査機関に同法3条1項の環境省令で定める方法により調査させて、その結果を報告すべきことを命ずることができる（同法5条1項）。

設問の検討

これを本設問についてみると、単に汚染のおそれについて報道されたというだけでなく、B知事による井戸水の水質検査の結果、当該井戸に係る地下水が、特定有害物質であるトリクロロエチレンにより汚染されていることが明らかとなるなどの事情のほか、この井戸水が地域防災計画により災害時に人の飲用に供するものとされているなどの事情があるから、当該土壌汚染によって人の健康被害を生ずるおそれがあると認め

られうることとなり、当該地下水の水質汚濁の原因がA社の空き地にあると認められるときは、B知事は、A社に対し、本件広場につき、土対法5条による調査・報告を命ずることができる。

(B) 要措置区域

都道府県知事は、土地が次の①・②のいずれにも該当すると認める場合には、当該土地の区域を、その土地が特定有害物質によって汚染されており、当該汚染による人の健康に係る被害を防止するため当該汚染の除去、当該汚染の拡散の防止その他の措置を講ずることが必要な区域として指定する（土対法6条1項）。

①　土壌汚染状況調査の結果、当該土地の土壌の特定有害物質による汚染状態が環境省令で定める基準に適合しないこと。

②　土壌の特定有害物質による汚染により、人の健康に係る被害が生じ、または生ずるおそれがあるものとして政令で定める基準に該当すること。

都道府県知事は、上記の指定をするときは、環境省令で定めるところにより、その旨を公示しなければならず（土対法6条2項）、要措置区域の指定は、この公示によってその効力を生ずる（同条3項）。

◨設問の検討

これを本設問についてみると、命令により得られた調査結果に基づいて、土対法6条によって、この土地を要措置区域に指定したうえで、当該要措置区域内において講ずべき汚染除去の措置と措置の期限を示して、汚染除去計画を作成することを指示できることとなる。

(C) 汚染除去等計画の提出

都道府県知事は、要措置区域の指定をしたときは、環境省令で定めるところにより、当該汚染による人の健康に係る被害を防止するため必要な限度において、要措置区域内の土地の所有者等に対し、当該要措置区域内において講ずべき汚染の除去等の措置およびその理由、当該措置を講ずべき期限その他環境省令で定める事項を示して、計画を作成し、これを都道府県知事に提出すべきことを指示する（土対法7条1項本文）。

■設問の検討

これを本設問についてみると、B県知事は、A社に対し、計画を作成し、提出すべきことを指示する。

(D)　土壌汚染状況調査に係る土地等に関する報告徴収および立入検査

都道府県知事は、土対法の施行に必要な限度において、土壌汚染状況調査に係る土地もしくは要措置区域等内の土地の所有者等または要措置区域等内の土地において汚染の除去等の措置もしくは土地の形質の変更を行い、もしくは行った者に対し、当該土地の状況、当該汚染の除去等の措置もしくは土地の形質の変更の実施状況その他必要な事項について報告を求め、またはその職員に、当該土地に立ち入り、当該土地の状況もしくは当該汚染の除去等の措置もしくは土地の形質の変更の実施状況を検査させることができる（土対法54条1項）。

【水・大気環境局長通知（2022年3月24日）】
　「土壌汚染状況調査に係る土地」とは、土壌汚染状況調査を行い、又は行った土地のほか、5条第1項に規定する土壌汚染状況調査の命令の対象となる可能性が高く、命令の対象となるかどうかを判断する必要性が高い土地も該当する。

(E)　刑事告発

土対法4条1項の規定に違反して、届出をしないで、または虚偽の届出をして、土地の形質の変更をした者は、3月以下の懲役または30万円以下の罰金に処される（同法66条2号）から、この罰則適用のために刑事告発しなければならない（刑訴法239条2項）。

(2)　水濁法における措置（地下水の水質の浄化に係る措置命令）

都道府県知事は、特定事業場または有害物質貯蔵指定施設を設置する工場もしくは事業場において有害物質に該当する物質を含む水の地下への浸透があったことにより、現に人の健康に係る被害が生じ、または生ずるおそれが

あると認めるときは、環境省令で定めるところにより、その被害を防止するため必要な限度において、当該特定事業場または有害物質貯蔵指定事業場の設置者（相続、合併または分割によりその地位を承継した者を含む）に対し、相当の期限を定めて、地下水の水質の浄化のための措置をとることを命ずることができる（水濁法14条の3第1項本文）。ただし、その者が、当該浸透があった時において当該特定事業場または有害物質貯蔵指定事業場の設置者であった者と異なる場合は、この限りでない（同項ただし書）。

　なお、特定事業場または有害物質貯蔵指定事業場の設置者（特定事業場もしくは有害物質貯蔵指定事業場またはそれらの敷地を譲り受け、もしくは借り受け、または相続、合併もしくは分割により取得した者を含む）は、当該特定事業場または有害物質貯蔵指定事業場について水濁法14条の3第2項の規定による命令があったときは、当該命令に係る措置に協力しなければならない（同条3項）。

◨設問の検討

　これを本設問についてみると、「当該浸透があった時において当該特定事業場又は有害物質貯蔵指定事業場の設置者であった者と異なる」事実は認められないので、原則どおり土対法14条の3第1項本文での処理となる。

設問IV

◨設問の検討

　近所の住民であるDらは、A社が、健康を害するおそれがある汚染土壌による地下水汚染を生じさせた場合、A社に対して、健康被害の防止その他人格権等侵害の未然防止のために、地下水の汚染の除去を求めることが考えられる。

　本設問の場合、民事上の差止義務として、これに準ずる汚染浄化および将来の汚染防止のための汚染土壌の浄化を命じるように求める余地がある（ただし、DらがA社の具体的行為内容を特定せず、汚染を環境基準以

下とすることを求める差止請求の可否に関しては論議の余地があるが、前述のとおり認められよう）。

　なお、本設問では、健康被害が現に生じていることとはされていないが、特にＣ市によって、池の汚染を理由として公園利用が禁止または制限されたような場合には、これによる利便の喪失に係る損害の賠償をＡ社に対して求める可能性も検討の余地がある。

【参考】　土壌汚染対策法の概要[2]

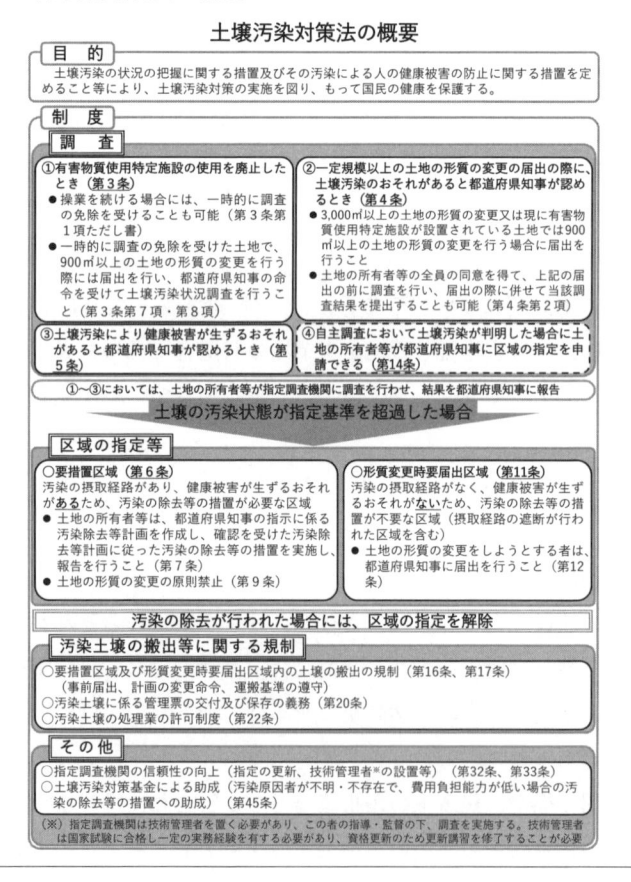

土壌汚染対策法の概要

目　的
土壌汚染の状況の把握に関する措置及びその汚染による人の健康被害の防止に関する措置を定めること等により、土壌汚染対策の実施を図り、もって国民の健康を保護する。

制　度

調　査

①有害物質使用特定施設の使用を廃止したとき（第3条）
●操業を続ける場合には、一時的に調査の免除を受けることも可能（第3条第1項ただし書）
●一時的に調査の免除を受けた土地で、900㎡以上の土地の形質の変更を行う際には届出を行い、都道府県知事の命令を受けて土壌汚染状況調査を行うこと（第3条第7項・第8項）

②一定規模以上の土地の形質の変更の届出の際に、土壌汚染のおそれがあると都道府県知事が認めるとき（第4条）
●3,000㎡以上の土地の形質の変更又は現に有害物質使用特定施設が設置されている土地では900㎡以上の土地の形質の変更を行う場合に届出を行うこと
●土地の所有者等の全員の同意を得て、上記の届出の前に調査を行い、届出の際に併せて当該調査結果を提出することも可能（第4条第2項）

③土壌汚染により健康被害が生ずるおそれがあると都道府県知事が認めるとき（第5条）

④自主調査において土壌汚染が判明した場合に土地の所有者等が都道府県知事に区域の指定を申請できる（第14条）

①～③においては、土地の所有者等が指定調査機関に調査を行わせ、結果を都道府県知事に報告

土壌の汚染状態が指定基準を超過した場合

区域の指定等

○要措置区域（第6条）
汚染の摂取経路があり、健康被害が生ずるおそれが**ある**ため、汚染の除去等の措置が必要な区域
●土地の所有者等は、都道府県知事の指示に係る汚染除去等計画を作成し、確認を受けた汚染除去等計画に従った汚染の除去等の措置を実施し、報告を行うこと（第7条）
●土地の形質の変更の原則禁止（第9条）

○形質変更時要届出区域（第11条）
汚染の摂取経路がなく、健康被害が生ずるおそれが**ない**ため、汚染の除去等の措置が不要な区域（摂取経路の遮断が行われた区域を含む）
●土地の形質の変更をしようとする者は、都道府県知事に届出を行うこと（第12条）

汚染の除去が行われた場合には、区域の指定を解除

汚染土壌の搬出等に関する規制

○要措置区域及び形質変更時要届出区域内の土壌の搬出の規制（第16条、第17条）（事前届出、計画の変更命令、運搬基準の遵守）
○汚染土壌に係る管理票の交付及び保存の義務（第20条）
○汚染土壌の処理業の許可制度（第22条）

その他

○指定調査機関の信頼性の向上（指定の更新、技術管理者※の設置等）（第32条、第33条）
○土壌汚染対策基金による助成（汚染原因者が不明・不存在で、費用負担能力が低い場合の汚染の除去等の措置への助成）（第45条）

（※）指定調査機関は技術管理者を置く必要があり、この者の指導・監督の下、調査を実施する。技術管理者は国家試験に合格し一定の実務経験を有する必要があり、資格更新のため更新講習を修了することが必要

2　環境省「土壌汚染対策法の概要」。

② 契約不適合責任と不法行為責任[3]

A は、B 県内にある自ら所有する土地（以下、「本件土地」という）で工場（以下、「本件工場」という）を操業し、トリクロロエチレンを用いてきたが、1999年12月に本件工場の使用を廃止し、遊休地とした。2001年12月、A は、本件土地を C に売却した。2010年6月、C は、本件土地にマンションを建設するために大規模な土地開発工事をする際、B 県知事の処分に基づく義務により、指定調査機関 D に委託して調査をしたところ、トリクロロエチレンに関して、汚染状態についての環境省令で定める基準値を超過していた。そして、その汚染土壌を掘削し除去するには40億円、封じ込めるには5億円の費用がかかることが見積もられた。

その後、同年8月、B 県知事は、本件土地を要措置区域に指定し、C に対して封じ込め措置をとるよう指示したところ、C はマンションの分譲を円滑に行うために、40億円をかけて掘削除去をし、2011年1月に除去工事を完了した。

なお、1991年には土壌汚染の環境基準が策定され、1994年に告示改正によって環境基準項目にトリクロロエチレンが追加されていた。

現在は2011年5月であることを前提とし、C は、A に対して、どのような根拠に基づいて、どのような請求ができるか。なお、水濁法および商法上の問題については考慮しないこととする。

(1) 契約不適合責任

(A) 契約不適合責任に基づく損害賠償請求

売買は、当事者の一方がある財産権を相手方に移転することを約し、相手

3　司法試験・環境法・平成23年度・第2問・改題。

方がこれに対してその代金を支払うことを約することによって、その効力を生ずる（民法555条、564条）。債務者がその債務の本旨に従った履行をしないときまたは債務の履行が不能であるときは、債権者は、これによって生じた損害の賠償を請求することができる（同法564条、415条１項本文）。ただし、その債務の不履行が契約その他の債務の発生原因および取引上の社会通念に照らして債務者の責めに帰することができない事由によるものであるときは、損害の賠償を請求することはできない（同法415条１項ただし書）。

(B) 判例法理

瑕疵担保責任の「隠れた瑕疵」があったか否かが争われた事案において、2017年債権法改正前の判例[4]は「売買契約の当事者間において目的物がどのような品質・性能を有することが予定されていたかについては、売買契約締結当時の取引観念をしんしゃくして判断すべき」と判示した。

この理由として、調査官解説[5]は「そうでなければ、売買契約締結時に時の経過や科学の発達により目的物の品質・性能に対する評価に変更が生じ、契約当事者において予定されていなかったような事態に至った場合も瑕疵に当たり得ることになり、法的安定性を著しく害することにもなって、相当ではない」ことをあげる。そのうえで「売買契約の当事者は、①一般に、給付された目的物が、その種類のものとして通常有すべき品質・性能を有することを合意し、また、②ある品質・性能を有することが特別に予定されていた場合には、そのように特別に予定されていた品質・性能を有することを合意しているといえ、これらの合意に基づき通常又は特別に予定されていた品質・性能を欠くことが、瑕疵と捉えられることになる」と指摘する。

同判例について、大塚教授は「①生命、身体、健康を損なう著しい危険が問題となる場合において、②契約当時、関係者において知見はあり、③当事者も綿密に検討すれば当該危険について対処し得たが、③市場における社会

---

4 最判平成22・6・1民集64巻4号953頁〔汚染地の瑕疵担保に基づく損害賠償請求事件〕。大塚592頁。北村445頁。
5 榎本光宏「判解」最判解民事篇平成22年度(上)341頁、348頁。

的認識とはなっていなかった場合はどうか、この場合に買主は救済されなくてよいか、という問題は残されている」と指摘する[6]。

2017年債権法改正後は、「引き渡された目的物が……品質……に関して契約の内容に適合しないものである」（契約不適合）ことに読み込む形となろう（民法562条1項）[7]。

◼設問の検討

これを本設問についてみると、Cは、Aに対して民法415条に基づく損害賠償を請求することが考えられる。

判例によれば、本件土地につき、①「本件売買契約締結当時の取引観念上、人の健康に係る被害を生ずるおそれがあると認識されていた物質」が人の健康を損なう限度を超えて土壌に含まれていないことが、通常有すべき品質・性能であるということができ、上記物質が上記の限度を超えて土壌に含まれていれば「契約の内容に適合しないもの」ととらえられることになる。

また、②ⅰ「ある特定の物質」が土壌に含まれていないことや、ⅱ「本件売買契約締結当時に有害性が認識されていたか否かにかかわらず、人の健康に係る被害を生ずるおそれのある一切の物質」が土壌に含まれていないことが、特別に予定されていた場合にも、これらの物質が土壌に含まれていれば「契約の内容に適合しないもの」ととらえられることになる。

本件土地の土壌にはトリクロロエチレンが基準値を超えて含まれていた。そして、2001年12月の取引観念によることになるが、トリクロロエチレンについては、1994年の土壌環境基準改定のときに追加されており、2001年12月に環境省令で定める基準値を超過していたことからすると、本件土地は土地の通常備えるべき属性を有していなかったといえ、「引き渡された目的物が……品質……に関して契約の内容に適合し

---

6 大塚593頁。
7 北村445頁。

｜ないものである」。よって、同請求は認められる。

(2)　原因者であることに基づく不法行為責任

(A)　民法との関係

不法行為責任については、損害およびＡの作為義務違反は汚染除去をした時点で発生するとし、Ｃの汚染除去のときにＡの不法行為が成立したととらえる見解がある。この考え方が土対法8条とは最も整合するものとみられる。

しかし、この見解によると、契約不適合責任が期間制限により追及できない場合も、売主は責任を免れず、土地取引をめぐる法律関係の安定性を欠く帰結となりかねない。

土対法8条はあくまでも不法行為の特則であり、健康被害防止のために必要な措置費用の求償のみを認めたにすぎないし、契約不適合責任との整合性を考えるべきである。そこで、瑕疵ある土地を説明なく不注意に売却したことを不法行為ととらえ、契約当事者間の不法行為は売買の際の説明義務違反に限定されると解すべきである。これが売買の際に不法行為が成立するとみる考え方である[8]。

(B)　指示措置内の措置である除去に要する費用

土対法7条1項本文の規定により都道府県知事から指示を受けた土地の所有者等は、当該土地において実施措置を講じた場合において、当該土地の土壌の特定有害物質による汚染が当該土地の所有者等以外の者の行為によるものであるときは、その行為をした者に対し、当該実施措置に係る汚染除去等計画の作成および変更並びに当該実施措置に要した費用について、指示措置に係る汚染除去等計画の作成および変更並びに指示措置に要する費用の額の限度において、請求することができる（同法8条1項本文）。

ただし、その行為をした者がすでに当該指示措置または当該指示措置に係る土対法7条1項1号に規定する環境省令で定める汚染の除去等の措置に係

8　越智323頁。

る汚染除去等計画の作成および変更並びに指示措置等に要する費用を負担
し、または負担したものとみなされるときは、この限りでない（同法8条1
項ただし書）。

（a）　趣　旨

【水・大気環境局長通知（2022年3月24日）】
　これは、汚染除去等計画の作成及び変更並びに汚染の除去等の措置に要す
る費用については、他の環境汚染に関する費用負担と同様に汚染者負担の原
則が採用されるべきところ、私法のみによる調整に委ねると、請求権の消滅
時効やその特約の存在、汚染原因者の故意又は過失の立証の困難性等により、
請求することができる場合が限定されるものになることから、行政法により
特別に創設された請求権である。

（b）　「既に費用を負担し、又は負担したものとみなされる」

【水・大気環境局長通知（2022年3月24日）】
　「既に費用を負担し、又は負担したものとみなされる」とは、具体的には、
例えば以下のような場合が該当するものである。
　ⅰ）汚染原因者が当該汚染について既に汚染の除去等の措置を行っている
　　　場合
　ⅱ）汚染除去等計画の作成及び変更並びに汚染の除去等の措置の実施費用
　　　として明示した金銭を、汚染原因者が土地の所有者等に支払っている場
　　　合
　ⅲ）現在の土地の所有者等が、以前の土地の所有者等である汚染原因者から、
　　　土壌汚染を理由として通常より著しく安い価格で当該土地を購入してい
　　　る場合
　ⅳ）現在の土地の所有者等が、以前の土地の占有者である汚染原因者から、
　　　土壌汚染を理由として通常より著しく値引きして借地権を買い取ってい
　　　る場合
　ⅴ）土地の所有者等が、瑕疵担保、不法行為、不当利得等民事上の請求権
　　　により、実質的に汚染除去等計画の作成及び変更並びに汚染の除去等の

209

　　措置に要した費用に相当する額の填補を受けている場合

vi）汚染除去等計画の作成及び変更並びに汚染の除去等の措置の実施費用は汚染原因者ではなく現在の土地の所有者等が負担する旨の明示的な合意が成立している場合

　請求できる費用の範囲は、前述のとおり指示措置に係る汚染除去等計画の作成及び変更並びに指示措置に要する費用の額の限度に止まり、それらを行うために通常必要と認められる費用の額に限られるものである。

　「通常必要と認められる費用の額」のうち指示措置に要する費用については、土地の現況を前提として、必要以上の内容でない措置を実施し、土地を現況に復帰させることに要する費用が該当するものである。例えば、建築物等があることにより、更地の場合に比べて費用の額が高くなる場合であっても、その額を請求できることとなる。一方、建築物等の価値を高める行為を併せて行った場合のその費用については、請求できない。また、例えば、舗装を行う場合に、必要以上の厚さ及び強度の舗装を行った場合は、通常の厚さ及び強度の舗装を行った場合に要すると見込まれる費用との差額については、請求できない。

　なお、土壌汚染状況調査や汚染の除去等の措置に要した費用の他者への請求については、瑕疵担保による損害賠償請求、契約上の関係に基づく請求、不法行為による損害賠償請求等、法第8条の規定以外にも民法（明治29年法律第89号）等の規定によるものも考えられる。

　法第8条の規定以外の民法等の規定による請求の例としては、土地区画整理事業、市街地再開発事業等の施行者が、法第3条、第4条、第5条又は第7条に基づく義務を負う土地の所有者等に代わって調査や措置を行った場合に、本来の義務者である土地の所有者等に対して請求できるといったことも考えられる。

▣設問の検討

　これを本設問についてみると、B県知事の指示は、Cに対して封じ込め措置をとることであるから、封じ込めにかかる5億円については、土対法8条によって費用回収を求めることができる。

　　(C)　指示措置以上の措置である除去に要する費用

指示措置以上の措置である除去に要する費用は、土対法8条では請求でき

ない。ただし、指示措置以上の措置である除去に要する費用については、民法に基づく損害賠償請求は可能である。[9]その場合、どの程度の額が請求できるのか。これについては、土対法8条と民法の関係をどうみるか次第である。

　土地取引後に予期せぬ土壌汚染が判明し、土壌汚染地の買主から売主に対し、土壌汚染対策費用等の損害賠償を請求する場合、民法上の法律構成としては、①契約不適合責任（同法562条から564条）、②売買契約に付随する信義則上の情報提供（説明）義務違反としての債務不履行責任（同法415条）、③不法行為責任（同法709条）、④不当利得の返還請求（同法703条）が考えられる。[10]

◪設問の検討

　これを本設問についてみると、B県知事は、本件土地を要措置区域に指定し、Cに対して封じ込め措置をとるよう指示したものの（見積額5億円）、Cはマンションの分譲を円滑に行うために、40億円をかけて掘削除去をした。

　ここで、指示措置以上の措置である除去に要する費用（40億円－5億円＝35億円）については、民法に基づく損害賠償請求は可能である。いかなる法律構成にするかは、事例判断になろう。

（単位：円）

40億	
5億	35億
土対法8条	民法に基づく損害賠償請求

(D)　裁判例の見解

　裁判例[11]は、「土地所有者に汚染除去工事を行わせたことをもって、汚染原因者の土地所有者に対する不法行為がされたものであるとし、これに基づき損害賠償請求権の発生を認めた規定と解することはできない」と判示した。その理由として、①「土対法は、土壌汚染の状況の把握や、土壌汚染による

9　北村439頁。
10　越智315頁。
11　東京地判平成24・1・16判自357号70頁。

人の健康被害の防止措置などの実施を図ることによって、国民の健康を保護することを目的（同法 1 条）とするものであって、土壌汚染を除去する措置を行った土地の所有者等の個人的利益を保護するためのものではない」こと、②「同法 8 条 1 項は、都道府県知事の措置命令に基づいて当該土地の所有者等が土壌汚染を除去するための工事を行った場合に、これに要した負担を土地の所有者等と汚染原因者との間でどのように負担するかという問題について、土地の所有者等が汚染原因者に求償できる旨を定めたものに過ぎない」ことをあげる。

③　土壌汚染と地下水汚染の横断的問題[12]

　A社は、B県内の土地（以下、「本件土地」という）を所有している。本件土地では長らくC社が化学工場（有害物質使用特定施設が設置されている）を操業していたが、A社は本件土地をC社から2013年に購入した。その後、A社は同工場を自ら操業することなく閉鎖した。ところが、A社が同工場を解体して本件土地を更地にした際に土対法3条1項に基づく調査をしたところ、砒素による汚染が発見された。調査を受託した会社によれば、砒素による汚染の程度は、同法6条1項1号の環境省令で定める基準を超えていた。この汚染はC社の化学工場の操業によって発生したものと考えられる。C社は汚染のおそれを認識していたため、A社の本件土地の購入価格はその市場価格よりも著しく安かった。本件土地の西隣にはD井戸があり、住民EおよびFが飲用に供してきた。A社から本件土地の汚染について報告を受けたB県知事が2014年にD井戸を調査したところ、水質汚濁に係る環境基準の1000倍の砒素が検出された。

〔設問Ⅰ〕

　B県知事は、誰に対してどのような法的措置を講ずることができるか。

〔設問Ⅱ〕

　D井戸から西に100メートルのところにG井戸がある。本設問において、B県は2010年の時点で、法定の水質汚濁状況の監視作業を通じて、G井戸から水質環境基準の100倍の砒素が検出された事実を把握していたとする。しかし、B県はこれを自然由来の局所的汚染であると即断し、近くにD井戸が存在している事実を把握していたにもかかわらず、さらなる原因究明のための調査も付近の井戸の調査も行わず、また、周辺住

民への周知もしなかった。本設問における2014年のＤ井戸の調査結果を踏まえ、さらにＢ県知事が調査した結果、2015年になって、Ｄ井戸にもＧ井戸にも本件土地からの汚染が広がっていたことが判明した。ＥはＤ井戸の水を長年飲んだことによって末梢神経に異常を来している。

　この場合において、Ｅは、Ｂ県に対して、以下①・②の請求ができるか。なお、時効、および、②については仮の救済は検討を要しない。

　① 　国賠法１条１項に基づく損害賠償請求

　② 　Ｃ社に対する地下水浄化措置命令（水濁法14条の３）の義務付け訴訟（行訴法３条６項１号、37条の２）

設問 Ⅰ

(1)　要措置区域の指定

　都道府県知事は、土地が以下のいずれにも該当すると認める場合には、当該土地の区域を、その土地が特定有害物質によって汚染されており、当該汚染による人の健康に係る被害を防止するため当該汚染の除去、当該汚染の拡散の防止その他の措置を講ずることが必要な区域として指定する（土対法６条１項）。

　① 　土壌汚染状況調査の結果、当該土地の土壌の特定有害物質による汚染状態が環境省令で定める基準に適合しないこと。

　② 　土壌の特定有害物質による汚染により、人の健康に係る被害が生じ、または生ずるおそれがあるものとして政令で定める基準に該当すること。

　都道府県知事は、要措置区域の指定をするときは、環境省令で定めるところにより、その旨を公示しなければならず（土対法６条２項）、この指定は、公示によってその効力を生ずる（同条３項）。

📖設問の検討

　Ａ社が同工場を解体して本件土地を更地にした際に土対法３条１項に

基づく調査をしたところ、砒素による汚染が発見され、砒素による汚染の程度は、同法6条1項1号の環境省令で定める基準を超えていたから「土壌汚染状況調査の結果、当該土地の土壌の特定有害物質による汚染状態が環境省令で定める基準に適合しない」。

　また、本件土地の西隣にはD井戸があり、住民EおよびFの飲用に供され、D井戸を調査したところ、水質汚濁に係る環境基準の1000倍の砒素が検出されたから「土壌の特定有害物質による汚染により、人の健康に係る被害が生じ、又は生ずるおそれがあるものとして政令で定める基準に該当する」。

　そこで、B県知事は、本件土地の砒素による汚染の程度が環境省令で定める基準を超過していたことから、要措置区域を指定すべく、公示することになる。

(2)　汚染の除去等の措置

　都道府県知事は、要措置区域の指定をしたときは、環境省令で定めるところにより、当該汚染による人の健康に係る被害を防止するため必要な限度において、要措置区域内の土地の所有者等に対し、当該要措置区域内において講ずべき汚染の除去等の措置およびその理由、当該措置を講ずべき期限その他環境省令で定める事項を示して、土対法7条1項各号に掲げる事項を記載した計画を作成し、これを都道府県知事に提出すべきことを指示する（土対法7条1項本文）。

　ただし、当該土地の所有者等以外の者の行為によって当該土地の土壌の特定有害物質による汚染が生じたことが明らかな場合であって、その行為をした者に汚染の除去等の措置を講じさせることが相当であると認められ、かつ、これを講じさせることについて当該土地の所有者等に異議がないときは、環境省令で定めるところにより、その行為をした者に対し、指示する（土対法7条1項ただし書）。

　これは、土地の所有者等が指示を受けて措置に着手した後の場合も同様で

215

あり、措置の着手後に汚染原因者が判明した場合には、当該指示を取り消し、あらためて、汚染原因者に対し、指示がなされるべきものである。

【水・大気環境局長通知（2022年3月24日）】

　「汚染原因者に措置を講じさせることが相当」でない場合とは、法第8条において汚染原因者に費用を請求できない場合として規定されている「既に費用を負担し、又は負担したものとみなされる」場合、汚染原因者に費用負担能力が全くない場合、土地の所有者等が措置を実施する旨の合意があった場合又は合意があったとみなされる場合等である。これについては、個々の事例ごとに、汚染原因者の費用負担能力、土地の売却時の契約の内容等を勘案して、判断することとされたい。なお、汚染原因者の一部のみが明らかな場合には、当該明らかとなった一部の汚染原因者以外の原因による土壌汚染については、土地の所有者等の指示を受けるべき地位は失われないこととなる。

【水・大気環境局長通知（2022年3月24日）】

　「既に費用を負担し、又は負担したものとみなされる」とは、具体的には、例えば以下のような場合が該当するものである。
- ⅰ）汚染原因者が当該汚染について既に汚染の除去等の措置を行っている場合
- ⅱ）汚染除去等計画の作成及び変更並びに汚染の除去等の措置の実施費用として明示した金銭を、汚染原因者が土地の所有者等に支払っている場合
- ⅲ）現在の土地の所有者等が、以前の土地の所有者等である汚染原因者から、土壌汚染を理由として通常より著しく安い価格で当該土地を購入している場合
- ⅳ）現在の土地の所有者等が、以前の土地の占有者である汚染原因者から、土壌汚染を理由として通常より著しく値引きして借地権を買い取っている場合
- ⅴ）土地の所有者等が、瑕疵担保、不法行為、不当利得等民事上の請求権により、実質的に汚染除去等計画の作成及び変更並びに汚染の除去等の措置に要した費用に相当する額の填補を受けている場合
- ⅵ）汚染除去等計画の作成及び変更並びに汚染の除去等の措置の実施費用

は汚染原因者ではなく現在の土地の所有者等が負担する旨の明示的な合意が成立している場合

◪設問の検討

　これを本設問についてみると、A・C間の土地の売却時の契約内容として、C社は「汚染のおそれを認識していたため、A社の本件土地の購入価格はその市場価格よりも著しく低かった」とされているところ、これは、土地の所有者等が措置を実施する旨の合意があったとみなされる場合にあたるといえるため、C社に「汚染の除去等の措置を講じさせることが相当である」とはいいがたい。したがって、C社に対して措置を講じるよう指示することはできず、A社に対して指示することとなる。

(3)　水濁法に基づく地下水の水質の浄化に係る措置命令等

　都道府県知事は、特定事業場または有害物質貯蔵指定施設を設置する工場もしくは事業場において有害物質に該当する物質を含む水の地下への浸透があったことにより、現に人の健康に係る被害が生じ、または生ずるおそれがあると認めるときは、環境省令で定めるところにより、その被害を防止するため必要な限度において、当該特定事業場または有害物質貯蔵指定事業場の設置者に対し、相当の期限を定めて、地下水の水質の浄化のための措置をとることを命ずることができる（水濁法14条の3第1項本文）。都道府県知事は、上記の浸透があった時において当該特定事業場または有害物質貯蔵指定事業場の設置者であった者に対しても、上記の措置をとることを命ずることができる（同条2項）。ただし、その者が、当該浸透があった時において当該特定事業場または有害物質貯蔵指定事業場の設置者であった者と異なる場合は、この限りでない（同条1項ただし書）。

　なお、特定事業場または有害物質貯蔵指定事業場の設置者（特定事業場もしくは有害物質貯蔵指定事業場またはそれらの敷地を譲り受け、もしくは借り受け、または相続、合併もしくは分割により取得した者を含む）は、当該特定事業

217

場または有害物質貯蔵指定事業場について水濁法14条の3第2項の規定による命令があったときは、当該命令に係る措置に協力しなければならない（同条3項）。

🔲**設問の検討**

　　これを本設問についてみると、D井戸を調査したところ、水質汚濁に係る環境基準の1000倍の砒素が検出された事実から、「有害物質に該当する物質を含む水の地下への浸透があった」といえる。D井戸は、住民EおよびFが飲用に供してきた事実があるから「現に人の健康に係る被害が生じ、又は生ずるおそれがある」。

　　そこで、B県知事は、「浸透があったときにおいて……設置者であった」C社に対して地下水浄化措置命令を発出できる（水濁法14条の3第2項）。

設問II

(1)　国賠法1条1項に基づく損害賠償請求

　国または公共団体の公権力の行使にあたる公務員が、その職務を行うについて、故意または過失によって違法に他人に損害を加えたときは、国または公共団体は、これを賠償する責任を負う（国賠法1条1項）。実体的要件は、①国または公共団体の公権力の行使にあたる公務員がしたこと、②その職務を行うについて、③他人に損害を加えたこと、④因果関係（「によって」）、⑤故意または過失、⑥違法性、の6点である。

🔲**設問の検討**

　　これを本設問についてみると、Eは、B県に対して国賠法1条1項に基づく損害賠償を請求することが考えられる。本設問で特に問題となるのは、⑤過失または⑥違法性の充足性である。

(A)　規制権限不行使と違法

　国賠法1条1項は、国または公共団体の公権力の行使にあたる公務員が国民に損害を与えたときに国等がこれを賠償する責めに任ずることを規定する

ものであり、公権力の行使が国賠法上違法となるのは、個別の国民に対して負う職務上の注意義務に違反した場合[13]である。そして、「公権力の行使」に不作為は含まれる。

したがって、公務員による規制権限の不行使という不作為が国賠法上違法であるというためには、当該公務員が規制権限を有し、規制権限の行使によって受ける利益が国賠法上保護される利益であることのほか、規制権限不行使によって損害を受けたと主張する特定の国民との関係で、当該公務員が規制権限を行使すべき法的義務（作為義務）を負い、その義務の違反があることが必要である。

上記の作為義務については、規制権限行使の要件が法定され、その要件を満たせば権限を行使しなければならないとされている場合には、その要件を満たすときに当然に作為義務が認められることになると思われる。これに対して、規制権限行使につき裁量が認められている場合には、規制権限の存在から直ちに作為義務があることにはならない。

そこで、どのような場合に、規制権限を行使すべき義務が認められ、その不行使が国賠法上違法となるかが問題となる。

(B)　判例法理

判例[14]は、規制権限の不行使が国賠法1条1項の適用上違法となるための要件として「行政庁の規制権限の不行使が、具体的な事情の下において、その規制権限を付与された目的、権限の性質等に照らし、その許容される限度を逸脱して著しく合理性を欠くと認められる」ことを要求する。

◼設問の検討

これを本設問についてみると、B県が原因究明のための調査を行わなかったのは、常時監視（水濁法15条）および公表（同法17条）についての都道府県知事の権限を定めた水濁法の趣旨、目的やその権限の性質等に

13　最判昭和60・11・21民集39巻7号1512頁。
14　最判平成元・11・24民集43巻10号1169頁〔宅建業法事件〕、最判平成7・6・23民集49巻6号1600頁〔クロロキン訴訟〕、最判平成16・4・27民集58巻4号1032頁〔筑豊じん肺訴訟〕、最判平成16・10・15民集58巻7号1802頁〔水俣病関西訴訟〕。

照らし、Ｂ県知事の裁量を逸脱して著しく合理性を欠くといえるか、そして、これにより被害を受けた者との関係で、国賠法１条１項の適用上違法となるといえるかが問題となる。

(C)　考慮要素

判例は、規制権限を定めた法が保護する利益の内容および性質、被害の重大性および切迫性、予見可能性、結果回避可能性、現実に実施された措置の合理性、規制権限行使以外の手段による結果回避困難性（被害者による被害回避可能性）、規制権限行使における専門性、裁量性などの諸事情を総合的に検討して、違法性を判断しているものと考えられる。[15]

考慮要素として、中原教授は、被侵害利益（生命・身体か財産か等）、予見可能性、結果回避可能性、期待可能性（国民が規制権限行使を要請し期待しうる事情にあること）等をあげたうえで、予見可能性および結果回避可能性は当然の前提になるとして、特に被侵害利益と期待可能性の違いが、結論に影響を与えていると指摘する。そのうえで「宅建業法事件では、被侵害利益は財産権であり、かつ、取引関係者自身が注意することにより、ある程度被害を防ぐことが可能である（その分、規制権限行使に対する期待可能性は相対的に低い）のに対し、じん肺や水俣病については、生命・身体の安全に関わり、かつ、労働者や住民が自らの注意で被害を防ぐことは困難であって、規制権限行使に対する期待可能性は高い」と指摘する。[16]

また、髙橋教授は、「通商産業大臣による規制権限の行使は通商産業省（当時）の組織的意思決定に基づくものであるが、最高裁判所は、通商産業省内部における具体的な意思決定のプロセスに踏み込むことなく、結論を導いている」と指摘する。[17]

(a)　汚染調査に関する権限

都道府県知事は、環境省令で定めるところにより、公共用水域および地下

15　角谷昌毅「判解」最判解民事篇平成26年度410頁、420頁。
16　中原437頁。
17　髙橋291頁。

水の水質の汚濁の状況を常時監視しなければならない（水濁法15条1項）。汚染が発見された場合の措置が常時監視義務から導かれるかにつき、逐条解説[18]でも触れられていなかった。

　公害等調整委員会裁定[19]は、水濁法15条に規定された「常時監視の趣旨にかんがみれば、測定計画に基づく測定結果や、その他の機関・個人からの情報提供を通じて、水濁法の見地から看過できない程度の水質汚濁が発見され、水濁法担当部局がそのことを把握した場合には、監視行為の一内容として、その汚染物質、汚染源、汚染範囲、健康影響の有無等に関する追加調査を行うことが当然に予定されている」としたうえで、「合理的理由もなく、これに従った調査を実施しなかった場合には、それにより被害を受けた者との関係において、やはり国賠法1条1項の適用上違法となる」とした。

　大塚教授は「都道府県知事の合理的裁量を判断する際にこのような理解をする可能性は十分にあったと思われ、水質汚濁防止法の目的に適合する解釈である」と指摘する[20]。

■設問の検討

　これを本設問についてみると、そもそもG井戸から検出された砒素の濃度は、水質環境基準の100倍という高い値であり、日常的に飲用すれば住民の健康に影響を及ぼすことが懸念されるものといえるから、水濁法の見地から看過できない程度の汚染として、その原因究明は早急に徹底して行われることが要請され、容易に局所的な自然由来の現象と推測することは許されないというべきである。また、地下水の性質上、1カ所での汚染の発見は、相当範囲に汚染していることを示唆するものであるし、他の場所に汚染源があって、より高濃度の汚染地域がありうることや、より広域に汚染が拡大している可能性があることも容易に想像しうるところである。それにもかかわらず、B県はこれを自然由来の局所

18　水質法令研究会編『逐条解説水質汚濁防止法』（中央法規出版、1996年11月）。
19　公害等調整委員会裁定平成24・5・11判時2154号3頁〔神栖市砒素汚染健康被害事件裁定〕。大塚586頁。
20　大塚587頁。

的汚染であると即断し、近くにD井戸が存在している事実を把握していたにもかかわらず、さらなる原因究明のための調査も付近の井戸の調査も行わなかったのであるから、汚染調査権限を合理的な理由なく行使しなかったというべきである。

　(b)　公表に関する権限

　都道府県知事は、環境省令で定めるところにより、当該都道府県の区域に属する公共用水域および当該区域にある地下水の水質の汚濁の状況を公表しなければならない（水濁法17条1項）。

　公害等調査委員会裁定は、「水濁法が、国民の健康と生活環境の保全のために地下水等の常時監視を義務付けており、……汚染が発見された状況によっては、それを直ちに公表するのでなければ、国民の健康保護や生活環境の保全という水濁法の目的を達成することが困難となる場合もあることなどにかんがみれば、同条（著者注：水濁法17条）の公表権限・義務の内容としては、いかなる経緯で水質汚染が発見された場合であっても、水濁法担当部局がそのことを把握し、かつ、その汚染物質の性質や汚染の程度から、住民の健康に影響を及ぼすおそれがあると考えられるときには、同法の趣旨に基づき、速やかに関係機関やその影響が予想される地域の住民に対して、水質汚染に関する情報（汚染物質、濃度、汚染箇所、健康影響の可能性等）を周知することが含まれている」としたうえで、「周知措置に関する都道府県知事の裁量の広狭は、当該汚染の内容や程度、住民に対する健康影響のおそれの度合い等によって決せられるべきものであるから、水質汚染が発見された具体的事情の下において、都道府県知事がこうした周知措置を取らなかったことが著しく合理性を欠くと認められるときは、これにより被害を受けた者との関係において、国賠法1条1項の適用上違法となる」とした。

　◨設問の検討

　これを本設問についてみると、周辺住民への周知がなされていないところ、これを許容しうる事情は特に見当たらないばかりか、そもそもG井戸から検出された砒素の濃度は、水質環境基準の100倍という高い値

であり、日常的に飲用すれば住民の健康に影響を及ぼすことが懸念されるにもかかわらず、B県はこれを自然由来の局所的汚染であると即断し、周知を怠った。周知措置をとらなかったことが著しく合理性を欠くと認められる。

　以上より、汚染調査権限の不行使と周知措置の不行使より、国賠法上違法となる。

(2)　義務付け訴訟

Eは、B県に対して、C社に対する地下水浄化措置命令（水濁法14条の3）の義務付け訴訟（行訴法3条6項1号、37条の2）を提起することも考えられる。

(A)　一定の処分

◪設問の検討

　本設問の処分は、根拠法令のほか、処分の対象となる者および地下水の水質の浄化のための措置をとることを命ずることが特定されており、裁判所において、B県知事に対して生活環境の保全上の支障の除去等のために何らかの措置をすること等を義務付けるべきか否かについて判断することが可能である。したがって、本件処分は、「一定の処分」として特定されている。

(B)　原告適格

◪設問の検討

　水濁法は、地下水を含む水質汚濁の防止による国民の健康保護を目的としており（同法1条）、改善命令（同法13条の2）、浄化措置命令等（同法14条の3）の制度は、いずれも健康被害が生ずるような地下水の浸透を防止し、現に水質汚濁があった場合には地下水の浄化を義務付ける趣旨である。そうすると、少なくとも同法は特定事業場付近の居住者で地下水を利用する者の健康を個別的に保護する趣旨を含むといえる。

　これを本設問についてみると、EはD井戸の水を長年飲んだことによって末梢神経に異常を来しているのであるから、原告適格は認められ

223

よう。一方で、そのことを知った F は、自分もいつ発症するかと考え不
安な日々を送っているものの、単なる危惧感にすぎないから、原告適格
は認められない。

　　(C)　重大な損害を生ずるおそれ

◨設問の検討

　本設問では高濃度の井戸水汚染があり、中毒症状が生じているので、
重大な損害があるといえる。

　　(D)　損害を避けるため他に適当な方法がないとき（補充性）

◨設問の検討

　本設問では、原告は B に対する民事訴訟を提起することが可能である
が、義務付け訴訟の補充性の要件を満たすと考えられる。

(3)　その他の請求

◨設問の検討

　仮の救済以外では（検討を求めていないものの）、①E・F は C 社に対
して民法709条に基づく損害賠償を、②E は、C 社に対して水濁法19条
に基づく損害賠償を、③E・F は A 社に対して人格権侵害に基づく妨害
排除（D 井戸の水の汚染の差止め）を、それぞれ請求することが考えられる。

224

④ 売買契約の解釈と自然由来の土壌汚染[21]

〔設問〕

　Aは、2008年4月1日、S県所在の甲土地を所有者のBから、同年7月1日、甲土地に隣接する乙土地を所有者のCから、それぞれ購入した。

　AとBは、甲土地の売買契約（以下、「甲売買契約」という）において、下記条項のとおり合意していたことから、Aは、甲土地について、その購入後、土対法2条2項にいう土壌汚染状況調査と同等の土壌汚染調査を行った。その結果、同条1項にいう特定有害物質であるPについて、法6条1項1号に規定する環境省令で定める基準に適合しないことが判明したため、Aは、Bに対し、2010年6月1日、甲売買契約10条2項に基づき、甲土地の汚染対策費用の支払いを求める訴えを提起するに至った。

　Bとしては、Pが自然由来物質であることから、甲売買契約10条2項にいう汚染対策費用を負担すべき場合にあたらないと考えている。

　なお、法は、土対法の一部を改正する法律（平成21年4月24日法律第23号）により改正され、2010年4月1日に施行されているところ、同改正に際して、環境省水・大気環境局長からの通知が発出されている。すなわち、自然由来の土壌汚染につき、通知によれば、平成21年改正前土対法は、その対象としていなかったが、平成21年改正後土対法は、健康被害の防止の観点からは自然由来の有害物質が含まれる汚染された土壌をそれ以外の汚染された土壌と区別する理由がないとの理由で、自然由来の有害物質が含まれる汚染された土壌を法の対象とすることとなった（行政解釈の変更）。また、Pは、甲売買契約締結時、すでに土対法2条1項にいう特定有害物質であった。

21　司法試験・環境法・平成29年度・第1問・改題。

　以上の場合において、ＡのＢに対する甲土地の汚染対策費用の支払請求が認められるか。

【甲売買契約の関係条項】

第10条　本物件には、土対法3条1項が定める有害物質使用特定施設に係る工場でないものが設置されていたため、売主は、同工場由来の土壌汚染が存在し得ないことを理由に、土壌汚染の調査を行わず、土壌汚染の調査は、買主の負担により実施するものとする。

2　土壌汚染調査の結果、環境省の指定基準に適合しない土壌汚染があった場合、買主は汚染の態様及び範囲並びに汚染対策の方法及び費用を売主に明示し、売主は汚染対策費用を買主に支払うものとし、買主は自ら汚染対策を行うものとする。

【参考】

○　環境省水・大気環境局長発都道府県知事・政令市長あて「土壌汚染対策法の一部を改正する法律による改正後の土壌汚染対策法の施行について」（平成22年3月5日環水大土発第100305002号）（抜粋）

「旧法〔著者注：平成21年法律第23号による改正前の土壌汚染対策法〕においては、『土壌汚染』は、環境基本法（平成5年法律第91号）第2条第3項に規定する、人の活動に伴って生ずる土壌の汚染に限定されるものであり、自然的原因により有害物質が含まれる汚染された土壌をその対象としていなかったところである。しかしながら、法〔著者注：平成21年法律第23号による改正後の土壌汚染対策法〕第4章において、汚染土壌（法第16条第1項の汚染土壌をいう。以下同じ。）の搬出及び運搬並びに処理に関する規制が創設されたこと及びかかる規制を及ぼす上で、健康被害の防止の観点からは自然的原因により有害物質が含まれる汚染された土壌をそれ以外の汚染された土壌と区別する理由がないことから、同章の規制を適用するため、自然的原因により有害物質が含まれて汚染された土壌を法の対象とすることとする」。

まず、法律の解釈に関する終局的な判断は、裁判所に委ねられているから、

行政が発出した通知は法律解釈上唯一絶対のものではない。

　また、契約の解釈が問題になる場合において、契約の文言の意義は、契約当事者間の意思表示の合理的な解釈によって決せられる。

　その際、契約の目的や法的安定性を考慮して決すべきである。

■設問の検討

　AのBに対する甲土地の汚染対策費用の支払請求が認められるか。自然由来の土壌汚染につき、通知によれば、平成21年改正前土対法は、その対象としていなかったが、平成21年改正後土対法は、これを対象とすることとなった（行政解釈の変更）[22]。しかし、法律の解釈に関する終局的な判断は、裁判所に委ねられているのであって、通知が法律解釈上絶対のものというものではない。また、本設問の場合、「環境省の指定基準に適合しない土壌汚染」（甲売買契約10条2項）との契約上の文言の解釈が問題となるところ、契約文言の意義は、契約当事者の意思表示の合理的解釈によって決まる。契約の合理的解釈の中で、自然由来の土壌汚染が、甲売買契約の上記条項における「土壌汚染」に含まれるかが問題となる。

　土対法の究極目的が「国民の健康を保護すること」（同法1条）を掲げる以上、その時々における社会や科学の事情を考慮してアップデートしていくのは当然のことである。そこで、Aからは、Bによる対策費用負担を求める理由として、（人の健康被害の未然防止という）土対法の趣旨目的から、法改正前後にかかわらず、自然由来物質は、同法令の規制対象物質である限り、そもそも同法の規制対象に含まれており、甲売買契約10条2項にいう「土壌汚染」にあたると主張することが考えられる。

　しかし、土対法よりも上位の環境基本法2条3項は、「公害」について単に「土壌の汚染……によって、人の健康または生活環境……に係る被害が生ずること」とするのではなく、「事業活動その他人の活動に伴って

22　大塚225頁。

生ずる」という限定を付している以上、自然由来による汚染が含まれるとするのは法的安定性を害するといえる。そこで、Bからは、Bによる対策費用負担は求められない理由として、通知のとおり、環境基本法との整合性などを考慮すると自然由来物質による汚染は、改正前は含まれていなかったため、甲売買契約10条2項にいう「土壌汚染」にはあたらないと主張することが考えられる。

⑤ 土対法に基づく対策が適切に行われない場合と簡易代執行[23]

〔設問〕

　Aは、2008年7月1日、甲土地に隣接する乙土地を所有者のCから、購入した。Aは、乙土地を購入後、当面、駐車場として一般の利用に供していたところ、駐車場利用者からS県職員に対して乙土地で異臭がするとの通報があった。そこで、S県知事は、土対法5条1項に基づき、乙土地の土壌の特定有害物質による汚染の状況について、Aに対し、指定調査機関に調査をさせて、その結果を報告すべきことを命じた。当該土壌汚染状況調査の結果、乙土地の土壌において、同法2条1項に規定する特定有害物質であるQについて、同法6条1項1号に規定する環境省令で定める基準に適合しないことが判明した。

　これを受けて、Aは、Cに対し、乙土地の売買契約を解除する旨の意思表示をしたが、土壌汚染の除去措置等を回避したいCは、解除は無効であるとして争い、AとCとの間で乙土地の所有権の帰属をめぐる訴訟が係属するに至った。

　乙土地について、人の健康に係る被害が生ずるおそれがあるにもかかわらず、AもCも何ら対策をとらない場合、S県知事は、その被害を未然に防止するため、法に基づいてどのような措置をとることができるか。

(1) 要措置区域の指定

　都道府県知事は、土地が以下のいずれにも該当すると認める場合には、当該土地の区域を、その土地が特定有害物質によって汚染されており、当該汚

23　司法試験・環境法・平成29年度・第1問・改題。

染による人の健康に係る被害を防止するため当該汚染の除去、当該汚染の拡散の防止その他の措置を講ずることが必要な区域として指定する（土対法6条1項）。

① 　土壌汚染状況調査の結果、当該土地の土壌の特定有害物質による汚染状態が環境省令で定める基準に適合しないこと。

② 　土壌の特定有害物質による汚染により、人の健康に係る被害が生じ、または生ずるおそれがあるものとして政令で定める基準に該当すること。

都道府県知事は、要措置区域の指定をするときは、環境省令で定めるところにより、その旨を公示しなければならず（土対法6条2項）、指定は、この公示によってその効力を生ずる（同条3項）。

◙設問の検討

これを本設問についてみると、「土壌汚染状況調査の結果」、土対法2条1項に規定する特定有害物質であるQとあるので「土壌の特定有害物質による汚染により、人の健康に係る被害が生じ、または生ずるおそれがあるものとして政令で定める基準に該当する」。このQは、同法6条1項1号に規定する環境省令で定める基準に適合しないことが判明したのであるから、「当該土地の土壌の特定有害物質による汚染状態が環境省令で定める基準に適合しない」。したがって、S県知事は、要措置区域の指定を行うべく、公示を行うことになる。

(2)　都道府県知事による調査の実施等

都道府県知事は、汚染除去等計画の作成と提出を指示をしようとする場合において、過失がなくて当該指示を受けるべき者を確知することができず、かつ、これを放置することが著しく公益に反すると認められるときは、その者の負担において、当該要措置区域内の土地において講ずべき汚染の除去等の措置を自ら行うことができる（土対法7条10項前段）。この場合において、相当の期限を定めて、汚染除去等計画を作成し、これを都道府県知事に提出したうえで、当該汚染除去等計画に従って実施措置を講ずべき旨およびその

期限までに当該実施措置を講じないときは、当該汚染の除去等の措置を自ら講ずる旨を、あらかじめ、公告しなければならない（同項後段）。

【水・大気環境局長通知（2022年3月24日）】

「調査を命ずべき者を確知することができず」とは、調査の命令を発出すべき土地について、所有権の帰属に争いがあるために土地の所有者を確定できないといった特殊な場合のみが該当するものである。

したがって、調査の命令を受けた土地の所有者等が調査を実施しない場合であって、必要なときには、この規定により都道府県が調査を行うのではなく、行政代執行法（昭和23年法律第43号）に基づく代執行を行うべきものである。

「その者の負担」とは、土地の所有者等の負担を意味する。

■設問の検討

これを本設問についてみると、AとCとの間で乙土地の所有権の帰属をめぐる訴訟が係属するに至っているところ、調査の命令を発出すべき土地について、所有権の帰属に争いがあるために土地の所有者を確定できないといった特殊な場合に該当するから、「調査を命ずべき者を確知することができ」ない。また、乙土地は駐車場として一般の利用に供されていたこと、駐車場利用者からS県職員に対して乙土地で異臭がするとの通報があったこと、乙土地の土壌において、土対法2条1項に規定する特定有害物質であるQについて、同法6条1項1号に規定する環境省令で定める基準に適合しないことが判明したことを鑑みると、「これを放置することが著しく公益に反すると認められる」。したがって、都道府県知事は、その者の負担において、当該要措置区域内の土地において講ずべき汚染の除去等の措置を自ら行うことができ、あらかじめ公告することになる。

231

＜実務を見据えて——土対法編＞

▶ 環境省・公益財団法人日本環境協会「土壌汚染対策法のしくみ」

https://www.env.go.jp/content/000227044.pdf

▶ 環境省「土壌汚染対策法の概要」

https://www.env.go.jp/content/900540301.pdf

▶ 環境省「土壌汚染対策法の一部を改正する法律の概要」

https://www.env.go.jp/press/files/jp/105027.pdf

▶ 「土壌汚染対策法の一部を改正する法律による改正後の土壌汚染対策法の施行について」（2022年3月24日環水大土発第2202212号環境省水・大気環境局長通知）

※なお、本書では【水・大気環境局長通知（2022年3月24日）】という。

https://www.env.go.jp/content/000045235.pdf

▶ 「土壌汚染対策法第3条第2項に基づく通知等の運用について」（2012年3月12日環水大土発第120312002号環境省水・大気環境局長通知）

https://www.env.go.jp/water/dojo/hou3jo2kou-tuchiunyou.pdf

▶ 中央環境審議会「地下水汚染の効果的な未然防止対策の在り方について（答申）」（2011年2月15日）

https://www.env.go.jp/content/900437752.pdf

第6章

廃棄物の処理及び清掃に関する法律（廃掃法）

① おから事件[1]

〔設問〕

　検察官は、以下の趣旨の公訴事実によりＡを起訴した。

　「Ａは、Ｂ県に隣接するＣ県の知事の許可を得て産業廃棄物収集運搬処理および最終処分の事業を営む者であるが、Ｂ県知事の許可を受けないで、業として、2008年１月から３月までの間、処分費用を無料とする一方で運搬費との名目により１回10万円を収受して、計200回にわたり、いずれもＢ県内にあるＤほか３名から処理の委託を受けた産業廃棄物である『おから』合計2000トンを収集し、運搬したうえで、Ｂ県にある自己の工場において、熱処理および乾燥をして、飼料および肥料を製造し、もって無許可で産業廃棄物の収集、運搬、処分を業として行ったものである」。

　Ａの弁護人の主張としてはどのようなことが考えられるか。これに対する検察官の反論としてはどのようなことが考えられるか。それぞれについて、再生利用（リサイクル）との関係にも配慮して検討せよ。

　なお、「おから」は、国内において有料で（処理者に支払いをして）処理が委託されている状況にあるものの、全国で発生量の５％が食用として売買され、利用されているものとする。

(1)　産業廃棄物処理業の許可制

　まず、産業廃棄物の収集・運搬、処分が都道府県知事の許可制であること、また無許可で行った場合には刑事罰に処されることを確認する。

1　司法試験・環境法・平成20年度・第１問・改題。

(A) 産業廃棄物の収集・運搬

産業廃棄物（特別管理産業廃棄物を除く）の収集または運搬を業として行おうとする者は、当該業を行おうとする区域（運搬のみを業として行う場合にあっては、産業廃棄物の積卸しを行う区域に限る）を管轄する都道府県知事の許可を受けなければならない（廃掃法14条1項本文）。ただし、事業者（自らその産業廃棄物を運搬する場合に限る）、専ら再生利用の目的となる産業廃棄物のみの収集または運搬を業として行う者その他環境省令で定める者については、この限りでない（同項ただし書）。

(B) 産業廃棄物の処分

また、産業廃棄物の処分を業として行おうとする者は、当該業を行おうとする区域を管轄する都道府県知事の許可を受けなければならない（廃掃法14条6項本文）。ただし、事業者（自らその産業廃棄物を処分する場合に限る）、専ら再生利用の目的となる産業廃棄物のみの処分を業として行う者その他環境省令で定める者については、この限りでない（同項ただし書）。

(C) 無許可の処罰

廃掃法14条1項もしくは6項の規定に違反して、一般廃棄物または産業廃棄物の収集もしくは運搬または処分を業として行った者は、5年以下の懲役もしくは1000万円以下の罰金に処され、またはこれを併科される（同法25条1項1号）。

(2) 不要物

廃掃法において「廃棄物」とは、ごみ、粗大ごみ、燃え殻、汚泥、ふん尿、廃油、廃酸、廃アルカリ、動物の死体その他の汚物又は不要物であって、固形状または液状のもの（放射性物質およびこれによって汚染された物を除く）をいう（同法2条1項）。

判例[2]は、「不要物」を「自ら利用し又は他人に有償で譲渡することができ

2　最決平成11・3・10刑集53巻3号339頁〔おから事件〕。秋吉淳一郎「判解」最判解刑事篇平成11年度66頁、66頁。船戸宏之「判批」判タ1436号（2017年）62頁もあわせて参照。

ないために事業者にとって不要となった物」と定義し、不要物該当性の判断基準を「その物の性状、排出の状況、通常の取扱い形態、取引価値の有無及び事業者の意思等を総合的に勘案して決する」と判示した。

(A)　具体的な考慮要素[3]

【廃棄物規制課長通知（2021年4月14日）】

　廃棄物は、不要であるために占有者の自由な処理に任せるとぞんざいに扱われるおそれがあり、生活環境の保全上の支障を生じる可能性を常に有していることから、法による適切な管理下に置くことが必要であること。したがって、再生後に自ら利用又は有償譲渡が予定される物であっても、再生前においてそれ自体は自ら利用又は有償譲渡がされない物であることから、当該物の再生は廃棄物の処理であり、法の適用があること。

　また、本来廃棄物たる物を有価物と称し、法の規制を免れようとする事案が後を絶たないが、このような事案に適切に対処するため、廃棄物の疑いのあるものについては以下のような各種判断要素の基準に基づいて慎重に検討し、それらを総合的に勘案してその物が有価物と認められるか否かを判断し、有価物と認められない限りは廃棄物として扱うこと。なお、以下は各種判断要素の一般的な基準を示したものであり、物の種類、事案の形態等によってこれらの基準が必ずしもそのまま適用できない場合は、適用可能な基準のみを抽出して用いたり、当該物の種類、事案の形態等に即した他の判断要素をも勘案するなどして、適切に判断されたいこと。

3　「行政処分の指針について（通知）」（令和3・4・14環循規発第2104141号環境省環境再生・資源循環局廃棄物規制課長通知）。そのほか、「野積みされた使用済みタイヤの適正処理について」（平成12・7・24衛環第65号厚生省生活衛生局水道環境部環境整備課長通知）、「建設汚泥処理物の廃棄物該当性の判断指針について」（平成17・7・25環産発第050725002号環境省大臣官房廃棄物・リサイクル対策部産業廃棄物課長通知）、「建設汚泥処理物等の有価物該当性に関する取扱いについて」（令和2・7・20環循規発第2007202号環境省環境再生・資源循環局廃棄物規制課長通知）、「使用済家電製品の廃棄物該当性の判断について」（平成24・3・19環廃企発第120319001号・環廃対発第120319001号・環産発第120319001号環境省大臣官房廃棄物・リサイクル対策部企画課長・廃棄物対策課長・産業廃棄物課長通知）等、個別の品目や製品に係る通知がある場合にはそちらもあわせて参考にされたい。

(a)　物の性状

> 【廃棄物規制課長通知（2021年4月14日）】
> 　利用用途に要求される品質を満足し、かつ飛散、流出、悪臭の発生等の生活環境の保全上の支障が発生するおそれのないものであること。実際の判断に当たっては、生活環境の保全に係る関連基準（例えば土壌の汚染に係る環境基準等）を満足すること、その性状についてJIS規格等の一般に認められている客観的な基準が存在する場合はこれに適合していること、十分な品質管理がなされていること等の確認が必要であること。

(b)　排出の状況

> 【廃棄物規制課長通知（2021年4月14日）】
> 　排出が需要に沿った計画的なものであり、排出前や排出時に適切な保管や品質管理がなされていること。

(c)　通常の取扱い形態

> 【廃棄物規制課長通知（2021年4月14日）】
> 　製品としての市場が形成されており、廃棄物として処理されている事例が通常は認められないこと。

(d)　取引価値の有無

> 【廃棄物規制課長通知（2021年4月14日）】
> 　占有者と取引の相手方の間で有償譲渡がなされており、なおかつ客観的に見て当該取引に経済的合理性があること。実際の判断に当たっては、名目を問わず処理料金に相当する金品の受領がないこと、当該譲渡価格が競合する製品や運送費等の諸経費を勘案しても双方にとって営利活動として合理的な

額であること、当該有償譲渡の相手方以外の者に対する有償譲渡の実績があること等の確認が必要であること。

(e)　占有者の意思

【廃棄物規制課長通知（2021年4月14日）】
　客観的要素から社会通念上合理的に認定し得る占有者の意思として、適切に利用し若しくは他人に有償譲渡する意思が認められること、又は放置若しくは処分の意思が認められないこと。したがって、単に占有者において自ら利用し、又は他人に有償で譲渡することができるものであると認識しているか否かは廃棄物に該当するか否かを判断する際の決定的な要素となるものではなく、上記アからエ（著者注：(a)から(d)）までの各種判断要素の基準に照らし、適切な利用を行おうとする意思があるとは判断されない場合、又は主として廃棄物の脱法的な処理を目的としたものと判断される場合には、占有者の主張する意思の内容によらず、廃棄物に該当するものと判断されること。

(B)　廃棄物該当性の判断

【廃棄物規制課長通知（2021年4月14日）】
　廃棄物該当性の判断については、法の規制の対象となる行為ごとにその着手時点における客観的状況から判断されたいこと。例えば、産業廃棄物処理業の許可や産業廃棄物処理施設の設置許可の要否においては、当該処理（収集運搬、中間処理、最終処分ごと）に係る行為に着手した時点で廃棄物該当性を判断するものであること。

(3)　「専ら再生利用の目的となる産業廃棄物」

前述のとおり、「専ら再生利用の目的となる産業廃棄物のみ」の場合には、都道府県知事の許可を受ける必要はない（収集または運搬につき廃掃法14条1項ただし書、処分につき同条6項ただし書）。

238

産廃処理業一般を許可制としながら、再生利用目的の廃棄物のみを取り扱う場合をその例外とした趣旨は、廃棄物の処理から生じる環境汚染等を防止するためには、処理業一般を行政の監督下において規制を加える必要があるが、再生利用目的の廃棄物のみを取り扱う場合には、不法投棄、焼却等による環境汚染を生じるおそれが少ないから、これを業者の自主的な運営に委ねてもそれほど弊害がない、という点にある[4]。

判例[5]は、「専ら再生利用の目的となる産業廃棄物」とは、「その物の性質及び技術水準等に照らし再生利用されるのが通常である産業廃棄物」と定義した。結局は、社会における取引の実情を前提として、社会通念に従って判断されることになる[6]。

そのうえで、事実認定として、「本件自動車の廃タイヤは、本件当時、一般に再生利用されることが少なく、通常、専門の廃棄物処理業者に対し有料で処理の委託がなされていたものであるというのであるから、たとえ、被告人がこれを再生利用の目的で収集、運搬したとしても、……『もつぱら再生利用の目的となる産業廃棄物』にあたらない」と判示した。

◉設問の検討

まず、被告人としては、おからは、「産業廃棄物」に該当しないと主張することが考えられる。しかし、おからの性状、排出状況、豆腐製造業者がおからを経済的取引価値のない不要な物として処分している通常の取扱い形態等の一般的状況に加え、被告人が、豆腐製造業者から本件おからを収集し、運搬して処分するにあたり処理料金を徴していた事実をあわせ考慮すると、本件おからは「産業廃棄物」に該当する。

なお、おから事件決定は、あくまでも本件被告人の扱ったおからが「不要物」に該当すると判断したものであり、すべてのおからが「不要物」にあたるとしているわけではない。食用等として販売されているような

4　木谷明「判解」最判解刑事篇昭和56年度1頁、5頁。
5　最決昭和56・1・27刑集35巻1号1頁。大塚297頁、304頁。
6　木谷・前掲（注4）6頁。

おからまで「不要物」とされるものでないことは当然であり、その収集、運搬、処分に許可を要するわけではない[7]。

　次に、被告人としては、仮に産業廃棄物に該当するとしても、被告人の行為は、「専ら再生利用の目的となる産業廃棄物のみの収集、運搬又は処分を業として行う者」に該当すると主張することが考えられる。しかし、おからについては、このような回収、再生、利用のルートが技術的および経済的に有益な取引過程として社会において形成普及していない状況にあるといえる。したがって、「専ら再生利用の目的となる産業廃棄物」にはあたらない。

7　秋吉・前掲（注2）66頁、72頁。

② 　生活環境影響調査制度の意義と限界[8]

〔設問〕

　A県は、1998年に、「産業廃棄物処理施設の設置に係る手続に関する
条例」を制定し、これを施行した。その中では、廃掃法の下で許可対象
になる産業廃棄物最終処分場に関し、これを計画する事業者に対して、
同法に基づく申請の前に、次の諸事項が義務付けられていた。

① 　事業計画書の地元市町村への送付

② 　地元住民を対象とする説明会の開催

③ 　地元市町村および地元住民から提出される意見書の受領

④ 　意見書に対する見解書の公表

⑤ 　見解書に対する再意見書の受領と再見解書の公表

⑥ 　これらを踏まえた事業者主催の討論会の開催

⑦ 　以上の手続の状況の知事への報告

　A県B町において産業廃棄物最終処分場（安定型）を計画しているC
社（A県知事から産業廃棄物処理業の許可を得ている）は、廃掃法に基づく
許可申請をめざし、前記A県条例に基づいて、B町や地元住民に対して
真摯に対応した。その結果、地下水汚染を懸念する一部の地元住民から
は、合意を得られなかったものの、やりとりを通じて、B町および大多
数の地元住民の了解を取り付けることができた。そこで、廃掃法に基づ
いて許可申請をしたところ、1999年にA県知事から産業廃棄物最終処
分場の設置許可を取得できた。

　廃掃法の平成9年（1997年）改正においては、「住民参加を取り入れた」
と評される規定が導入されている。その背景事情と必要性については、
改正法案の前提となった審議会の報告書において、【参考】のように説明

8　司法試験・環境法・平成20年度・第1問・改題。

されていた。それにもかかわらず、改正法制定後の1998年にＡ県が上記条例を制定したことには、どのような事情があると考えられるか。Ａ県の立場に立って、複数の視点から、①改正法の限界、②条例手続の必要性について論ぜよ。なお、いわゆる地方分権改革および条例の適法性については、考慮しないこととする。

【参考】

○　厚生省生活環境審議会廃棄物処理部会産業廃棄物専門委員会「今後の産業廃棄物対策の基本的方向について」（平成8年9月）（抄録）

「最終処分場等産業廃棄物処理施設の設置に当たっては都道府県知事の許可を受けることとなっているが、現行の廃棄物処理法上、技術上の基準に適合していることと最終処分場について災害防止のための計画が定められていることが要件となっているものの、直接、住民等とのかかわり合いに係る規定は設けられていないことから、要綱等においてこれを補完する対応がなされているところである。施設の円滑な設置を進めていくためには、施設の設置に伴う地域の生活環境への影響に十分に配慮し、悪影響を及ぼさないものであることについて住民の十分な理解を得ていくことは重要であり、法律上、施設の設置の許可に至る手続の中に、住民等の理解を得ていくための仕組みを設けることが必要である。このため、施設を設置しようとする者は施設の立地に伴う生活環境への影響を調査し、その結果を都道府県が事業計画と併せて公告・縦覧に付すとともに、関係住民や市町村の意見を聴取する等の手続を法令で明確に定めるべきである。

その際、専門家により審査する機関を設けるなどにより、事業の内容や生活環境への影響を客観的に審査できる仕組みを導入すべきである」。

(1)　生活環境影響調査制度

産業廃棄物処理施設の設置に係る許可につき、その設置に関する計画が周辺地域の生活環境の保全について適正な配慮がされていることもその要件として定めているところ、上記許可の申請に際して、当該施設の設置が周辺地域の生活環境に及ぼす影響についての調査の結果を記載した書類（「環境影響

調査報告書」）を申請書に添付して公衆の縦覧に供すべきものとし（廃掃法15条3項・4項）、市町村長や利害関係者の生活環境の保全上の見地からの意見の聴取等の手続を定め（同条5項・6項）、都道府県知事が上記の設置に係る許可をするにあたっても、生活環境の保全に関し専門的知識を有する者の意見を聴取すべきものとしている（同法15条の2第3項）。

　上記の環境影響調査報告書には、①設置しようとする産業廃棄物処理施設の種類、規模および処理する産業廃棄物の種類を勘案し、当該施設を設置することに伴い生ずる大気質、水質、悪臭、地下水等に係る事項のうち、周辺地域の生活環境に影響を及ぼすおそれがあるものとして調査を行ったものおよびその現況等、②当該施設を設置することが周辺地域の生活環境に及ぼす影響の程度を予測するために把握した水象、気象その他自然的条件および人口、土地利用その他社会的条件の現況等、③上記の影響の程度を分析した結果などの事項を記載すべきものとされている（廃掃法施行規則11条の2）。

　そして、環境省が上記の調査を適切で合理的に行われるものとするために上記の調査に関する技術的な事項を科学的知見に基づいて取りまとめて公表している「廃棄物処理施設生活環境影響調査指針」において、上記の調査の対象とされる地域は、施設の種類および規模、立地場所の気象および水象等の自然的条件並びに人家の状況等の社会的条件を踏まえて、当該施設の設置が生活環境に影響を及ぼすおそれがある地域として選定されるものとされている。

　これは、生活環境影響調査制度といわれ、それ以前の廃掃法が、住民参加に関して何の手続も設けていない（行政手続法10条に基づく公聴会は開催する必要はないと厚生省が判断していた）ことに対する批判に応える措置として、平成9年改正法によって導入された。

　産業廃棄物処理施設の設置にあたっては、アセス法にかかわらず、環境影響調査報告書を添付しなければならない。

　廃掃法15条3項に基づく調査は、周辺地域の生活環境への影響について調査する。アセス法に基づくものほど大がかりではないため「ミニ・アセス

243

メント」ともいう。なお、アセス法に基づく調査内容には、周辺地域の生活環境への影響についての調査も当然に含まれている。大は小を兼ねるのである。そこで、アセス法に基づくアセスが実施された場合には、アセスの評価書をもって、廃掃法15条3項の報告書として提出できる。

(2)　改正法の限界

しかし、A県条例と比較することによって、次の限界が指摘できる[9]。
①　事業者が施設の内容をすべて決定してから行う許可申請後の手続であり、住民に情報を提供するタイミングが遅く、住民の意見に対応をする柔軟性を欠くこと（タイミングの問題）。
②　住民参加とされているのが意見提出のみであって、事業者に直接に不安を訴え意見を交わすようにはなっていないこと（手続内容の問題）。
③　住民への対応ぶりを評価して許可審査ができるようにはなっていないこと（許可基準の実体的内容の問題）。

(3)　条例手続の必要性

許可権限をもつ県としては、公衆衛生向上と生活環境保全という法律目的を実現するには、補完的なしくみを、行政指導ではなく法的拘束力あるものとして整備する必要がある、と考えたのであろう。大塚教授は「事前手続条例は、廃掃法の許可手続と同一目的の規定ということもできるが、当該条例が紛争の予防調整のための手続を定めているのであれば、住民に拒否権を与えるものでない限り、廃掃法の規定の不備を補うものであり、地方の実情に応じた制定が廃掃法によって許容される」と指摘する[10]。

9　大塚302頁、北村486頁。
10　大塚302頁。

(4)　原告適格判断の証拠

　判例[11]は、産業廃棄物処理施設の周辺住民の原告適格が争われた事案の具体的な検討（あてはめ）で、「環境影響調査報告書において調査の対象とされる地域が、……一般に当該最終処分場の設置により生活環境に影響が及ぶおそれのある地域として選定されるものであることを考慮」している。同判例の調査官解説[12]は「環境影響調査報告書における調査対象地域内の居住の事実をもって『おそれ』の存在を基礎付ける重要な考慮事情とすることにより、より簡明な原告適格の有無の判断を行いうる」としたうえで、「15条3項において、産廃処理施設の設置許可の申請書には必ず環境影響調査報告書を添付すべきものとされていることに照らすと、……設置許可申請がされた産業廃棄物処理施設について周辺住民から許可処分の取消訴訟等が提起された場合には、その原告適格の有無の判断のために、設置許可申請に添付された環境影響調査報告書の写しが証拠として提出される」と指摘する。また、廃掃法15条3項に基づく環境影響調査は、「当該調査（調査の時点ではまだ設置されておらず、計画段階である。）が法令で定める基準に適合して設置されることを前提として、その設置により周辺地域の生活環境にいかなる影響が及ぼされるかにつき調査するものであるが、現実に訴訟等で問題とされるのは、実際に設置された施設が基準に適合していないのにそれが見過されたり、あるいは施設の設置後の維持管理の不備等により基準を満たさなくなるなどの場合である。このように、環境影響調査につき同法施行規則が定める『周辺地域の生活環境に影響を及ぼすおそれがあるもの』は、訴訟等で生活環境への影響が問題とされる場面における『影響を及ぼすおそれ』とはその前提を異にすることに留意すべき」とする[13]。

11　最判平成26・7・29民集68巻6号620頁。
12　清水知恵子「判解」民事篇平成26年度313頁、331頁。
13　清水・前掲（注12）333頁。

③　公法的基準の遵守状況と因果関係の立証[14]

〔設問〕

　Ｃ社が最終処分場建設に取りかかろうとしたところ、最後まで反対を した一部住民から、処分場の操業により有害物質を含む汚水が漏出し、 それによって日常的に飲用している井戸水が汚染される可能性が高いこ とを理由に、Ｃ社に対して、建設の差止めを求める訴訟が提起された。 Ｃ社は、「Ａ県知事の許可を得ているし、廃掃法の諸基準を遵守して操 業するから問題はない」、「有害物質を含む汚水漏出、被害発生、因果関 係の存在は、住民側で立証すべきだ」と主張している。

　この主張に対して、住民の代理人として、どのような主張を展開する ことができるか。

(1)　公法的基準の遵守状況

　受忍限度判断にあたって比較衡量される要素の１つとして、「公法的基準 の遵守状況」がある。許可を得ていることや廃掃法上の処理基準・維持管理 基準の遵守が命令や罰則の担保の下に義務付けられていることゆえに住民の 不安は杞憂にすぎないという事業者の反論を想定して、①許可を得ているこ とはあくまで判断の有力な要素の１つにとどまり絶対のものではないこと、 ②許可を得たとしてもそれは操業後の基準遵守を保障するものではないこ と、③安定型処分場に義務付けられる展開検査が十分にされる保障はなく、 有害物質混入の場合に処理場外に漏出することは不可避であること、などの 再反論をすることが考えられる。

14　司法試験・環境法・平成23年度・第１問・改題。

(2) 因果関係の立証

　因果関係の立証について、立証責任は原告にあるのが原則であるが、原告が漏出と地下水汚染の高度の蓋然性について一応の立証をするか、それについての相当程度の可能性の立証をすれば、それが発生する高度の蓋然性がないことを被告が立証ないし反証しない限り被害発生の事実上の因果関係が推認される、とするなどの主張が考えられる。最近の裁判例には因果関係についてこうした判示をするものがある。そのような見解によるならば、原告の主張は認容される可能性が高いことになる。

④　産業廃棄物管理票（マニフェスト）[15]

〔設問〕

　総合建設業者であるＡ社は、同社が元請け施工するすべてのマンション建設現場から排出される産業廃棄物（特別管理産業廃棄物ではない）の収集運搬および中間処理を、廃掃法に基づいて、Ｂ県知事からそれぞれに係る産業廃棄物処理業の許可を受けたＣ社に委託していた。

　Ａ社は、産業廃棄物の排出にあたって、Ｃ社に対して、紙の産業廃棄物管理票（以下、「マニフェスト」という）を適切に交付し、写しの送付を確認していた。ところが、交付したマニフェストについて、収集運搬に係る写しは適切に送付されてきていたものの、2005年5月頃から、中間処理に係る写しは、Ｃ社からの適時の送付が滞り始め、2008年からは、半年分が一度に送られてくるようになった。しかし、Ａ社は、これまで特段の問題は発生していなかったことから、それについて何の対応もせず放置していた。

　そうしたところ、Ｃ社が当該マニフェストに係る産業廃棄物を不法投棄していることが明らかになった。Ｃ社は、利潤追求に走るあまり、Ａ社以外からも、その処理能力を超える産業廃棄物の処理を受託しており、処理施設に運搬した後、処理しきれない産業廃棄物を、Ａ社と取引があったＤが所有する土地（以下、「本件土地」という）に投棄していたのであった。

　Ｃ社は、Ｄからは資材置場として用いるという名目で本件土地を賃借していた。Ｄは、一度本件土地に行った際に、産業廃棄物らしいものが投棄されていると気づいてはいたが、賃料収入があることから、Ｃ社の行為を黙認していた。

　本件土地の隣には、農民Ｅの畑があり、農作物を栽培している。不法

15　司法試験・環境法・平成27年度・第1問・改題。

投棄量が増えるにつれて、不法投棄された産業廃棄物に起因する異臭の
する液体が、Ｅの畑に流入するようになった。2010年５月になって、
農作物への影響を心配するＥが当該液体を採取して調査会社に持ち込ん
だところ、0.1mg/lの鉛（なお、土壌の汚染に係る環境基準値は、0.01mg/l
以下である）が検出された。驚いたＥは、同年６月、Ｂ県知事に通報した。
この事実を確認したＢ県知事は、四囲の状況から判断して、原因は本件
土地に不法投棄された産業廃棄物であると考えている。

　この場合において、Ｂ県知事は、廃掃法上、どのような法的措置を講
ずることができるか。なお、Ｃ社に対する法的措置については考えなく
てよい。

【参考】
○　**廃掃法施行規則（昭和46年９月23日厚生省令第35号）（抄録）**
（管理票の写しの送付を受けるまでの期間）
第８条の28　法第12条の３第８項の環境省令で定める期間は、次の各号に掲
　げる区分に応じ、それぞれ当該各号に定めるものとする。
　　一　法第12条の３第３項前段又は第４項前段の規定による管理票の写しの
　　　送付管理票の交付の日から90日（特別管理産業廃棄物に係る管理票にあ
　　　つては、60日）
　　二　法第12条の３第５項又は第12条の５第６項の規定による最終処分が終
　　　了した旨が記載された管理票の写しの送付　管理票の交付の日から180日

---

(1)　措置命令

　産業廃棄物処理基準または産業廃棄物保管基準に適合しない産業廃棄物の
保管、収集、運搬または処分が行われた場合において、生活環境の保全上支
障が生じ、または生ずるおそれがあると認められるときは、都道府県知事は、
必要な限度において、処分者等に対し、期限を定めて、その支障の除去等の
措置を講ずべきことを命ずることができる（廃掃法19条の５第１項）。

(2)　要　件

(A)　「生活環境の保全上支障が生じ、又は生ずるおそれがある」

　生活環境の保全上支障が生じ、または生ずるおそれがあるとは、人の生活に密接な関係がある環境に何らかの支障が現実に生じ、または通常人をしてそのおそれがあると思わせるに相当な状態が生ずることをいう。

【廃棄物規制課長通知（2021年4月14日）】

① 「生活環境」とは、環境基本法（平成5年法律第91号）第2条第3項に規定する「生活環境」と同義であり、社会通念に従って一般的に理解される生活環境に加え、人の生活に密接な関係のある財産又は人の生活に密接な関係のある動植物若しくはその生育環境を含むものであること。また、「生活環境の保全」には当然に人の健康の保護も含まれること。

② 「おそれ」とは「危険」と同意義で、実害としての支障の生ずる可能性ないし蓋然性のある状態をいうこと。しかし、高度の蓋然性や切迫性までは要求されておらず、通常人をして支障の生ずるおそれがあると思わせるに相当な状態をもって足りること。

③ このように「生活環境の保全上支障が生じ、又は生ずるおそれがある」とは、人の生活に密接な関係がある環境に何らかの支障が現実に生じ、又は通常人をしてそのおそれがあると思わせるに相当な状態が生ずることをいい、例えば、安定型産業廃棄物が道路、鉄道など公共用の区域や他人の所有地に飛散、流出するおそれがある場合、最終処分場以外の場所に埋め立てられた場合なども当然に対象となること。

◙設問の検討

　これを本設問についてみると、中間処理に関するマニフェストの写しは、交付後90日以内に送付されることが求められているところ（廃掃法12条の3第4項、廃掃法施行規則8条の28第1号）、本事案においては、半年以上が経過している。そうした場合には、マニフェスト交付者は、委託に係る産業廃棄物の処分に係る状況の把握が義務付けられる（廃掃法

12条の３第８項）が、A社は、その義務を懈怠しているのであり、「産業廃棄物処理基準……に適合しない産業廃棄物の保管、収集、運搬又は処分が行われた場合」といえる。また、本件土地の隣には、農民Eの畑があり、農作物を栽培しており、不法投棄量が増えるにつれて、不法投棄された産業廃棄物に起因する異臭のする液体が、Eの畑に流入するようになり、さらに2010年５月になって、農作物への影響を心配するEが当該液体を採取して調査会社に持ち込んだところ、$0.1mg/l$の鉛（なお、土壌の汚染に係る環境基準値は、$0.01mg/l$以下である）が検出されたのであるから、通常人をして人の生活に密接な関係がある環境に支障が現実に生じるおそれがあると思わせるに相当な状態が生ずることという「生活環境の保全上支障が生じ」た。したがって、B県知事は、必要な限度において、処分者等に対し、期限を定めて、その支障の除去等の措置を講ずべきことを命ずることができる。そこで、B県知事は、まず、「廃掃法12条の３第８項の規定に違反して、適切な措置を講じなかった」A社に対して、支障の除去等の措置を求めて措置命令を発することができる（廃掃法19条の５第１項３号へ）。

(B)　廃掃法19条の５第１項５号

他人の不適正処理に関与した者が広く含まれる。

【廃棄物規制課長通知（2021年４月14日）】

　法第19条の５第１項第５号に該当する者には、不法投棄等の不適正処理を斡旋又は仲介したブローカーやこれを知りつつ土地を提供するなどした土地所有者、無許可業者の事業場まで廃棄物を運搬した者、無許可業者に対して資金提供を行っていた者など、他人の不適正処理に関与した者が広く含まれるものであること。なお、同号にいう「当該処分等をすること」とは、一定の作為が行われたことのみを指すものではなく、行為者の作為又は不作為により、処理基準等に違反する状態が継続していることを含む概念であることから、処理状況を知りつつ土地を購入し特段の理由なく違反状態を容認・放置した者など、処理基準等違反の状態を容易にし、又は継続した者も「当該処

分等をした者又は当該処分等をすることを助けた者」に該当し得ること。

◩設問の検討

　これを本設問についてみると、Dに関しては、不法投棄がされていることに気づいているにもかかわらずこれを黙認しているところ、不作為により処理基準等違反の状態を容易にし、または継続したといえ、当該処分等をすることを助けた者」に該当する。そこでB県知事は、Dに対しても、支障の除去等を求める措置命令を発することができる（廃掃法19条の5第1項5号）。

(C)　「必要な限度」

　支障の程度および状況に応じ、その支障を除去しまたは発生を防止するために必要であり、かつ経済的にも技術的にも最も合理的な手段を選択して措置を講ずるように命じなくてはならない。

【廃棄物規制課長通知（2021年4月14日）】
　措置命令は「必要な限度において」とされており、支障の程度及び状況に応じ、その支障を除去し又は発生を防止するために必要であり、かつ経済的にも技術的にも最も合理的な手段を選択して措置を講ずるように命じなくてはならないこと。具体的には、例えば、最終処分場において、浸出液により公共の水域を汚染するおそれが生じている場合には、遮蔽工事や浸出液処理施設の維持管理によって支障の発生を防止できるときは、まずその措置を講ずるように命ずるべきであって、これらの方法によっては支障の発生を防止できないときに初めて、処分された廃棄物の撤去を命ずるべきであること。

(D)　権限不行使

　廃掃法19条の5は、「命ずることができる」と規定されているところ、同条は生活環境の保全を図るため都道府県知事に与えられた権限を定める趣旨である。

【廃棄物規制課長通知（2021年4月14日）】

　法第19条の5は、「命ずることができる」と規定されているところ、同条は生活環境の保全を図るため都道府県知事に与えられた権限を定める趣旨であるから、不適正処理された産業廃棄物又は有害使用済機器の種類、数量、これらによる生活環境の保全上の支障の程度、その発生の危険性など客観的事情から都道府県知事による措置命令の発出が必要であるにも関わらず、合理的な根拠がなく権限の行使を怠っている場合には、違法とされる余地があること。

⑤ 著しく安価な委託料金による委託[16]

〔設問〕

　総合建設業者であるＡ社は、同社が元請け施工するすべてのマンション建設現場から排出される産業廃棄物（特別管理産業廃棄物ではない）の収集運搬および中間処理を、廃掃法に基づいて、Ｂ県知事からそれぞれに係る産業廃棄物処理業の許可を受けたＦ社に委託していた。

　ほどなく、Ａ社の経営が、極度に悪化してきた。そこで、Ａ社は、Ｆ社に対して、委託料金の大幅な値引きを求めるようになった。その額は、Ｂ県内での同種処理の平均的料金の40％であった。

　最初は難色を示していたＦ社であったが、同社も業績が悪化していたし、処理委託される産業廃棄物の量が多いためにそれなりの利益は得られると考え、結局はＡ社の要求を受け入れた。そして、新たな契約に基づき、2012年５月頃から、以前の料金の40％の価格で処理を受託していた。このような料金では、適正処理は無理なことが程なく判明したが、値上げ交渉は困難と考え、契約条件を変えないままでいた。

　Ａ社のマンション工事現場からは、産業廃棄物が排出され続けている。収集運搬後の処理に困ったＦ社は、2013年５月頃から、中間処理はしたという虚偽のマニフェストの写しをＡ社に送付する一方で、Ｂ県内の山林に産業廃棄物を不法投棄するようになった。2015年１月になって、Ｆ社は事実上倒産したため、Ａ社の委託は停止された。

　不法投棄されたＡ社の産業廃棄物は、相当の高さに積み上がっている。この不法投棄地のすぐそばには、かねてより地元住民が日常的に散策を楽しんでいた遊歩道がある。堆積された産業廃棄物の一部が、遊歩道上に少しずつ崩落している状態にある。

16　司法試験・環境法・平成27年度・第１問・改題。

　この場合において、Ｂ県知事は、廃掃法上、どのような法的措置を講ずることができるか。

(1)　前　提

　処分者の資力その他の事情からみて除去等の対応が困難なとき（廃掃法19条の6第1項1号）、委託者である排出事業者が適正な対価を負担していないとき（同項2号）などの要件を満たせば、当該排出事業者を、生活環境保全上の支障除去等を求める命令の名あて人とすることができる（同条）。

　すなわち、責任の名あて人が「処分者」（受託者）ではなく「排出事業者」（委託者）にシフトする（責任の巻き戻し）、ということである。

(2)　趣　旨

　事業者は、その産業廃棄物を自ら処理しなければならない（廃掃法11条1項）。産業廃棄物排出事業者の責任は、自らが処理する以外にも、適正な委託によっても果たされるが、その前提には、適正な処理ができる委託料金が支払われていることがある。料金をいくらにするかは、委託者と受託者の自由契約によっており、法は何ら規定していない。一般的には、委託者が契約交渉上優位な立場にあるため、安価な料金での契約締結がされているといわれていた。その料金では適正処理は困難であることから、この点が不法投棄の温床の1つとなっていた。もちろん、不法投棄をした受託者の責任が追及されるべきではあるが、生活環境保全上の支障除去等をする資力がない場合が少なくなく、そうなれば、投棄された産業廃棄物がそのままになってしまう。

　そこで、民事上有効な契約に関して、法の制度趣旨を踏まえ、契約の一方当事者に行政法的責任を課したのである。

　しかし、本来は処分者が責任を負うのが原則であるところ、本来は民事上有効な契約であるのだから、排出事業者に対し、過大な要求をすることは妥当ではない。

　そこで、当該支障の除去等の措置は、当該産業廃棄物の性状、数量、収集、運搬または処分の方法その他の事情からみて相当な範囲内のものでなければならない（廃掃法19条の 6 後段）。

【廃棄物規制課長通知（2021年 4 月14日）】

　法第19条の 6 第 1 項の措置命令は、相当な範囲内において支障の除去等の措置を講じることができるものであり、「相当な範囲」とは、不適正処理された産業廃棄物の性状、数量、処分の方法その他の事情からみて、通常予想される生活環境保全上の支障の除去に限定する趣旨であって、複合汚染や二次汚染など通常予想し得ない支障は、これに含まれないこと。

---

(3)　「適正な対価を負担していないとき」

　「適正な対価を負担していないとき」（廃掃法19条の 6 第 1 項 2 号）とは、不適正処理された産業廃棄物を一般的に行われている方法で処理するために必要とされる処理料金からみて著しく低廉な料金で委託すること（実質的に著しく低廉な処理費用を負担している場合を含む）をいう[17]。

【廃棄物規制課長通知（2021年 4 月14日）】

　「適正な対価を負担していないとき」とは、不適正処理された産業廃棄物（中間処理後の産業廃棄物にあっては事業活動に伴って生じた段階からの全ての産業廃棄物）を一般的に行われている方法で処理するために必要とされる処理料金からみて著しく低廉な料金で委託すること（実質的に著しく低廉な処理費用を負担している場合を含む。）をいうものであること。

　「適正な対価」であるか否かを判断するに当たっては、まずは都道府県において、可能な範囲内でその地域における当該産業廃棄物の一般的な処理料金の範囲を客観的に把握すること。そして、その処理料金の半値程度又はそれを下回るような料金で処理委託を行っている排出事業者については、当該料金に合理性があることを排出事業者において示すことができない限りは、「適

17　大塚313頁。

正な対価を負担していないとき」に該当するものと解して差し支えないこと。なお、当該処理料金の半値程度よりも高額の料金で処理委託をした場合においても、これに該当する場合があることは言うまでもないことから、排出事業者が一般的な料金よりも安い価格で委託しても適正処理がなされると判断した理由について、随時報告徴収を実施するなどして把握するように努めること。

◼️設問の検討

　これを本設問についてみると、B県内の同種処理の平均的料金の40％での委託であるところ、処理料金の半値を下回る料金で処理委託を行っていた。一方で、F・A間において当該料金に合理性があることを示す事情は見当たらない。したがって、AはFに対し、不適正処理された産業廃棄物を一般的に行われている方法で処理するために必要とされる処理料金からみて著しく低廉な料金で委託したものといえ、Aは「適正な対価を負担していない」。また、堆積された廃棄物の一部が遊歩道に崩落し始めているから「生活環境の保全上の支障」がある。そこで、B県知事は、A社に対して支障除去等を求める措置命令（廃掃法19条の6第1項2号）を発することができる。

⑥　産業廃棄物の処理および委託[18]

〔設問〕

　Ａは、Ｂ県に所在し、エアコンやテレビ等の使用済み家庭用電気機器（以下、「家電機器」という）を集めて、その中から金属類を取り出し、再資源化する業者である。Ａの再資源化工場は田地を転換して建設したものであって、周囲は今も田地であり稲作が行われている。

　Ａは、家電機器を解体する際に生じる大量の廃プラスチック片を、今までは廃棄していたが、これを再資源化することを思いついた。しかし、廃プラスチック片には有害物を含む多くの不純物が混ざっており、そのままでは資源として使うことのできない性質のものであった。そのため、再資源化のためには特殊な加工が必要であり、かつ、資源として使用可能なものは、廃プラスチック片の全体量のほんの一部にすぎなかった。そこで、自ら再資源化のための加工設備を持っていなかったＡは、別の再資源化業者Ｃに費用を支払って廃プラスチック片の加工を委託した。ＣはＡから受け取った廃プラスチック片を他の者から入手したものと混同させることなく加工し、資源として使用可能になったプラスチックのペレットを、廃プラスチック片の加工から生じる残渣とともにＡに引き渡すこととした。

　ＡがＣに廃プラスチック片の加工を委託することについて廃掃法上、どのような考慮が必要か。

　まず、事業者は、その産業廃棄物を自ら処理しなければならない（廃掃法11条1項）。他方、事業者は、その産業廃棄物の運搬または処分を他人に委託する場合には、その運搬については廃掃法14条12項に規定する産業廃棄

18　司法試験・環境法・令和元年度・第2問・改題。

物収集運搬業者その他環境省令で定める者に、その処分については同項に規定する産業廃棄物処分業者その他環境省令で定める者にそれぞれ委託しなければならない（同法12条5項以下）。

　本設問では、使用済み家電機器の処理により生じる廃プラスチック片が廃掃法上の「廃棄物」であるか否かを検討する必要がある。

　この点、「廃プラスチック類」（廃掃法2条4項1号）は、産業廃棄物としてあげられているが、これは「事業活動によって生じた廃棄物」であることが前提であり（同号）、判例[19]の「不要物」の判断方法に従って廃棄物該当性の検討は必要になる。

◨設問の検討

　　本設問の事実関係からは、本設問の廃プラスチック片に取引価値はなく、「不要物」であり、「廃棄物」と認定すべきと思われる。そして、廃棄物である廃プラスチック片は、Aの事業活動によって生じたものであるから、「産業廃棄物」にあたる。

　次に、廃プラスチック片の加工を廃棄物の「処理」（廃掃法1条が列挙する「分別、保管、収集、運搬、再生、処分等」）と考える場合は、Aがそれを他人であるCに委託する場合は、いわゆる委託基準（同法12条5項）が適用になり、Cは許可を得た産業廃棄物処分業者でなければならない（同法14条12項）。

　他方で、Aが廃プラスチックを自ら処理する場合（廃掃法11条1項）は、産業廃棄物の処理基準（同法14条1項から4項）が適用になるが、A自体は廃プラスチック片の加工について産業廃棄物の処分業者の許可は不要である（同条6項ただし書）。他方で、産業廃棄物処理施設の設置については許可が必要である（同法15条1項）。

◨設問の検討

　　本設問の特殊性は、AはCに加工委託費用を払っており、CはAから受け取った廃プラスチック片を他者から入手したものと混同させること

19　前掲（注2）・最決平成11・3・10〔おから事件〕。

なく加工し、加工の結果生じた資源であるプラスチックのペレットとともに残滓もすべてＡに引き渡しているところにある。

　これは、見方によっては、Ｃの廃プラスチック片の加工行為は、廃棄物の「処理」ではないか、またはＡによる自己処理の一部にすぎないといえそうである。そうすると、本件では、廃掃法上の委託基準は適用にならないという結論もあり得なくはない。この点、実務では、本件と事実関係は同一ではないが、事業者で発生した廃液を他者に再生加工させ、自ら利用する場合について、「加工委託」であるとし、廃掃法上の委託基準は適用がないとする見解も存在する。

⑦　有害使用済機器の保管等[20]

Aは、B県に所在し、エアコンやテレビ等の使用済み家庭用電気機器（以下、「家電機器」という）を集めて、その中から金属類を取り出し、再資源化する業者である。Aの再資源化工場は田地を転換して建設したものであって、周囲は今も田地であり稲作が行われている。

〔設問Ⅰ〕

Aは、自らの再資源化工場の処理能力を超えて家電機器を集め続けていたため、Aの工場敷地内には、解体されないままの家電機器が山積みになっていた。そして、Aによる家電機器の保管が適正ではなかったため、人の健康または生活環境に係る被害が生じうる状態にある。B県知事はAに対してどのような措置がとれるか。

〔設問Ⅱ〕

その後、Aの工場敷地内で山積みになっていた家電機器はさらに放置され、再資源化のための処理がなされないまま、原形をとどめない程度にまで劣化・変色し、その下から液体が染み出して、Aの工場に接する農業用の用水路に流れ込んでいる状態になった。Aの工場敷地内に放置された家電機器は、鉛、水銀、アンチモン、砒素、カドミウム等の有害物質を含むものであり、Aの工場の周囲の田地で稲作に従事している農家のDらは、染み出している液体に含まれる有害物質が生育中の稲を汚染することを危惧し、B県の環境担当部局に相談した。

(1)　B県知事はAに対してどのような措置がとれるか。

(2)　DらはAに対していかなる法的請求が可能か。

20　司法試験・環境法・令和元年度・第2問・改題。

設問 I

(1)　前　提

　家電機器が使用済みであること、解体されないまま山積みになっていたこと以外の事実は不明であり、むしろＡは使用済み家電機器を再資源化のために集めていたものであるから、これを「不要物」と断定することはできない。この点、廃棄物であれば、Ｂ県としては、Ａに対してその保管に関して必要な報告の徴収（廃掃法18条１項）や立入検査（同法19条１項）を実施すること、さらには適正な処理の実施を確保するために改善命令（同法19条の３）を出し、生活環境の保全上支障が生じ、または生ずるおそれがあると認められるときは、その支障の除去等の措置を講ずるべきことを命ずることができる（措置命令。産業廃棄物の場合は同法19条の５第１項）。

(2)　有害使用済機器の保管等

　有害使用済機器とは、「使用を終了し、収集された機器（廃棄物を除く。）のうち、その一部が原材料として相当程度の価値を有し、かつ、適正でない保管又は処分が行われた場合に人の健康又は生活環境に係る被害を生ずるおそれがあるものとして政令で定めるもの」（廃掃法17条の２第１項）をいい、これは廃棄物ではないものとされている。具体的には、いわゆる雑品スクラップを想定して廃掃法施行令16条の２において届出の対象となる機器を規定している。廃掃法施行令16条の２は、ユニット型エアコンディショナー、電気冷蔵庫・冷凍庫、電気洗濯機・衣類乾燥機、テレビ等の使用済み家電機器を「有害使用済機器」に指定している。

　使用済電気電子機器等が、製品としての再使用が行われず、破砕等されたもの（雑品スクラップがこれに該当）については、ぞんざいに取り扱われることにより、その内部に含まれる有害物質が飛散、流出する等のおそれがあり、生活環境の保全上の支障を生じさせる可能性があることから、適正な管理下

におく必要がある。スクラップヤードにはある程度広域的な範囲から物品が持ち込まれている実態があること、使用済電気電子機器等に起因すると考えられる火災が発生していることや保管、処分等に際して有害物質が周辺に飛散するなどの環境影響の懸念が生じていることを踏まえ、そのような生活環境に係る被害が生じるおそれがある性状を有する物の保管や処分をしようとする者について、法的対応も含め、都道府県等による一定の規制にかからしめるのが相当であると考えられた。[21]

特に問題となったのは雑品スクラップであり、これは、乱雑に扱われる点で廃棄物に近い特徴を有するとともに、相当程度の資源価値はあるので、不要物として不法投棄されるわけではなく、収集されるという特色を有する。廃棄物に近いが、相当程度の資源価値を有する点が異なるため、廃棄物に準ずる扱いをし、届出制で足りるとした。[22]

廃棄物該当性の判断の結果、廃掃法施行令16条の2各号に掲げる機器のうち廃棄物には該当しないと判断されたものの保管または処分を行っている場合にあっては、有害使用済機器の該当性を適切に判断する。

有害使用済機器保管等業者は、政令で定める有害使用済機器の保管および処分に関する基準に従い、有害使用済機器の保管または処分を行わなければならない（廃掃法17条の2第2項）。この趣旨は、「有害使用済機器」の保管処分にはある程度設備投資が必要となるため、既存の家電リサイクルや小型家電リサイクルのルートに誘導し、また、海外への流出が抑止されることを企図する点にある。[23]

報告徴収（廃掃法18条1項）、立入検査（同法19条1項・3項・4項）、改善命令（同法19条の3（1号および3号を除く））並びに措置命令（同法19条の5第1項（2号から4号までを除く）および2項）の規定は、有害使用済機器の保管または処分を業とする者について準用される（同法17条の2第3項）。なお、措置命

21　中央環境審議会「廃棄物処理制度の見直しの方向性（意見具申）」（2017年2月14日）14頁。
22　大塚306頁。
23　大塚306頁。

令（同法19条の6）の規定は、一般廃棄物に類する物が多いため、準用されていない。

【廃棄物規制課長通知（2021年4月14日）】

「使用を終了し」とは、機器が全体として機能せず、かつ本来意図されている用途として使用できない状態になっていることをいうこと。なお、部品等の機器の一部のみが使用可能であっても、機器が全体として機能していない場合にあっては、使用を終了していると解して差し支えないこと。ただし、仮に機器の一部が機能しない場合であっても、修理が予定されている場合は、「使用を終了」しているとはいえないこと。「収集された」とは、機器が行為として収集されたことをいい、有害使用済機器になる前の機器の所有者等自らが有害使用済機器の排出者となる場合は、「収集された」こととはならないこと。

🔲 設問の検討

　これを本設問についてみると、「使用済み機器」「保管が適正ではないこと」「人の健康又は生活環境に係る被害が生じ得る状態」と廃掃法17条の2の文言がほぼ引用されている。同条では「有害使用済機器」について政令（廃掃法施行令16条の2）で定めることになっており、ユニット型エアコンディショナー、電気冷蔵庫・冷凍庫、電気洗濯機・衣類乾燥機、テレビ等の使用済み家電機器が指定されている。

　有害使用済機器の保管または処分を業とする者についても、報告徴収、立入検査、改善命令並びに措置命令の規定が準用される。

設問Ⅱ(1)

　さらに事態が進み、山積みの使用済み家電機器が放置された結果、劣化・変色して、もはや原型をとどめない状態になっているところ、判例[24]の示した物の性状、排出の状況、通常の取扱い形態、取引価値、事業者の意思等を

24　前掲（注2）・最決平成11・3・10〔おから事件〕。

総合的に勘案すると、「不要物」であり、廃棄物性を肯定することになると思われる。

そうすると、B県としては、Aに対して、[表6-1]の行政措置を講じることができる。

[表6-1] とりうる行政措置

措置	一般廃棄物	産業廃棄物
報告徴収	廃掃法18条1項	廃掃法18条1項
立入検査	廃掃法19条1項	廃掃法19条1項
改善命令	廃掃法19条の3	廃掃法19条の3
措置命令	廃掃法19条の4	廃掃法19条の5
代執行	廃掃法19条の7	廃掃法19条の8

ところで、何人も、みだりに廃棄物を捨ててはならない（廃掃法16条）。なお、16条の規定に違反して、廃棄物を捨てた者は5年以下の懲役もしくは1000万円以下の罰金に処され、またはこれを併科される（同法25条1項14号）。

廃棄物については、その態様、期間等に照らして、管理を放棄したと認められれば、「みだりに」廃棄物を「捨て」たといえるものといえる。廃棄物を「捨て」る行為が「みだりに」行われたものといえるかについて、判例は[25]「生活環境の保全及び公衆衛生の向上を図るという法の趣旨に照らし、社会的に許容されるか」から[26]という観点から判断する立場を示唆する。具体的には、「行為の態様、当該物の性質、量、管理の状況、周囲の環境、行為者の内心の意図等の行為の客観、主観面を総合」する。そのうえで、調査官解説は[27]、捨てる場所についての行為者の利用権の有無については、「廃棄物の性質、投棄の規模、態様などから周囲の環境を害さないといえるような場合（例えば、台所から出る生ゴミを土中に埋めるなど）に限り、正当化に意味を持つにとどまる」と指

25 最決平成18・2・20刑集60巻2号182頁［野積み不法投棄刑事事件］。
26 福島地裁会津若松支判平成16・2・2判時1860号157頁。
27 前田巌「判解」最判解刑事篇平成18年度75頁、96頁。

摘する。

◘設問の検討

　これを本設問についてみると、Aの工場敷地内で山積みになっていた家電機器は放置され、再資源化のための処理がなされないまま、原形をとどめない程度にまで劣化・変色し、その下から液体が染み出して、Aの工場に接する農業用の用水路に流れ込んでいる状態になっているところ、本件廃棄物の置かれた場所が自己の敷地内であることを考慮しても、産業廃棄物の処理について厳格な管理が求められている現在の廃棄物処理法制とそれを支える環境保全の意識の下では、生活環境の保全および公衆衛生の向上という廃棄物処理法の目的に照らして社会通念上到底許容され得ない行為として「みだりに」にあたる。したがって、廃掃法16条違反の適用のため刑事告発しなければならない（刑訴法239条2項）。

　この場合、Aが廃棄物処理業者であれば、〔表6－2〕のとおりの対象になりうる。産業廃棄物処理業の許可制度は、産業廃棄物の処理を業として行うことを一般的に禁止したうえで、事業の用に供する施設および事業を行う者の能力が事業を的確かつ継続的に行うに足りるものとして一定の基準に適合すると認められるときに限って許可することにより、産業廃棄物の適正な処理を確保するものである。したがって、その基準に適合しないと判断されるに至った場合には、直ちに事業の停止を命ずるとともに（廃掃法14条の3）、法が許可を取り消すべき場合として定める要件に該当するに至った場合には、速やかに許可を取り消す等の措置を講ずる（同法14条の3の2）。

〔表6－2〕　廃棄物処理業者における事業停止・許可取消しの廃掃法の条文

	一般廃棄物処理業者	産業廃棄物処理業者
事業の停止	7条の3	14条の3第1号
許可の取消し	7条の4	14条の3の2第5号

【廃棄物規制課長通知（2021年4月14日）】

　「違反行為」とは、法又は法に基づく処分に違反する行為をいい、それによって刑事処分又は行政処分を受けている必要はないこと。したがって、捜査機関による捜査が進行中である場合又は公訴が提起されて公判手続が進行中である場合であっても、違反行為の事実が客観的に明らかである場合には、留保することなく、速やかに処分を行うべきであること。同様に、刑事処分において起訴猶予を理由とする不起訴の処分が行われた場合であっても、これは犯罪の軽重及び情状、犯罪後の情況などを総合的に判断して検察官が訴追を行わないとする処分を行ったものであって、違反行為の事実は客観的に明らかであることから、将来にわたる生活環境の保全上の支障の発生又はその拡大の防止を図ることを目的とする法の趣旨に照らし、厳正な行政処分を行うべきであること。また、犯罪に対する刑罰の適用については公訴時効が存在するが、行政処分を課すに当たってはこれを考慮する必要はないこと。

【廃棄物規制課長通知（2021年4月14日）】

　「助け」とは、他人が違反行為をすることを容易にすることをいい、例えば、収集運搬業者が無許可業者の事業場まで運搬を行う場合、無許可業者への仲介又は斡旋を行う場合、処分業者が、法第12条第6項に規定する委託基準に違反し、あるいは再委託禁止に違反する処分委託であることを知りながらそれを受託する場合などが広くこれに該当すること。

　なお、廃棄物処理業者の許可の取消し後であっても、措置命令の対象になる（廃掃法19条の10）。

【廃棄物規制課長通知（2021年4月14日）】

　「要求」、「依頼」、「唆し」とは、いずれも他人に対して違反行為をすることを働きかける行為であり、実際に違反行為が行われることを要しないものであること。「要求」とは、優越的立場で他人に対して違反行為をすることを求めること、「依頼」とは、「要求」に当たらない場合、すなわち自己と同等以上

267

の地位にある者に対して違反行為をすることを求めることや優越的立場でなく他人に対して違反行為をすることを求めること、「唆し」とは、他人に違反行為を誘い勧めることをいい、「要求」や「依頼」に比べ、一定の行為を行うことを求める程度がより弱いものであり、また、求める者と求められる相手方との関係を問わないものをいうこと。

　なお、収集運搬業者が排出事業者に対して委託基準違反に該当する行為や産業廃棄物管理票（以下「管理票」という。）の不交付、不記載等の違反行為をすることを働きかける行為、処分業者に対して架空の管理票を作成することを働きかける行為等が近時少なからず見受けられるが、これらの行為はこの要件に該当するものであり、厳格な行政処分を実施されたいこと。

〈図6－1〉　手続の流れ

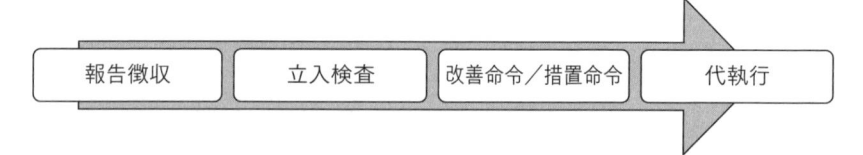

| 報告徴収 | 立入検査 | 改善命令／措置命令 | 代執行 |

設問Ⅱ(2)

◨設問の検討

　Dらとしては、自分たちの財産である稲が汚染され、米が販売できなくなるおそれがあるから、財産権に基づく差止請求（訴訟物は所有権に基づく妨害予防請求権）を検討すべきである。差止請求の内容は、Aに対して、廃棄物の除去により汚染源を絶つ方法をとるか、汚染水が農業用の用水路に流れ込まないような措置をとることを求めることになろう。なお、環境訴訟では人格権が問題となることが多いが、本件で危険に晒されているのは「稲」に対する財産権であり、Dらの生命・身体とすることは難しく、人格権の問題とすることはやや無理がある。

　また、Dらは稲の汚染を「危惧」しているだけであり、被害はまだ発生していないことから、損害賠償請求も難しい。

⑧　発生から処分に至るまでの過程に関与した者が負う法的責任[28]

　建設業を営み、Ｐ県知事から、廃掃法に基づく産業廃棄物の収集運搬業および処分業の許可を受けているＡ社は、総合建設業を営むＢ社から、Ｂ社が元請業者（廃掃法21条の3第1項にいう「元請業者」である）となる甲病院新築工事のうち、下請負人として、基礎工事の施工を受注した。Ａ社は、同工事において地下を掘削したところ、予定地に従前建っていた建物の地中梁が残っていることを発見した。Ａ社は、Ｂ社との間で、別途、地中梁を破砕して解体する処理について、書面による委託契約を締結し、その際、Ｂ社は、この処理によって発生するコンクリート破片の標準的な処理費用の3分の1を負担することとされた。

　Ａ社は、上記により発生したコンクリート破片の処理を、Ｐ県知事から、廃掃法に基づく産業廃棄物の収集運搬業および処分業の許可を受けているＣ社に対し、書面により再委託し、その費用を支払った（この再委託は、廃掃法14条16項ただし書の適用により、同項本文が規定する再委託の禁止に抵触しないものとする）。Ｃ社は、上記コンクリート破片を、甲病院新築工事現場から搬出し、乙地区の住宅地に接するＣ社所有の山林に運搬して、何らの囲いをせず、産業廃棄物処理基準に違反する状態で野積みした。その結果、野積みされた上記コンクリート破片が乙地区の住宅地へ崩れる危険が発生した。その後、Ｃ社の経営状況は悪化した。

　なお、上記の経緯において、産業廃棄物管理票は、適法に作成・交付されていたこととする。

〔設問Ⅰ〕

　Ｐ県知事は、Ｃ社に対する産業廃棄物の収集運搬業および処分業の許

28　司法試験・環境法・令和3年度・第2問・改題。

可の取消しをしない場合、廃掃法上、Ｂ社およびＣ社に対し、どのような理由で、どのような措置を講ずることができるか。

〔**設問Ⅱ**〕

　前記設問Ⅰの措置を講ずる前に、乙地区の住宅地へ前記コンクリート破片の小規模な崩落が生じ始め、その拡大の兆候が現れていた場合に、どのような措置が考えられるか。なお、上記の検討にあたっては、廃掃法21条の3第1項によりＢ社のみを「事業者」とすればよく、同条2項ないし4項の適用については、検討を要しない。

〔**設問Ⅲ**〕

　Ｐ県知事は、Ｃ社に対する産業廃棄物の収集運搬業および処分業の許可の取消しをした場合、その後、廃掃法上、Ｃ社に対し、どのような理由で、どのような措置を講ずることができるか。

〔**設問Ⅳ**〕

　乙土地に土地建物を所有し、そこに以前から居住するＤは、Ｃ社およびＰ県に対して、どのような法的請求が可能か。ただし、要件の具体的な検討は要しない。

【**参考**】

○　廃掃法施行令（昭和46年政令第300号）（抄録）

（産業廃棄物）

第2条　法第2条第4項第1号の政令で定める廃棄物は、次のとおりとする。

　一～八　（略）

　九　工作物の新築、改築又は除去に伴つて生じたコンクリートの破片その他これに類する不要物

　十～十三　（略）

設問 I

(1)　B社に対する措置

(A)　建設工事に伴い生ずる廃棄物の処理に関する例外

　土木建築に関する工事（建築物その他の工作物の全部または一部を解体する工事を含む）が数次の請負によって行われる場合にあっては、当該建設工事に伴い生ずる廃棄物の処理についてのこの法律の規定の適用については、当該建設工事（他の者から請け負ったものを除く）の注文者から直接建設工事を請け負った建設業（建設工事を請け負う営業（その請け負った建設工事を他の者に請け負わせて営むものを含む）をいう）を営む者を事業者とする（廃掃法21条の3）。このように、平成22年改正によって、重層的な事業形態をとる建設事業において、排出事業者は元請人と明確化された。

(B)　措置命令

　処分者の資力その他の事情からみて除去等の対応が困難なとき（廃掃法19条の6第1項1号）、委託者である排出事業者が適正な対価を負担していないとき（同項2号）などの要件を満たせば、当該排出事業者を、生活環境保全上の支障除去等を求める命令の名あて人とすることができる（同条）。

■設問の検討

　　これを本設問についてみると、C社の経営状況は悪化しており、「支障の除去等の措置を講ずることが困難であり、または講じても十分でない」と考えられる。また、B社は、処理によって発生するコンクリート破片の標準的な処理費用の3分の1しか負担していないので「適正な対価を負担していない」といえる。また、野積みされたコンクリート破片が乙地区の住宅地へ崩れる危険が発生しているから、「生活環境の保全上支障が生ずるおそれ」がある。したがって、排出事業者であるB社に対して措置命令を発出できる。

(C)　注意点

なお、A社は、当該運搬または処分を、再委託の禁止に触れない形（廃掃法14条16項ただし書）により、産業廃棄物の収集運搬業および処分業の許可を受けているC社に委託しており、同法19条の5第1項4号に基づく措置命令はできない。

(2)　Cに対する措置

(A)　事業の全部または一部の停止命令

都道府県知事は、産業廃棄物収集運搬業者が廃掃法16条の規定に違反した場合には、その許可を取り消さなければならない（同法14条の3第1号、14条5項2号イ、7条5項4号ニ）。

■設問の検討

これを本設問についてみると、C社はコンクリート破片を、何らの囲いをせず、産業廃棄物処理基準に違反する状態で野積みしているから、生活環境の保全および公衆衛生の向上を図るという法の趣旨に照らし、社会的に許容されるわけもなく、もはや「みだりに……捨てた」というほかない。

C社に対しては、産業廃棄物処理基準に適合しない処分をしたことのほか、投棄禁止（廃掃法16条）に反することをもって違反行為（同法14条の3第1号）に該当するから、事業の全部または一部の停止命令を発出できる。

(B)　措置命令

産業廃棄物処理基準に適合しない産業廃棄物の収集、運搬が行われた場合において、生活環境上の支障が生じ、または生ずるおそれがあると認められるときは、都道府県知事は、必要な限度において、当該収集、運搬を行った者に対し、期限を定めて、その支障の除去等の措置を講ずべきことを命ずることができる（廃掃法19条の5第1項1号）。

272

◪設問の検討

　これを本設問についてみると、C社は、産業廃棄物処理基準に適合しない収集運搬をしていることから、B県知事は、C社に対して廃掃法19条の5第1項1号に基づく措置命令を発出できる。

設問II

(1)　論　点

前記の措置命令等をしていては生活環境の保全上の支障が現に生じてしまうおそれがある場合において、P県知事がとりうる措置はどのようなものか。

(2)　生活環境の保全上の支障の除去等の措置

　この点、行政代執行（廃掃法19条の8第1項）として、行政庁自らが支障の除去措置を行い、その費用を徴収できる。産業廃棄物処理基準または産業廃棄物保管基準に適合しない産業廃棄物の保管、収集、運搬または処分が行われた場合において、生活環境の保全上の支障が生じ、または生ずるおそれがあり、かつ、同項各号のいずれかに該当すると認められるときは、都道府県知事は、自らその支障の除去等の措置の全部または一部を講ずることができる（同項前段）。

　この場合において、廃掃法19条の8第1項2号に該当すると認められるときは、相当の期限を定めて、当該支障の除去等の措置を講ずべき旨およびその期限までに当該支障の除去等の措置を講じないときは、自ら当該支障の除去等の措置を講じ、当該措置に要した費用を徴収する旨を、あらかじめ、公告しなければならない（同項後段）。

(3)　趣　旨

行政代執行法の特例として、簡易迅速な手続により代執行を行うことを可能とする点にある。

【廃棄物規制課長通知（2021年4月14日）】

　処理基準等に適合しない産業廃棄物の処理が行われた場合に速やかな代執行の実施による生活環境の保全を図るため、措置命令を受けた処分者等がこれを履行しないときのほか、措置命令を行うべき処分者等を確知することができないとき又は措置命令を行ういとまがないときに、行政代執行法（昭和23年法律第43号）の特例として、簡易迅速な手続により代執行を行うことを可能とするものであり、積極的に活用されたいこと。なお、「都道府県知事は、自らその支障の除去等の措置の全部又は一部を講ずることができる。」と規定されているとおり、不適正処理の原因者等に対して命じられる支障の除去等の措置の内容と、公費を投入して行われる代執行における支障の除去等の措置の内容とでは自ずから差異があり得るのであり、措置命令を発出した事案において代執行をどこまで実施するかは、不適正処理された産業廃棄物の種類、数量、これに起因する生活環境の保全上の支障の程度、その発生の危険性等の客観的事情を総合勘案し、都道府県知事の判断により決定されるものであること。したがって、都道府県知事は、個々の事案における生活環境の保全上の支障の程度等に応じ、優先順位をつけた上で計画的かつ合理的に対応すればよいのであり、公費の投入を避けようとするがあまりに原因者等に対する措置命令の発出それ自体を躊躇するという運用は、決して行うべきではないこと。もっとも、合理的根拠なくして、当該事案の客観的事情から必要とされる代執行の実施を怠る場合には、裁量を逸脱したものとして違法とされる余地があること。特に人の健康の保護等に関わる場合には、行政代執行法の特例を定めた趣旨に鑑み、躊躇することなく速やかに必要な代執行を実施すること。

　なお、有害使用済機器については、法第19条の8の規定は準用されていないところ、有害使用済機器の保管等により生活環境保全上の支障を生じ、又は生ずるおそれがある場合は、個別具体の事案に応じ、廃棄物該当性の判断を行い廃棄物として措置命令を行った上で代執行を実施すること又は有害使用済機器として行政代執行法による代執行を実施することになること。

(4)　廃掃法19条の 8 第 1 項の解釈

(A)　「講ずる見込みがないとき」

「講ずる見込みがないとき」（廃掃法19条の 8 第 1 項 1 号・3 号）とは、履行期限までに措置が講じられないことが客観的に明らかな場合をいう。

【廃棄物規制課長通知（2021年 4 月14日）】

　「講ずる見込みがないとき」とは、法第19条の 5 第 1 項又は第19条の 6 第 1 項の規定により支障の除去等の措置を講ずべきことを命ぜられた者が、措置を講じないとする意思を明確に表示していること、措置を講ずるに足りる経理的基礎がないことなど、履行期限までに措置が講じられないことが客観的に明らかな場合をいうものであること。なお、措置命令とは別に、履行期限までに支障の除去等の措置を講ずるため明らかにこれに着手しなければならない日を定めた場合において、当該期限を経過しても処分者等が着手しないときは、処分者等の意思を明確に表示させる等により「講ずる見込みがないとき」の該当性を遅滞なく判断すること。

(B)　「過失がなくて」

「過失がなくて」（廃掃法19条の 8 第 1 項 2 号）とは、処分者等を確知するために通常必要とされる行政調査を実施したことまたは実施しても確知できないことが明らかであることをいう。

【廃棄物規制課長通知（2021年 4 月14日）】

　「過失がなくて」とは、処分者等を確知するために通常必要とされる行政調査を実施したこと又は実施しても確知できないことが明らかであることをいうものであること。

　なお、大規模な不法投棄事案において、関与者が多数存在する場合に、調査活動等により、処分者等のうち一部は確認できたが、その余の処分者等がいまだ確知できないことがあり得るが、このような場合には、不適正処理に関与した者に対しては広く責任を追求するものとする法の趣旨に鑑み、処分

者等に対しては、法第19条の5第1項に基づいて措置命令を発出し、原状回復義務を課するとともに、その余の処分者等に対する代執行費用の徴収権を確保するため、法第19条の8第1項第2号に基づく公告を行った上で代執行を行って差し支えないこと。

(C)　「いとまがないとき」

「いとまがないとき」（廃掃法19条の8第1項4号）とは、直ちに支障の除去等の措置を講じなければ、重大な生活環境の保全上の支障を生ずるおそれがあり、かつ措置命令を発出し処分者等または排出事業者が履行期限までに支障の除去等の措置を講ずることを待っていては、その重大な生活環境の保全上の支障を取り除くことまたは発生を防止することが困難になる場合をいう。

【廃棄物規制課長通知（2021年4月14日）】
　「いとまがないとき」とは、不適正処理された廃棄物が河川へ流出し、又は地下水へ浸透している場合や蚊、はえ、ねずみ等の害虫等の発生が差し迫っているような著しく不衛生な状況下において大量の廃棄物が放置されている場合など、直ちに支障の除去等の措置を講じなければ、重大な生活環境の保全上の支障を生ずるおそれがあり、かつ措置命令を発出し処分者等又は排出事業者が履行期限までに支障の除去等の措置を講ずることを待っていては、その重大な生活環境の保全上の支障を取り除くこと又は発生を防止することが困難になる場合をいうこと。
　なお、大規模な不法投棄事案において、調査活動等により、処分者等及び排出事業者（以下「責任者」という。）の一部が確認できたため、法第19条の5第1項に基づき措置命令を発出したものの、全ての責任者を割り出すのに多くの時間を要し、その間に緊急の措置を講じなければ重大な生活環境の保全上の支障を生ずるおそれが生じたため、法第19条の8第1項第4号に基づき代執行を行った場合には、同条第2項又は第4項に基づき措置命令を発出した者についてはもとより、その後に判明した責任者に対しても、代執行費用の徴収を行って差し支えないこと。

◨設問の検討

　これを本設問についてみると、乙地区の住宅地へコンクリート破片の小規模な崩落が生じ始め、その拡大の兆候が現れていたとの事実が認められ、直ちに支障の除去等の措置を講じなければ、重大な生活環境の保全上の支障を生ずるおそれがあり、かつ措置命令を発出し処分者等または排出事業者が履行期限までに支障の除去等の措置を講ずることを待っていては、その重大な生活環境の保全上の支障を取り除くことまたは発生を防止することが困難になる場合といえ、「いとまがない」。したがって、P県知事は、廃掃法19条の8第1項4号に基づき、自ら支障の除去等の措置を講ずることができる。

設問Ⅲ

　許可取消しを先行した場合に都道府県知事がとりうる措置はどのようなものか。都道府県知事は、廃棄物処理業の許可を取り消された者等が廃棄物の処理を終了していない場合において、これらの者が処理基準に適合しない保管を行っていると認められるときに、これらの者に対して必要な措置を講ずるよう命令ができる（廃掃法19条の10）。

　措置命令（廃掃法19条の10第2項3号）の発出について、この措置命令の発令には、「生活環境の保全上の支障が生じ、または生ずるおそれ」は不要であり、「産業廃棄物処理基準に適合しない産業廃棄物の保管を行っていると認められるとき」で足りる。その効果も、廃掃法19条の5第1項に基づく措置命令の効果とは異なり、「産業廃棄物処理基準に従って当該産業廃棄物の保管をすることその他必要な措置」を講ずべきことを命じることができる。

設問Ⅳ

⑴　民事訴訟

◨設問の検討

　乙地区に土地および建物を所有し、そこに以前から居住するDがC社に対してどのような法的請求が可能か。近隣に居住するDは、C社に対して、土地および建物の各所有権に基づく妨害予防請求権、生命・身体に関する人格権を根拠として、民事上の差止請求をすることが考えられる。コンクリート破片が乙地区住宅地へ崩れる危険が生じているところ、差止請求の要件として受忍限度論など、違法性または正当化事由を検討することになる。

　コンクリート破片が乙地区住宅地へ崩れる危険が生じているところ、C社を被告とする訴訟を提起しても救済が実現するまでは時間を要する可能性があるため、早期の救済を求めるべく仮の地位を定める仮処分（民保法23条2項）の可能性にも検討すべきである。

　なお、本件では、Dに損害が発生していることは明示されておらず、損害賠償請求については検討を要しない。

⑵　行政訴訟

◨設問の検討

　P県知事に対する請求は、まずは、行訴法3条6項1号の非申請型義務付け訴訟として、B社に対する廃掃法19条の6に基づく措置命令およびC社に対する同法19条の5に基づく措置命令の義務付け訴訟の提起が考えられる。Dは、C社所有山林に隣接する乙地区住宅地の住民であるため、原告適格（行訴法37条の2第3項）が主な争点となる。この点は、措置命令に関する廃掃法の規定の趣旨および目的並びに制度を通じて保護しようとしている利益の内容および性質（行訴法37条の2第4項が

準用する同法9条2項）を検討する必要がある。そのほか、非申請型義務付け訴訟の訴訟要件（損害の重大性と補充性（同法37条の2第1項・2項））、本案勝訴要件（37条の2第5項）を検討することになる。

　また、乙地区住宅地へ崩れ落ちそうなコンクリートの除去がDへの直截な救済であることから、これを主位的に求めることが十分に考えられるところであり、行政代執行の義務付けの訴えの提起も考えられる。

　さらに、コンクリート破片が乙地区住宅地へ崩れる危険が生じているところ、P県を被告とする訴訟を提起しても救済が実現するまでには時間を要する可能性があるため、早期の救済を求めるべく仮の義務付け（行訴法37条の5第1項）の提起も考えられる。

〈図6-2〉　生活環境の保全上の支障の除去等の措置のフロー図

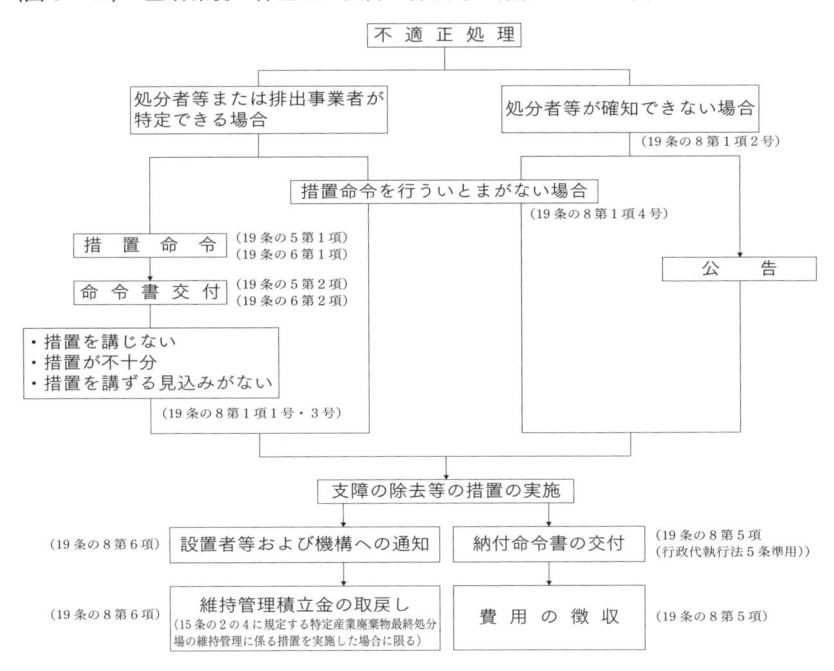

279

⑨　廃掃法と原告適格①──周辺住民[29]

〔設問〕

　産業廃棄物の処分等を業とする株式会社Ａは、甲県の山中に産業廃棄物の最終処分場（以下、「本件処分場」という）を設置することを計画し、甲県知事Ｙに対し、廃掃法15条１項に基づく産業廃棄物処理施設の設置許可の申請（以下、「本件申請」という）をした。

　Ｙは、廃掃法15条４項に基づき、本件申請に係る必要事項を告示し、申請書類および本件処分場の設置が周辺地域の生活環境に及ぼす影響についての調査の結果を記載した書類（Ａが同条３項に基づき申請書に添付したもの。以下、「本件調査書」という）を公衆の縦覧に供するとともに、これらの書類を踏まえて許可要件に関する審査を行い、本件申請が同法15条の２第１項所定の要件をすべて満たしていると判断するに至った。

　しかし、本件処分場の設置予定地（以下、「本件予定地」という）の周辺では新種の高級ぶどうの栽培が盛んであったため、周辺の住民およびぶどう栽培農家（以下、あわせて「住民」という）の一部は、本件処分場が設置されると、地下水の汚染や有害物質の飛散により、住民の健康が脅かされるだけでなく、ぶどうの栽培にも影響が及ぶのではないかとの懸念を抱き、Ｙに対して本件申請を不許可とするように求める廃掃法15条６項の意見書を提出し、本件処分場の設置に反対である。

　しかし、Ｙは、本件申請に係る許可（以下、「本件許可」という）をした。

　本件予定地の周辺に居住するＸ₁およびＸ₂は、本件許可の取消しを求めて甲県を被告とする取消訴訟を提起した。原告両名のおかれている状況は、次のとおりである。Ｘ₁は、本件予定地から下流側に約２キロメートル離れた場所に居住しており、居住地内の果樹園で地下水を利用して

29　予備試験・行政法・平成29年度・〔設問２〕・改題。

新種の高級ぶどうを栽培しているが、地下水は飲用していない。X₂は、本件予定地から上流側に約500メートル離れた場所に居住しており、地下水を飲用している。なお、環境省が廃掃法15条3項の調査に関する技術的な事項を取りまとめて公表している指針において、同調査は、施設の種類および規模、自然的条件並びに社会的条件を踏まえて、当該施設の設置が生活環境に影響を及ぼすおそれがある地域を対象地域として行うものとされているところ、本件調査書において、X₂の居住地は上記の対象地域に含まれているが、X₁の居住地はこれに含まれていない。

　上記の取消訴訟において、X₁およびX₂に原告適格は認められるか。検討にあたっては、①仮に本件処分場の有害物質が地下水に浸透した場合、それが、下流側のX₁の居住地に到達するおそれは認められるが、上流側のX₂の居住地に到達するおそれはないこと、②仮に本件処分場の有害物質が風等の影響で飛散した場合、それがX₁およびX₂の居住地に到達するおそれの有無については明らかでないことの2点を前提にすること。

【参考】
○　廃掃法施行規則（昭和46年厚生省令第35号）（抄録）
（生活環境に及ぼす影響についての調査の結果を記載した書類）
第11条の2　法第15条第3項の書類には、次に掲げる事項を記載しなければならない。
　一　設置しようとする産業廃棄物処理施設の種類及び規模並びに処理する産業廃棄物の種類を勘案し、当該産業廃棄物処理施設を設置することに伴い生ずる大気質、騒音、振動、悪臭、水質又は地下水に係る事項のうち、周辺地域の生活環境に影響を及ぼすおそれがあるものとして調査を行つたもの（以下この条において「産業廃棄物処理施設生活環境影響調査項目」という。）
　二　産業廃棄物処理施設生活環境影響調査項目の現況及びその把握の方法
　三　当該産業廃棄物処理施設を設置することが周辺地域の生活環境に及ぼす影響の程度を予測するために把握した水象、気象その他自然的条件及

　　び人口、土地利用その他社会的条件の現況並びにその把握の方法

　四　当該産業廃棄物処理施設を設置することにより予測される産業廃棄物
　　処理施設生活環境影響調査項目に係る変化の程度及び当該変化の及ぶ範
　　囲並びにその予測の方法

　五　当該産業廃棄物処理施設を設置することが周辺地域の生活環境に及ぼ
　　す影響の程度を分析した結果

　六　大気質、騒音、振動、悪臭、水質又は地下水のうち、これらに係る事
　　項を産業廃棄物処理施設生活環境影響調査項目に含めなかつたもの及び
　　その理由

　七　その他当該産業廃棄物処理施設を設置することが周辺地域の生活環境
　　に及ぼす影響についての調査に関して参考となる事項

(1) 前　提

　本設問は、周辺住民の原告適格が問題となる。この論点については、判例
として多数のリーディングケースがあるが、2014年に産業廃棄物の許可[30]に
関して最高裁判例が出された。

(2) 原告適格

(A) 「法律上の利益を有する者」

　判例[31]は、「法律上の利益を有する者」（行訴法9条1項）を「当該処分により
自己の権利若しくは法律上保護された利益を侵害され、又は必然的に侵害さ
れるおそれのある者」としたうえで、「当該処分を定めた行政法規が、不特定
多数者の具体的利益を専ら一般的公益の中に吸収解消させるにとどめず、そ
れが帰属する個々人の個別的利益としてもこれを保護すべきものとする趣旨
を含むと解される場合には、このような利益もここにいう法律上保護された
利益に当たり、当該処分によりこれを侵害されまたは必然的に侵害されるお

30　前掲（注11）。
31　最判平成17・12・7民集59巻10号2645頁〔小田急事件〕。

それのある者は、当該処分の取消訴訟における原告適格を有するもの」と判示した。

(B)　原告適格の具体的判断方法

中原教授は「要点」として、次の4点を順に検討すべきとする。[32]

ア　法律上保護された利益説の定式を示し、処分の相手方以外の者の原告適格が問題となっているため行訴法9条2項に従うことを指摘する。

イ　根拠法令および関係法令の参酌により、当該処分の根拠規定が一定の利益（例：周辺住民の健康または生活環境上の利益）を保護していると解されることを導く。

ウ　被侵害利益の内容・性質の勘案により、上記イで保護利益とされたものの中から、一般的公益に吸収解消されない個別的利益（例：健康または生活環境に係る直接的かつ著しい被害を受けない利益）を切り出す。

エ　当該事案の原告が、上記ウにいう個別的利益を有する者（例：健康または生活環境に係る直接的かつ著しい被害を受ける者）にあたるか否かのあてはめ（＝当該個別的利益を有する者の具体的な範囲の認定）を行う。

(C)　「健康」と「生命、身体」との関係

平成26年最高裁判決は「その健康に被害が生じ、ひいてはその生命、身体に危害が及ぼされるおそれ」とする。そうすると、「生命、身体の安全に係る被害」につき「健康に係る被害」に包摂されるものと考えられる。[33]

(D)　被害の態様・程度

判例は、法律上保護された利益の有無の判断にあたって考慮されるべき被害の態様・程度に関して、その被害が「直接的な」ものであることを要するという点ではいずれも共通しているが、さらに、「重大な」または「著しい」ものであることを要するか否かについては、〔表6−3〕のとおり分類されて

32　中原334頁。
33　清水・前掲（注12）336頁。

いる。[34]

〔表6-3〕　最高裁判例の分析

被　害	程　度
生命・身体の安全	「直接的な」被害であること （「重大な」または「著しい」は不要）
健康または生活環境	「直接的」で「著しい」被害であること
原子炉の事故による生命・身体の安全	「直接的かつ重大な」被害であること

　また、「健康または生活環境に係る被害」につき「著しい」被害であること
を要するものとしているのは、「健康または生活環境に係る被害」には、重大
なものから軽微なものまでさまざまな程度のものが含まれうることから、こ
れらの被害を受けない利益が個々人の利益として特定されたものとなるため
には、その被害の程度が「著しい」といえる程度のものであることが必要と
解されたからである。そして、「著しい」という文言は、「重大な」よりは被害
の程度が軽いことを示している。[35]

　なお、判例にいう「健康又は生活環境に係る著しい被害を直接的に受ける
おそれ」という判示は、小田急事件から用いられている。「健康または生活環
境に係る被害」の文言は、環境基本法施行に伴い廃止された公害対策基本法
2条1項が公害を「事業活動その他の人の活動に伴って生ずる相当範囲にわ
たる大気の汚染、水質の汚濁……、土壌の汚濁、騒音振動、地盤の沈下……
及び悪臭によって、人の健康又は生活環境に係る被害が生ずること」と定義
していたことに由来する。[36]

(E)　被害想定地域の検討

　判例は、「健康又は生活環境に係る著しい被害を直接的に受けるおそれの
ある者に当たるか否かは、当該住民の居住する地域が上記の著しい被害を直

34　清水・前掲（注12）328頁。

35　清水・前掲（注12）328頁。

36　森英明「判解」最判解平成17年度民事篇898頁、918頁。

接的に受けるものと想定される地域であるか否かによって判断すべき」と判示した。当該住民の居住する地域がそのような地域であるか否かについては、事業場の「種類や規模等の具体的な諸条件を考慮に入れた上で、当該住民の居住する地域」と当該事業場の「位置との距離関係を中心」として「社会通念に照らし、合理的に判断すべき」である。

　判例が「社会通念に照らし、合理的に判断すべき」と判示した趣旨を踏まえると、具体的な事故等を想定した有害物質の拡散の態様・経路等に関する科学的な立証まで必要となるものではなく、社会通念に照らした合理的な判断が要請されることとなると思われる[37]。

(3)　具体的検討

(A)　判例の結論

　「産業廃棄物の最終処分場の周辺に居住する住民のうち、当該最終処分場から有害な物質が排出された場合にこれに起因する大気や土壌の汚染、水質の汚濁、悪臭等による健康又は生活環境に係る著しい被害を直接的に受けるおそれのある者は、当該最終処分場を事業の用に供する施設としてされた産業廃棄物等処分業の許可処分及び許可更新処分の取消し……を求めるにつき法律上の利益を有する者として、その取消訴訟……における原告適格を有する」と判示した。

(B)　趣旨・目的

　「産業廃棄物等処分業の許可及びその更新に関する廃棄物処理法の規定は、産業廃棄物の最終処分場から有害な物質が排出されることに起因する大気や土壌の汚染、水質の汚濁、悪臭等によって、その最終処分場の周辺地域に居住する住民に健康又は生活環境の被害が発生することを防止し、もってこれらの住民の健康で文化的な生活を確保し、良好な生活環境を保全すること」と判示した。

37　清水・前掲（注12）338頁。

(C)　被害の内容・性質・程度

「産業廃棄物の最終処分場からの有害な物質の排出に起因する大気や土壌の汚染、水質の汚濁、悪臭等によって当該最終処分場の周辺地域に居住する住民が直接的に受ける被害の程度は、その居住地と当該最終処分場との近接の度合いによっては、その健康又は生活環境に係る著しい被害を受ける事態にも至りかねないものである。しかるところ、産業廃棄物等処分業の許可及びその更新に関する廃棄物処理法の規定は、……趣旨及び目的に鑑みれば、産業廃棄物の最終処分場の周辺地域に居住する住民に対し、そのような最終処分場からの有害な物質の排出に起因する大気や土壌の汚染、水質の汚濁、悪臭等によって健康又は生活環境に係る著しい被害を受けないという具体的利益を保護しようとするものと解されるのであり、上記のような被害の内容、性質、程度等に照らせば、この具体的利益は、一般的公益の中に吸収解消させることが困難なものといわなければならない」とし、「産業廃棄物等処分業の許可及びその更新に関する廃棄物処理法の規定の趣旨及び目的、これらの規定が産業廃棄物等処分業の許可の制度を通して保護しようとしている利益の内容及び性質等を考慮すれば、同法は、これらの規定を通じて、公衆衛生の向上を図るなどの公益的見地から産業廃棄物等処分業を規制するとともに、産業廃棄物の最終処分場からの有害な物質の排出に起因する大気や土壌の汚染、水質の汚濁、悪臭等によって健康又は生活環境に係る著しい被害を直接的に受けるおそれのある個々の住民に対して、そのような被害を受けないという利益を個々人の個別的利益としても保護すべきものとする趣旨を含む」と判示した。

(D)　具体的な検討

まず、「処分場の中心地点から約1.8kmの範囲内の地域に居住する者であって、本件環境影響調査報告書において調査の対象とされた地域にその居住地が含まれている」者については、原告適格を認めた。その理由としては、「環境影響調査報告書において調査の対象とされる地域が、……一般に当該最終処分場の設置により生活環境に影響が及ぶおそれのある地域として選定され

るものであることを考慮すれば、……本件処分場から有害な物質が排出された場合にこれに起因する大気や土壌の汚染、水質の汚濁、悪臭等による健康又は生活環境に係る著しい被害を直接的に受けるものと想定される地域に居住するものということができ、……著しい被害を直接的に受けるおそれのある者に当たる」ことをあげた。

これに対し、「処分場の中心地点から少なくとも20km以上離れており、本件環境影響調査報告書において調査の対象とされた地域にも含まれて」いない居住者には、原告適格を認めなかった。

(E)　学説の理解

平成26年最高裁判決は、①処分場の種類・規模、②その位置と居住地との距離関係、③環境影響調査報告書において調査の対象とされる地域に含まれるかをあげているところ、大塚教授は「生活環境影響調査の対象地域は、申請者が設置するところから、③のみによって原告適格の有無が決められるのは合理的ではなく[38]、③の対象外の地域に居住する者であっても、他の個別事情によって『著しい被害のおそれ』があるか否かを判断する必要がある」と指摘する[39]。

◪設問の検討

これを本設問についてみると、趣旨・目的と被害の内容・性質・程度は判示が概ね妥当しよう。

平成26年最高裁判決が重視する「生活環境影響調査報告書」の対象地域に含まれるかをメルクマールとすれば、X_2は調査書の対象地域に含まれているから原告適格が認められ、一方でX_1は同地域に含まれていないから原告適格は認められないという結論になろう。

しかし、仮に本件処分場の有害物質が地下水に浸透した場合には下流側のX_1の居住地に到達するおそれが認められるところ、地下水を飲用していないとはいえ、上記のような判断が妥当といえるか、X_2はもち

38　勢一智子「判批」平成26年度重要判例解説43頁。
39　大塚602頁、下山憲司「判批」環境法研究10号130頁。

ろんのこと、X_1にも原告適格が認められるべきではないかが争点となるのではなかろうか。

10　廃掃法と原告適格②——既存業者[40]

〔設問〕

　市町村長から一定の区域につきすでに廃掃法7条に基づく一般廃棄物処理業の許可またはその更新を受けている者は、当該区域を対象として他の者に対してされた一般廃棄物処理業の許可処分または許可更新処分について、その取消しを求めるにつき法律上の利益を有する者として、その取消訴訟における原告適格を有するか。

(1)　前　提

　本設問は、既存同業者の原告適格が問題となる。この論点については、最高裁判例として一般廃棄物の許可[41]に関してリーディングケースがある。

(2)　競業者・既存同業者の原告適格

　既存同業者の原告適格の有無は、当該許認可の根拠法規が、既存同業者の営業上の利益を保護する趣旨を含むものであるかどうかによって決せられるべきことになる[42]。

　たとえば、ある事業や職業の許認可の根拠法規が、競業関係にある既存同業者の個別的利益を保護しているといえるためには、当該根拠法規に、業者間の適正配置基準や需給調整を定める規定等、既存同業者の利益保護につながるような規定が存在するか、当該事業あるいは職業が国民生活上不可欠な役務の提供をその内容とするものであるのか、提供すべき役務の内容、対価等に関する強力な規制がされているのか、既存同業者に聴聞の機会を設ける

40　オリジナル問題。
41　最判平成26・1・28民集68巻1号49頁。
42　上村考由「判解」最判解民事篇平成26年度21頁、35頁を参照した。

権利を保障する規定があるなどの競業関係に立つ既存同業者等に対する手続的な保障がされているかなどを考慮することになろう。[43]

(3)　判　旨

判例は、「市町村長から一定の区域につき既に廃棄物処理法7条に基づく一般廃棄物処理業の許可又はその更新を受けている者は、当該区域を対象として他の者に対してされた一般廃棄物処理業の許可処分又は許可更新処分について、その取消しを求めるにつき法律上の利益を有する者として、その取消訴訟における原告適格を有する」と判示した。

その理由として、「一般廃棄物処理計画との適合性等に係る許可要件に関する市町村長の判断に当たっては、その申請に係る区域における一般廃棄物処理業の適正な運営が継続的かつ安定的に確保されるように、当該区域における需給の均衡及びその変動による既存の許可業者の事業への影響を適切に考慮することが求められ」、「他の者からの一般廃棄物処理業の許可又はその更新の申請に対して市町村長が上記のように既存の許可業者の事業への影響を考慮してその許否を判断することを通じて、当該区域の衛生や環境を保持する上でその基礎となるものとして、その事業に係る営業上の利益を個々の既存の許可業者の個別的利益としても保護すべきものとする趣旨を含む」と判示した。

(4)　学説の評価

判例の分析として、大塚教授は、「一般廃棄物収集運搬業の許可が裁量の大きい計画許可であることを前提とした上で、需給調整の仕組みが必要であることを導き、その仕組みから既存の許可業者への影響を適切に考慮する義務を導き、そこから、原告適格を肯定している」としたうえで、「適切な判断」と指摘する。[44]

43　司法研修所編『行政事件訴訟の一般的問題に関する実務的研究〔改訂版〕』106頁。
44　大塚598頁。

　中原教授は、「法律上保護された利益説の定式および行訴法9条2項に従う（これは……競願の場合と異なり、競業者には当然に原告適格が認められるわけではないことを意味する）としつつも、被侵害利益の考慮による個別的利益の切出しとは異なる判断をとっている。すなわち、一般廃棄物処理業に関する需給調整の仕組みや許可の性質（公企業の特許）等を総合すると、廃棄物処理法は、既存許可業者について、当該区域の衛生や環境を保持するうえでその基礎となるものとして、その事業に係る営業上の利益を個別的利益として保護する趣旨を含むとした」と指摘する[45]。

　また、髙橋教授は、「法に関して許可がされた場合に想定し得る事態につき、原告に関してではなく、地域住民の生活環境や健康等への不利益を想定し、そこから、地域住民の利益等を保全する基盤として既存の事業者の安定経営が位置づけられているとする論理を用いたところに、原告適格を拡張的に解した本判決の特徴を見出すことができよう」と指摘する[46]。

◨設問の検討

　これを本設問についてみると、市町村長から一定の区域につきすでに廃掃法7条に基づく一般廃棄物処理業の許可またはその更新を受けている者は、当該区域を対象として他の者に対してされた一般廃棄物処理業の許可処分または許可更新処分について、その取消しを求めるにつき法律上の利益を有する者として、その取消訴訟における原告適格を有すると考えられる。

45　中原346頁、188頁も参照。
46　髙橋432頁。

＜実務を見据えて──廃掃法編＞

▶ 「行政処分の指針について（通知）」（2021年4月14日環循規発第2104141号環
境省環境再生・資源循環局廃棄物規制課長通知）

※なお、本書では【廃棄物規制課長通知（2021年4月14日）】という。

https://www.env.go.jp/content/900479568.pdf

▶ 「廃棄物処理に関する排出事業者責任の徹底について（通知）」（2017年3月
21日環廃対発第1703212号・環廃産発第1703211号環境省大臣官房廃棄物・リサ
イクル対策部廃棄物対策課長・産業廃棄物課長通知）

https://www.env.go.jp/hourei/add/k058.pdf

▶ 中央環境審議会「廃棄物処理制度の見直しの方向性（意見具申）」（2017年2
月14日）

https://www.env.go.jp/content/900437707.pdf

▶ 環境省「日本の廃棄物処理の歴史と現状」（2014年2月）

https://www.env.go.jp/recycle/circul/venous_industry/ja/history.pdf

第7章

循環型社会形成推進基本法(循基法)
容器包装リサイクル法(容リ法)

① 容リ法のしくみと拡大生産者責任の考え方[1]

循基法11条、18条では、使用済み物品に関する共通の「考え方」が示されている。

〔設問 I 〕

この「考え方」は容リ法のどのようなしくみに反映されているか。

〔設問 II 〕

設問 I で述べた容リ法のしくみは、循基法に照らして十分なものとなっているか。

設問 I

使用済み物品については、循基法の下に、容リ法等の個別リサイクル法が制定されている。製品の生産者が、物理的、財政的に製品のライフサイクルにおける使用後の段階まで一定の責任を果たすという考え方を「拡大生産者責任」という[2]。循基法11条、18条の考え方である拡大生産者責任は容リ法のしくみに反映されている。

これは、生産者に、環境適合的な製品を設計させる誘因 (インセンティブ) を与えることによって製品のライフサイクル全体でもたらされる環境負荷を最小化することを目的としている。裁判例[3]は「再商品化 (リサイクル) の責任を最終消費者 (地方公共団体) から事業者にシフトさせて、リサイクルに要する費用を商品の価格に内部化させる役割を負わせることにより、その費用を削減しようとするインセンティブを事業者に与え、もって容器包装廃棄物の減量化、再資源化を促進しようとするもの」とする。

1　司法試験・環境法・平成22年度・第 1 問・改題。
2　「環境基本計画」(2024年 5 月21日) 48頁。
3　東京地判平成20・5・21判タ1279号122頁〔ライフ事件〕。

　拡大生産者責任は、汚染者負担原則（原因者負担原則）の派生原則である。

　容リ法は、特定事業者に再商品化の実施義務（同法11条から13条）を課し、再商品化の費用負担（無償引取りであること）をさせている。これは拡大生産者責任の一例である。裁判例では、「政策として導入する場合には、材料選択や製品設計等の決定権を有する者を『生産者』ととらえて、これに経済的インセンティブを与えることが最も効果的であることから、ここでいう『生産者』とは、その目的達成に最も適した主体を指す」としたうえで、「拡大生産者責任の下では、特定容器については、どのような容器を用いるかについての主な選択権を有するのは、これを利用する事業者であるが、これを製造等する事業者も利用事業者の選択の枠内で技術的側面からの従たる選択権（容器の諸特性を決する選択権）を有すると考えられる」とする。

設問II

　国は、製品、容器等が循環資源となった場合におけるその循環的な利用が適正かつ円滑に行われることを促進するため、当該循環資源の処分の技術上の困難性、循環的な利用の可能性等を勘案し、国、地方公共団体、事業者および国民がそれぞれ適切に役割を分担することが必要であり、かつ、当該製品、容器等に係る設計および原材料の選択、当該製品、容器等が循環資源となったものの収集等の観点からその事業者の果たすべき役割が循環型社会の形成を推進するうえで重要であると認められるものについて、当該製品、容器等の製造、販売等を行う事業者が、当該製品、容器等が循環資源となったものの引取りを行い、もしくは当該引取りに係る循環資源の引渡しを行い、または当該引取りに係る循環資源について適正に循環的な利用を行うよう、必要な措置を講ずる（循基法18条3項）。このように、国が必要な措置を講ずるものとされる場合として、①国、地方公共団体、事業者および国民の適切な役割分担が必要であること、②設計、原材料の選択、循環資源の収集等の観点から、事業者の役割が重要と認められること、③当該循環資源の処分の技術上の困難性、循環的な利用の可能性を要件としてあげているが、容器包

装廃棄物については上記の３つの要件に該当する。その結果、事業者が引取り等をして循環的利用をすべきものとなっている。

　しかし、市町村は、市町村分別収集計画を定めたときは、これに従って容器包装廃棄物の分別収集をしなければならない（容リ法10条）。このように、容器包装廃棄物の分別収集に関しては、市町村の責任となっているため、処理費用全体の中で相当部分を占める分別収集の費用を特定事業者が負担せず、特定事業者に対して、なお環境適合的な製品設計のためのインセンティブが十分に働かず、②の事業者の役割が十分果たされていないことが指摘されている。

　また、容リ法が特定包装事業者について、利用事業者のみで製造事業者を含めていない。これは、特定容器と異なり、特定包装の製造事業者は数も多く捕捉しにくいなどの理由による[4]。特定包装を利用するスーパーは対象であるが、その製造者は対象外である。

	特定容器	特定包装
利用事業者	２条11項	２条13項
製造等事業者	２条12項	含めていない

※条項は容リ法のもの

4　大塚340頁。

② 容リ法に基づく主務大臣の措置とそれを争う方法[5]

> デパートを経営するＡ法人は、自ら販売する商品について用いる包装（容リ法２条３項の「特定包装」にあたる）に関して、循環的利用について何らの対応もとっていない。
>
> 〔設問Ⅰ〕
>
> この場合において、主務大臣は、どのような措置を講ずることができるか。
>
> 〔設問Ⅱ〕
>
> Ａ法人は、自らが容リ法２条13項・11項４号に該当するなどと主張して、循環的利用について何らの対応もとる必要がないと考えている。この場合、Ａ法人は、主務大臣との関係で、どのような訴訟を提起することができるか。

設問Ⅰ

(1) 指導および助言

主務大臣は、特定事業者に対し、容リ法11条から13条までに規定する再商品化義務量の再商品化の実施を確保するため必要があると認めるときは、当該再商品化の実施に関し必要な指導および助言をすることができる（同法19条）。

(2) 勧告および命令

主務大臣は、正当な理由がなくて容リ法19条に規定する再商品化をしな

5　司法試験・環境法・平成22年度・第１問・改題。越智292頁以下も参照。

い特定事業者があるときは、当該特定事業者に対し、当該再商品化をすべき旨の勧告をすることができる（同法20条1項）。「正当な理由がなくて」という文言は勧告と同条3項の命令の両方に用いられている。「正当な理由」としては、天災などの不可抗力が想定されている。措置命令は不利益処分であるから、行政手続法13条に基づいて弁明機会の付与がされるが、事業者側からみれば、仮に「正当な理由」ありと考える場合には、書面でそれを主張することになる。[6]

(3) 公　表

主務大臣は、勧告を受けた特定事業者がその勧告に従わなかったときは、その旨を公表することができる（容リ法20条2項）。

公表については、①情報提供による国民の保護を主目的とするものと、②行政上の義務違反（または行政指導への不服従）に対する制裁を主目的とするものとを区別する必要がある。侵害留保説（国民の自由および財産を侵害する行政活動については法律の根拠を要するとする見解）からは、①情報提供目的の公表には法律の根拠は不要であるが、②制裁目的の公表には法律の根拠が必要であると考えられる。[7]

制裁的公表の意義について、北村教授は「違反者の氏名や違反事実を行政が公表することにより、当該違反者に対してサンクションを課すとともに再発に対する抑止効果を与え、さらに、こうした制度があり運用もされているという情報を一般に伝えることによって、一般的抑止効果を期待する」ものと指摘する。[8]公表によって、対象とされた業者の社会的評価が低下し、売上げの減少等の重大な損害を被るおそれがある。行政側は、そのような重大な損害を当該業者に与え、勧告不服従に対する制裁を発揮させることを意図して、公表措置を規定しているものと考えられる。そうすると、本件の公表

6　北村544頁。
7　中原217頁、38頁。
8　北村192頁。

は、単なる情報提供を目的とするものではなく、行政指導の不服従に対する制裁を目的とするものと考えられる。したがって、法律の根拠が必要であるが、本件公表は法律に根拠があるので、法律の留保との関係では問題がない。

(4) 命令および命令違反に対する罰金刑に係る告発

主務大臣は、容リ法20条1項に規定する勧告を受けた特定事業者が、同条2項の規定によりその勧告に従わなかった旨を公表された後において、なお、正当な理由がなくてその勧告に係る措置をとらなかったときは、当該特定事業者に対し、その勧告に係る措置をとるべきことを命ずることができる（同条3項）。

容リ法20条3項の規定による命令に違反した者は、100万円以下の罰金に処される（同法46条）から、この罰則適用のために刑事告発しなければならない（刑訴法239条2項）。制定時は50万円以下の罰金であったが、再商品化義務を果たさないフリーライドへの抑止力を高めるために厳格化された。[9]

設問II

公表に先行する勧告について、違反に対して公表という制裁が課されることに着目して、処分と解すると、勧告の取消訴訟が考えられる。また、処分の名あて人は、本案判決が確定するまでの間に処分事実について制裁的公表がされて信用が害されるから、執行停止（行訴法25条）の申立ても考えられる。[10]

これに対し、公表は世論に訴えることによって勧告に従うことを説得するものであり、勧告への服従を強制するとまではいえないと考えると、勧告は処分ではないと解され、当事者訴訟（行訴法4条）としての勧告の違法確認訴訟を、また、自分は小規模事業者であり特定事業者にはならないと考えているにもかかわらず、主務大臣から特定事業者に該当するから再商品化するよ

9　北村544頁。
10　北村237頁。

うにという行政指導を受けているような場合[11]、再商品化義務不存在確認訴訟が考えられる。

　公表については、それ自体は公衆に情報を伝えるという事実行為であり、処分にあたらないとすると、民事訴訟または当事者訴訟により、公表の事前差止めを求めることが考えられる[12]。

　さらに、主務大臣の命令に対して、差止訴訟、取消訴訟が提起できる[13]。勧告に続く公表により営業上重大な打撃があると考えれば、公表されない地位にあることの確認訴訟、その仮の地位を定める仮処分申立て（民保法23条2項）をすることになる。

11　北村544頁。
12　中原217頁。
13　北村544頁。

③ 容リ法における事業者・消費者の責務[14]

〔設問〕
容リ法4条が事業者および消費者の責務を定めている趣旨はどのようなものか。

事業者および消費者は、繰り返して使用することが可能な容器包装の使用、容器包装の過剰な使用の抑制等の容器包装の使用の合理化により容器包装廃棄物の排出を抑制するよう努めるとともに、分別基準適合物の再商品化をして得られた物またはこれを使用した物の使用等により容器包装廃棄物の分別収集、分別基準適合物の再商品化等を促進するよう努めなければならない（容リ法4条）。

いわゆる3R（Reduce＝発生抑制、Reuse＝再使用、Recycle＝再生利用）の容器包装廃棄物の排出の抑制の場面における表れと考えられる、過剰使用の抑制、再使用および再商品化を促進するための分別収集については、消費者および利用事業者の活動に負う面が大きい。

まず、分別収集・選別保管段階の容器包装廃棄物の質的向上を図るには、容器包装廃棄物を排出する立場である消費者の果たす役割が大きい。消費者が、分別排出を適正に行わない場合には、市町村の選別コストを増加させるのみならず、他の適正に排出された容器包装廃棄物に汚れを付着させ、質の高い再商品化の実施を阻害する。消費者はこれらの点に十分留意し、容器包装廃棄物の分別、洗浄、汚れが付着したものの除去等を一層徹底すべきである。消費者による分別排出が徹底されていない容器包装廃棄物については、市町村が収集を見合わせ、当該消費者に対し個別に分別排出の必要性や分別の区分等について説明すること等により、消費者の意識を向上させることが

---

14 司法試験・環境法・平成28年度・第2問・改題。

301

必要である。一方、市町村による分別収集・選別保管に係る費用について、納税者たる消費者がその効率性や透明性について関心を高めることにより、市町村による分別収集・選別保管に係る費用の効率化を図ることが必要である。

　また、事業者は、発生抑制等の自主的取組みの促進の措置等に沿って、事業者が容器包装の軽量化等を図り容器包装廃棄物の発生抑制を推進することによって、市町村による分別収集・選別保管および事業者による再商品化に係る負担の低減につなげる必要がある。また、事業者は、分別収集・選別保管しやすい製品、たとえば、ペットボトルのラベルを切り取りやすくする等の別々の素材を分離しやすい製品開発、プラスチック素材を使用しないティッシュペーパーの箱等単一素材化の促進等を推進することが必要である。さらに、事業者は、分別排出しやすい識別表示、分別排出に資する商品情報の提供等、消費者への普及啓発活動を積極的に推進することにより、消費者による容器包装廃棄物の排出時の洗浄や減容化等の適正な分別排出の徹底を促進することが期待される[15]。

　一方、温対法が目的とする「環境への負荷」の低減は、温室効果ガスの排出の抑制であること（温対法1条参照）を踏まえると、日常生活用製品等の利用に伴う温室効果ガスの排出を抑制するうえでも消費者等の製品選択および製品利用の方法に負う面は大きいが、これらを実効性あるものとするためには、製品性能や排出抑制的な利用方法についての専門的情報が不可欠であることから、公平な役割分担上、責務規定の内容が異なっている。

　また、容器包装が再商品化しやすい分別基準適合物であるためには、容器包装の製造事業者においてそのようなものとして製造されることが必要であり、温室効果ガス排出量の少ない日常生活用製品等の製造に係る温対法の規定共々、環境配慮設計を果たすことが、製造事業者の負うべき公平な役割分担である。

15　中央環境審議会「今後の容器包装リサイクル制度の在り方について（意見具申）」（2006年2月22日）12頁。

　なぜなら、製品の製造者は、当該製品が廃棄物になった場合にそこに含まれる部品や素材を再使用・再生利用したりすることが可能であるし、その特性を熟知しているために他者が再使用・再生利用できるようにすることも可能であるからである[16]。

16　北村303頁。

④　市町村への金銭の支払義務[17]

〔設問〕

　容リ法10条の２が指定法人または認定特定事業者から市町村への金銭の支払義務を定めている趣旨はどのようなものか。

　市町村と事業者の役割については、事業者が製造・利用した容器包装が消費活動を通じて廃棄物となり、市町村の分別収集・選別保管を経て再商品化されるという一連の流れを踏まえ、より効果的な容器包装廃棄物の３Ｒの推進に役立つとともに、容器包装のリサイクルシステム全体の効率化にも資すること等を目的として検討を行うことが必要である。こうした観点から、市町村の分別収集・選別保管業務を考えると、事業者と市町村の位置づけを踏まえ、これらの市町村の分別収集・選別保管業務の質は、事業者側に引き渡す分別基準適合物の品質を通じて、事業者の再商品化のコストに大きな影響を及ぼすことから、市町村において、容器包装廃棄物の発生抑制の取組みを進めるとともに、消費者の協力を得て異物（汚れたものを含む）の除去を徹底し、分別基準適合物の質を高めれば、再商品化の質の向上、コストの削減につながりうるものであると考えられた[18]。

　法律上、特定事業者は、拡大生産者責任の観点から、容器包装の再商品化義務を負い（容リ法11条から13条）、再商品化費用を負担することが想定されている一方、再商品化費用の多くは実効性ある分別収集がなされるかによって左右される側面が大きいところ、容器包装廃棄物は一般廃棄物であり（同法２条４項）、その処理計画や収集・運搬・再生を含む処分は、循基法10条を踏まえ、市町村において行うことが予定されていること（廃掃法６条、６条の２第１項）から、市町村は、容器包装廃棄物の分別収集に必要な措置（容

17　司法試験・環境法・平成28年度・第２問・改題。
18　中央環境審議会・前掲（注15）13頁。

リ法6条1項）の一環として市町村分別収集計画を定め（同法8条）、これに従って容器包装廃棄物の分別収集をしなければならないとされている（同法10条1項）。

　そのうえで、特定事業者が現実に負担した再商品化費用が一般に想定される再商品化費用よりも低額で済んだ場合には、市町村の役割に負う部分が大きいことに鑑み、市町村の寄与度に応じて、想定再商品化費用との差額の一定割合額を市町村に還元することで、一定程度の費用負担の調整を図るとともに、市町村において、公平な役割分担として、合理的な市町村分別収集計画を自主的かつ積極的に策定するよう誘導することができる。

　そこで、市町村から特定分別基準適合物の引渡しを受けた指定法人または認定特定事業者は、その再商品化に現に要した費用の総額として主務省令で定めるところにより算定される額が再商品化に要すると見込まれた費用の総額として主務省令で定めるところにより算定される額を下回るときは、その差額に相当する額のうち、各市町村の再商品化の合理化に寄与する程度を勘案して主務省令で定めるところにより算定される額の金銭を、主務省令で定めるところにより、当該各市町村に対して支払わなければならない（容リ法10条の2）。

　このように、容リ法10条の2の趣旨は、市町村による分別収集の質を高め、再商品化の質的向上を促進するとともに、容器包装廃棄物のリサイクルに係る社会的コストの効率化を図る点にある。[19]

19　大塚345頁。

⑤　循基法の基本原則[20]

〔設問〕

　広域で飲食店事業を展開している A 株式会社では、鮮度が落ちて調理に適しなくなった生鮮食品や利用客の食べ残した食品を廃棄物処理業者に外部委託して焼却処分しているが、その委託量を節減することが全社的な課題となっている。

　そのため、各店舗から節減の案ないし実例を募集したところ、甲店、乙店および丙店から以下のような内容の応募があった。

　甲店、乙店および丙店から応募のあった案ないし実例は、循基法上の基本原則を踏まえてみた場合、それぞれどのような点において優れているといえるか。

【甲店】

　「利用客がそれぞれ自分の好きな料理を自由に選べるバイキング方式を導入したい。食材別の仕入量の管理がしやすくなるうえに、利用客の食べ残しも減り、廃棄食品を相当量減らすことができるものと見込まれる。」

【乙店】

　「乙店では、生鮮野菜を仕入れている契約農家 B から、廃棄することとなる食品を堆肥の原料として譲ってもらいたいとの申入れがある。譲ってもらえるのであれば、乙店への生鮮野菜の卸値を割り引くと言っており、廃棄物処理の外部委託費用ばかりか仕入原価も節減できるのであるから、こんなによい話はない。」

【丙店】

　「丙店は複合商業施設ビルに出店しているが、同ビルでは、入居テナ

20　司法試験・環境法・平成29年度・第 2 問・改題。

ント向けに共同利用の厨芥物（生ごみ）処理設備が提供されている。設備に生ごみを投入すると、発酵処理されて相当部分がバイオガスとなり、ビル内の電力源として用いられるというしくみであり、一部は廃棄物として残るものの、施設ビル全体からの排出量は大幅に減るというものである。設備利用および電力利用のための負担金は支払わなければならないが、これに廃棄物の処理を共同で外部委託する費用の分担金を加えても、丙店から出る廃棄食品の全量の処理をそのまま外部に委託するよりも、全体として廉価となっている。」

(1) 基本原則

甲店、乙店および丙店からの各応募内容が、循基法上の基本原則（循基法7条）の観点からどのような内容のものとして位置づけられるか。

まず、原材料、製品等については、これが循環資源となった場合におけるその循環的な利用または処分に伴う環境への負荷ができる限り低減される必要があることに鑑み、原材料にあっては効率的に利用されること、製品にあってはなるべく長期間使用されること等により、廃棄物等となることができるだけ抑制されなければならない（循基法5条）。

循環資源については、その処分の量を減らすことにより環境への負荷を低減する必要があることに鑑み、できる限り循環的な利用が行われなければならない（循基法6条1項）。

このように廃棄物等となる場合でも、そのうち有用なものである循環資源（循基法2条3項）については、処分に優先して、できる限り循環的な利用が行われなければならない（同法7条4号参照）。

(2) 優先順位

循環資源の循環的な利用および処分にあたっては、技術的および経済的に可能な範囲で、かつ、循基法7条1号から4号に定めるところによることが

環境への負荷の低減にとって必要であることが最大限に考慮されることによって、これらが行われなければならない。この場合において、循基法7条1号から4号に定めるところによらないことが環境への負荷の低減にとって有効であると認められるときはこれによらないことが考慮されなければならない（循基法7条本文）。

　まず、循環資源の全部または一部のうち、再使用をすることができるものについては、再使用がされなければならない（循基法7条1号）。

　次に、循環資源の全部または一部のうち、循基法7条1号の規定による再使用がされないものであって再生利用をすることができるものについては、再生利用がされなければならない（同条2号）。「再生利用」とは、循環資源の全部または一部を原材料として利用することをいう（同法2条6項）。「再使用」とは、「循環資源を製品としてそのまま使用すること（修理を行ってこれを使用することを含む。）」または「循環資源の全部又は一部を部品その他製品の一部として使用すること」をいう（同条5項1号・2号）。

　そのうえで、循環資源の全部または一部のうち、循基法7条1号の規定による再使用および同条2号の規定による再生利用がされないものであって熱回収をすることができるものについては、熱回収がされなければならない（同条3号）。「熱回収」とは、循環資源の全部または一部であって、燃焼の用に供することができるものまたはその可能性のあるものを熱を得ることに利用することをいう（同法2条7項）。

　このように、循環的な利用の中では、原則的には、再使用、再生利用、熱回収の順に優先すべきものとされている。

　循環的利用が処分に優先されるのは、新たに天然資源を獲得して商品化することによる自然破壊、エネルギー消費、有害物質発生という環境負荷を回避できる、廃棄物として焼却や最終処分することに起因する環境リスクの発生を回避できるといったメリットがあるからである。再使用と再生利用が熱回収よりも優先されるのは、燃焼によって熱回収をすると燃焼されたものは再度利用できないからである。再使用が再生利用よりも優先されるのは、形

状を維持した再使用のほうが、廃棄物の発生が少なく、かつ、工程における
有害物質の発生可能性やエネルギー消費量が少ないからである[21]。

〈図7－1〉 循環資源の循環的な利用および処分の基本原則

■設問の検討

　これを本設問についてみると、まず、甲店案は最も優先されるべき基
本原則である排出抑制にあたる点で優れている。

　次に、乙店案は、循環資源である廃棄食品を堆肥の原材料として利用
するものであるから、再生利用にあたるが、廃棄食品は、製品としてそ
のまま使用することや製品の一部として、再使用することが、その性質
上困難なものであるから、その循環資源としての特質に鑑みれば、実質
的には最も優れた循環的な利用の方法にあたる。

　そして、丙店実例は燃焼の用に供することのできる厨芥物をバイオガ
スとして熱（エネルギー）を得ることに利用する熱回収であり、循基法7
条各号の循環的な利用の方法の原則的な順位としては再生利用に劣る
が、全体として焼却処分量が減ることにより温室効果ガスの発生が抑制
されることなど、別の側面からの環境への負荷の低減にとって有効であ
ると認められる点で優れている。

21　北村300頁。

⑥　循基法と廃掃法の交錯[22]

〔設問〕

　広域で飲食店事業を展開しているＡ株式会社では、鮮度が落ちて調理に適しなくなった生鮮食品や利用客の食べ残した食品を廃棄物処理業者に外部委託して焼却処分しているが、その委託量を節減することが全社的な課題となっている。

　Ａ株式会社の取締役会において、取締役Ｃから、「乙店の提案は、他店でも容易にできることであり積極的に推進していくべきである」との意見が述べられた。

　法的観点からみたＣの意見の問題点はどのようなものか。

【乙店】

　「乙店では、生鮮野菜を仕入れている契約農家Ｂから、廃棄することとなる食品を堆肥の原料として譲ってもらいたいとの申入れがある。譲ってもらえるのであれば、乙店への生鮮野菜の卸値を割り引くと言っており、廃棄物処理の外部委託費用ばかりか仕入原価も節減できるのであるから、こんなによい話はない。」

【参考】

○　廃掃法施行令（昭和46年政令第300号）（抄録）

（産業廃棄物）

第２条　法第２条第４項第１号の政令で定める廃棄物は、次のとおりとする。

　一　紙くず（以下略）

　二　木くず（以下略）

　三　繊維くず（以下略）

　四　食料品製造業、医薬品製造業又は香料製造業において原料として使用した動物又は植物に係る固形状の不要物

22　司法試験・環境法・平成29年度・第２問・改題。

四の二　と畜場法（昭和28年法律第114号）第3条第2項に規定すると畜場においてとさつし、又は解体した同条第1項に規定する獣畜及び食鳥処理の事業の規制及び食鳥検査に関する法律（平成2年法律第70号）第2条第6号に規定する食鳥処理場において食鳥処理をした同条第1号に規定する食鳥に係る固形状の不要物

五　ゴムくず

六　金属くず

七　ガラスくず、コンクリートくず（工作物の新築、改築又は除去に伴つて生じたものを除く。）及び陶磁器くず

八　鉱さい

九　工作物の新築、改築又は除去に伴つて生じたコンクリートの破片その他これに類する不要物

十　動物のふん尿（畜産農業に係るものに限る。）

十一　動物の死体（畜産農業に係るものに限る。）

十二　大気汚染防止法（昭和43年法律第97号）第2条第2項に規定するばい煙発生施設、ダイオキシン類対策特別措置法第2条第2項に規定する特定施設（ダイオキシン類（同条第1項に規定するダイオキシン類をいう。以下同じ。）を発生し、及び大気中に排出するものに限る。）又は次に掲げる廃棄物の焼却施設において発生するばいじんであつて、集じん施設によつて集められたもの

　　イ〜ト　（略）

十三　燃え殻、汚泥、廃油、廃酸、廃アルカリ、廃プラスチック類、前各号に掲げる廃棄物（第1号から第3号まで、第5号から第9号まで及び前号に掲げる廃棄物にあつては、事業活動に伴つて生じたものに限る。）又は法第2条第4項第2号に掲げる廃棄物を処分するために処理したものであつて、これらの廃棄物に該当しないもの

(1)　一般廃棄物の許可制

(A)　一般廃棄物処理業

　一般廃棄物の収集または運搬を業として行おうとする者は、当該業を行おうとする区域（運搬のみを業として行う場合にあっては、一般廃棄物の積卸しを

行う区域に限る) を管轄する市町村長の許可を受けなければならない (廃掃法7条1項本文)。ただし、事業者 (自らその一般廃棄物を運搬する場合に限る)、専ら再生利用の目的となる一般廃棄物のみの収集または運搬を業として行う者その他環境省令で定める者については、この限りでない (同項ただし書)。

(B)　一般廃棄物処分業

　一般廃棄物の処分を業として行おうとする者は、当該業を行おうとする区域を管轄する市町村長の許可を受けなければならない。ただし、事業者 (自らその一般廃棄物を処分する場合に限る)、専ら再生利用の目的となる一般廃棄物のみの処分を業として行う者その他環境省令で定める者については、この限りでない (廃掃法7条6項)。

(C)　一般廃棄物処理施設の設置

　一般廃棄物処理施設を設置しようとする者は、当該一般廃棄物処理施設を設置しようとする地を管轄する都道府県知事の許可を受けなければならない (廃掃法8条1項)。

(2)　再生利用の特例認定

　環境省令で定める一般廃棄物の再生利用を行い、または行おうとする者は、環境省令で定めるところにより、①当該再生利用の内容が、生活環境の保全上支障のないものとして環境省令で定める基準に適合すること、②当該再生利用を行い、または行おうとする者が環境省令で定める基準に適合すること、③②に規定する者が設置し、または設置しようとする当該再生利用の用に供する施設が環境省令で定める基準に適合すること、のいずれにも適合することについて、環境大臣の認定を受けることができる (廃掃法9条の8第1項)。この認定を受けた者は、許可を受けないで当該認定に係る一般廃棄物の当該認定に係る収集もしくは運搬もしくは処分を業として行い、または当該認定に係る一般廃棄物処理施設を設置することができる (同条4項)。

　この趣旨は、処理施設の設置が困難になる中、生活環境の保全を十分に担保しつつ、再生利用を大規模かつ安定的に行う施設を確保する点にある。認

定対象者としては、安定的な生産設備を用いた再生利用を行う者が想定されている。²³

◼️設問の検討

　本来廃棄物として処理していた物を有用なものとして取引することが、循基法上どのような問題を有するか。ただ、本設問では飲食店事業を営む者が排出する食品残さが不要物（廃掃法２条１項）にあたるかが問題となっており、これは廃掃法２条４項１号を受けた同法施行令２条各号のいずれにも同法２条４項２号の輸入された廃棄物にもあたらないから、不要物にあたるとしても、産業廃棄物ではなく、（事業系）一般廃棄物（同法２条２項）である点には留意する必要がある。

　まず、廃掃法上の「不要物」にあたれば、有用なものとして取引されていたとしても「廃棄物」にあたるためのしくみに沿った処理が必要となる。そこで「不要物」にあたるかの判断基準を判例に準じて立てたうえで、本設問の食品残さにあてはめる。すなわち、「不要物」とは自ら利用または他人に有償で譲渡することができないために事業者にとって不要になった物をいい、これに該当するかは、①その物の性状、②排出の状況、③通常の取扱い形態、④取引価値の有無、⑤事業者の意思を総合的に勘案する。そして、Ｂから生鮮野菜の割引の申入れがあることが、食品残さの取引価値を示唆しうる事実である。この事実からその取引価値があるものとみるか否かにかかわらず、食品残さの性状、排出の状況、通常の取扱い形態等のその他の検討要素とを総合的に勘案すれば、客観的にはこれが廃棄物にあたるとされることは避けがたい。

　したがって、食品残さの契約農家への提供を推進しようとする取締役Ｃの意見は、一般廃棄物の収集もしくは運搬業（廃掃法７条１項）または処分業（同条６項）の許可制度に反する蓋然性が高いという問題点がある。

　そこで、Ｂや他店の契約農家等にこれらの許可を得てもらったり、再

23　大塚304頁。
24　最決平成11・3・10刑集53巻3号339頁〔おから事件〕。

生利用の特例認定（廃掃法 9 条の 8 第 1 項）を受けたり（同条 4 項参照）などしない限り、その問題点は解消されない。

⑦　循基法における事業者の責務[25]

〔設問〕

　広域で飲食店事業を展開しているＡ株式会社では、鮮度が落ちて調理に適しなくなった生鮮食品や利用客の食べ残した食品を廃棄物処理業者に外部委託して焼却処分しているが、その委託量を節減することが全社的な課題となっている。

　結局、乙店は、Ｂおよび肥料製造会社であるＤ株式会社との間で、乙店の廃棄食品をＤ株式会社で堆肥として精製し、これをＢが利用して生産された生鮮野菜を乙店が仕入食材として用いるという枠組みを合意し、これが実行に移された。

　乙店、ＢおよびＤ株式会社にとって、このような枠組みを合意し、実行することによって、それぞれ循基法上の事業者の責務をどのように果たしていることになるか。

【乙店】

　「乙店では、生鮮野菜を仕入れている契約農家Ｂから、廃棄することとなる食品を堆肥の原料として譲ってもらいたいとの申入れがある。譲ってもらえるのであれば、乙店への生鮮野菜の卸値を割り引くと言っており、廃棄物処理の外部委託費用ばかりか仕入原価も節減できるのであるから、こんなによい話はない。」

　廃棄食品が「循環資源」（循基法２条３項）にあたり、これを原材料として精製された堆肥は再生品にあたる。

　まず、事業者は、基本原則に則り、その事業活動を行うに際しては、原材料等がその事業活動において廃棄物等となることを抑制するために必要な措

置を講ずるとともに、原材料等がその事業活動において循環資源となった場合には、これについて自ら適正に循環的な利用を行い、もしくはこれについて適正に循環的な利用が行われるために必要な措置を講じ、または循環的な利用が行われない循環資源について自らの責任において適正に処分する責務を有する (循基法11条 1 項)。

　また、循環資源であって、その循環的な利用を行うことが技術的および経済的に可能であり、かつ、その循環的な利用が促進されることが循環型社会の形成を推進するうえで重要であると認められるものについては、当該循環資源の循環的な利用を行うことができる事業者は、基本原則に則り、その事業活動を行うに際しては、これについて適正に循環的な利用を行う責務を有する (循基法11条 4 項)。

　さらに事業者は、基本原則に則り、その事業活動に際しては、再生品を使用すること等により循環型社会の形成に自ら努めるとともに、国または地方公共団体が実施する循環型社会の形成に関する施策に協力する責務を有する (循基法11条 5 項)。

■設問の検討

　これを本設問についてみると、乙店は、廃棄食品を循環資源として適正に循環的な利用が行われるために必要な措置としてこれを D 社に提供することで責務を果たしている。D 社は再生利用が可能な廃棄食品を原材料として再生利用することで適正に循環的な利用を行う責務を果たしている。B は再生品である堆肥を使用することにより、乙店は再生品に準じた生鮮野菜を仕入れることにより、それぞれ循環型社会の形成に努める責務を果たしている。

＜実務を見据えて──循基法・容リ法編＞

- ▶ 「循環型社会形成推進基本計画──循環経済を国家戦略に」（2024年8月2日閣議決定）

  https://www.env.go.jp/content/000242999.pdf
- ▶ 中央環境審議会「今後の容器包装リサイクル制度の在り方について（意見具申）」（2006年2月22日）

  https://www.env.go.jp/council/toshin/t02-h1804/mat01.pdf
- ▶ 環境省「３Ｒまなびあいブック──大人向け」

  https://www.env.go.jp/content/900537888.pdf
- ▶ 経済産業省「容器包装に関する基本的な考え方」（2006年12月）

  https://www.meti.go.jp/policy/recycle/main/admin_info/law/04/pdf/kaisei/kangaekata.pdf
- ▶ 農林水産省「容器包装に係る分別収集及び再商品化の促進等に関する法律の概要」

  https://www.maff.go.jp/j/shokusan/recycle/youki/pdf/i_01.pdf
- ▶ 農林水産省「容器包装リサイクルの手引き──事業者の皆さま！容器包装リサイクル法の義務、忘れていませんか？」

  https://www.maff.go.jp/j/shokusan/recycle/youki/attach/pdf/index-89.pdf
- ▶ 農林水産省「容器包装を利用・製造・輸入する事業者の皆様へ」

  https://www.maff.go.jp/j/shokusan/recycle/youki/attach/pdf/index-1.pdf
- ▶ 農林水産省「『容器包装に係る分別収集及び再商品化の促進等に関する法律』における特定事業者要件の確認について」

  https://www.maff.go.jp/j/shokusan/recycle/youki/attach/pdf/index-15.pdf

＜補足──プラスチックに係る資源循環の促進等に関する法律＞

　2023年から「司法試験用法文登載法令」および「司法試験予備試験用法文登載法令」において、「プラスチックに係る資源循環の促進等に関する法律」が追加登載されている。これに伴い、従前「環境十法」と呼ばれていたものが、「環境十一法」になっている。

【一覧】試験用法文登載法令（環境法）
・環境基本法　・環境影響評価法　・大気汚染防止法
・水質汚濁防止法　・土壌汚染対策法
・循環型社会形成推進基本法
・廃棄物の処理及び清掃に関する法律
・容器包装に係る分別収集及び再商品化の促進等に関する法律
・自然公園法　・地球温暖化対策の推進に関する法律
・プラスチックに係る資源循環の促進等に関する法律　←NEW

　これまで、司法試験および予備試験で、同法の理解を問う出題はなかったが、今後出題される可能性は十分ある。

　同法の理解の参考になる解説等につき、ウェブサイトのURLを以下に掲げるので、法令とともに、必要に応じて、参考にされたい。

▶「概要資料」

　https://www.env.go.jp/recycle/plastic/pdf/gaiyou.pdf

▶「制度説明の動画」

　https://plastic-circulation.env.go.jp/setsumeikai

▶「プラスチックに係る資源循環の促進等に関する法律のパンフレット」

　https://plastic-circulation.env.go.jp/wp-content/themes/plastic/assets/pdf/pamphlet.pdf

▶「プラスチックに係る資源循環の促進等に関する法律の施行について（通知）」

　https://plastic-circulation.env.go.jp/wp-content/themes/plastic/assets/pdf/sekotuchi.pdf

第8章

自然公園法
（自公法）

第8章

① 　許可制と損失補償[1]

> 〔設問〕
>
> 　自公法が、国立公園内の特別地域および海域公園地区における一定の行為について、環境大臣の許可を受けなければ行ってはならないものとしている趣旨はどのようなものか。

(1)　公平な役割分担

　自公法が目的とする「環境への負荷」の低減が、優れた自然の風景地の保護とその適正な利用であることを踏まえ、国、地方公共団体、事業者および自然公園の利用者が、それぞれの立場において、これが図られるように努めなければならないこと（自公法1条、3条1項）が、公平な役割分担と考えられる。

(2)　許可制

　国立公園は、わが国の風景を代表するに足りる傑出した自然の風景地であること（自公法2条2号）を踏まえ、環境大臣は、風致を維持するために、その海域を除く区域内に特別地域を指定し、景観を維持するために、特別地域内には特別保護地区（同法21条）を区域内の海域には海域公園地区（同法22条）を指定することができ、それぞれ地域または地区内では風致や景観を破壊するおそれのある行為は許可を受けるべきものとされ、特に保護すべき程度の高い後者では、特別保護地区を除く特別地域におけるより軽微な行為であっても、許可を受けなければしてはならないとされている（特別保護地区につき同法21条3項、海域公園地区につき同法22条3項）。

1　司法試験・環境法・平成28年度・第2問・改題。

(3)　損失補償

国は国立公園について、都道府県は国定公園について、損失を受けた者に対して、通常生ずべき損失を補償する（自公法64条1項）。

(A)　補償の要否

自公法64条1項は、地域または地区に指定されることのみで損失が補償されるものではなく、無条件の許可を受けられないことに対して補償される「不許可補償」であって、公平な役割分担の範囲を超える場合にあたると考えられる特別の犠牲を被った場合に補償がされるべきものであり、その程度に至らない場合は、財産権の内在的制約と考えられる。特別の犠牲にあたるかは、一般に、①規制目的（警察制限（財産権に内在する社会的拘束の現れ）か公用制限か）、②規制の強度・期間、③既存の利用形態、④制限される権利の性質を考慮要素としてあげられる[2]。自公法は、特定の公益目的のために、財産権の本来の社会的公用とは無関係に偶然に課せられる制限であるから、公用制限にあたる（この点、補償が必要な方向に傾く）。

しかし、実際には自公法に基づく規制に伴う損失補償は認められにくい。裁判例は、特別地域指定の趣旨に著しく反するような不許可になることが明らかな行為の許可申請自体が権利の濫用であり、不許可による損失の補償は不要であるとするもの[3]、周辺一帯の地域の風致・景観の保護の必要性、建物建築による風致・景観への影響、不許可に伴う土地の従前の用途に従った利用等が不可能ないし著しく困難になるか等を総合勘案し、財産権の内在的制約の範囲内であるとして補償を否定するもの[4]等がある。特に、後者の裁判例は、土地所有権につき、抽象的で無制約な利用が既得権として認められるのではなく、その土地のおかれた客観的状況（風致・景観、従前の用途、客観的に予想されうる用途、等）に拘束されるという「状況拘束性」の考え方に

2　中原449頁。
3　東京高判昭和63・4・20判時1279号12頁。
4　東京地判平成2・9・18判時1372号75頁。中原452頁。

基づくものと解されている。[5]

(B)　補償の範囲

また、仮に不許可に伴う損失が補償の対象になるとしても、どの範囲の損失が、不許可に伴い「通常生ずべき損失」といいうるかという問題がある。学説としては、以下の3つがあげられる。[6]

① 相当因果関係説　　不許可処分と相当因果関係を有する損失が補償の対象となる。

しかし、補償額が土地所有者の主観的意図や思惑により左右される相当因果関係説には批判も多く、否定する裁判例もある。[7]同説によれば、現実問題として自公法の指定地域制度が成り立たないから採用できない。

② 実損補償説　　不許可処分に伴い出捐を余儀なくされた積極的実損のみが補償の対象となる。たとえば、許可申請のための測量費用、不許可で事業ができないことが判明したために生じた廃業関係費用、申請に係る行為が不可能になることによる逸失利益などが、積極的実損にあたる。

積極的実損補償説に立つ場合には、自公法に基づく合理的な財産権の制限は内在的制約であるから、原則として補償は不要と考えられる。

ただし、当該処分のために従前の土地利用からの現状変更が必要な場合には内在的制約とはいえず、そのために余儀なくされた出費分の補償が必要と考えられる。

③ 地価低落説　　不許可処分に伴う地価の低落分のみが補償の対象となる。同説は、特別地域内の権利者は、原則として要許可行為ができなくなるから、法は不許可の前後を通じ土地の利用方法に変更のないことを前提としているはずで、不許可に伴い土地所有者が土地利用の変更により現実に予期しない出捐を余儀なくされることは通常考えがたいとして、積極的実損補償説を批判する。

5　塩野宏『行政法Ⅱ行政救済法〔第6版〕』（有斐閣、2019年）389頁、中原453頁。

6　大塚389頁、越智386頁、北村583頁。

7　東京地判昭和57・5・31行集33巻5号1138頁、東京地判昭和61・3・17行集37巻3号294頁。

　事案において最も切実な問題になるのは、得べかりし利益（仮に許可を受けていれば、得ることのできた利益）が補償されるか否かである。これについては、相当因果関係説によれば補償の対象となる余地があるといえようが、その他の説による限り補償は困難と思われる。

〔表8－1〕　自然公園制度

	国立公園	国定公園	都道府県立自然公園
定義	わが国の風景を代表するに足りる傑出した自然の風景地であって、環境大臣が指定するもの	国立公園に準ずる優れた自然の風景地であって、環境大臣が指定するもの	優れた自然の風景地であって、都道府県が条例により指定するもの
指定根拠	自公法5条1項	自公法5条2項	自公法72条
指定権者	環境大臣	環境大臣	都道府県
指定要件	環境大臣が、関係都道府県および中央環境審議会の意見を聴き、区域を定めて指定	環境大臣が、関係都道府県の申出により、中央環境審議会の意見を聴き、区域を定めて指定	都道府県の条例によって定める
公園計画	環境大臣が中央環境審議会の意見を聴いて決定	公園計画の決定および追加は、都道府県の申出により審議会の意見を聴いて環境大臣が決定。変更および廃止は都道府県および審議会の意見を聴いて環境大臣が決定	都道府県の条例に定めるところによる
管理のしくみ	基本的には国が管理	基本的には都道府県が管理	原則として都道府県が管理

　北村教授は、「内在的制約を超えると評価される場合には、基本的には、相当因果関係が妥当」としたうえで、「補償すべき損失額の確定にあたっては、国立公園か国定公園か、特別保護地区か特別地域か、特別地域でも第何種か、

不許可とされた行為の内容がどのようなものか、周辺環境の状況はどのようなものか、不許可理由は何か、附款付きで許可することはできなかったのかなどによって、補償の額は異なる」と指摘する。[8]

〈図8−1〉　自然公園計画体系

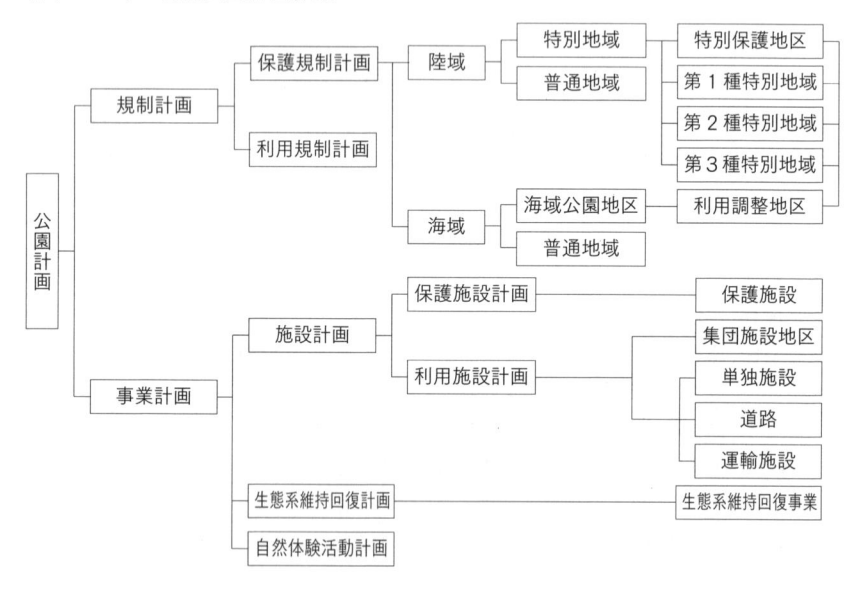

8　北村584頁。

② **特別地域と普通地域**[9]

〔設問〕

　自公法は、国立公園の区域の陸域内における行為につき、特別地域と普通地域を区分したうえで、それぞれに応じた規制を定めている。その規制手法・内容の違いおよびそのような違いを設けている趣旨はどのようなものか。

　自公法は、優れた自然の風景地を保護するとともに、その利用の増進を図ることにより、国民の保健、休養および教化に資するとともに、生物の多様性の確保に寄与することを目的とする（同法1条）。

　他方で、法律の適用にあたっては、自然環境保全法3条で定めるところによるほか、関係者の所有権、鉱業権その他の財産権を尊重するとともに、国土の開発その他の公益との調整に留意しなければならないとし、財産権の尊重および他の公益との調整を求める（自公法4条）。

　日本の自然公園は、管理者が土地の権利を有することを要件としない「地域制」の公園であり、権利者の財産権に対する制約を伴う[10]。権利者の土地利用に制限を加えるにあたっては、風致の維持と権利者の財産権保障との均衡を図る必要性がある（自公法4条参照）。

　そこで、自公法は、公園計画（同法2条5号）に基づき、その区域内に特別地域を指定することができることとし（同法20条1項）、さらに特別地域を特別保護地区、第1種特別地域（特別保護地区に準ずる景観を有し、特別地域のうちでは風致を維持する必要性が最も高い地域であって、現在の景観を極力保護することが必要な地域）、第2種特別地域（第1種特別地域および第3種特別地域以外の地域であって、特に農林漁業活動については努めて調整を図ることが必要

9　司法試験・環境法・令和2年度・第2問・改題。
10　大塚380頁。

な地域）、第3種特別地域（特別地域のうちでは風致を維持する必要性が比較的低い地域であって、特に通常の農林漁業活動については原則として風致の維持に影響を及ぼすおそれが少ない地域）に区分する（同法施行規則9条の12第1号から3号）。

　一方、特別地域に含まれない区域を普通地域とし（自公法33条1項）、それぞれの保護の必要性の程度に応じた規制を行っている。

　こうした規制のあり方は一般に「ゾーニング」と呼ばれているが、この背景には、財産権保障との均衡がある。

〈図8-2〉　日本の自然公園

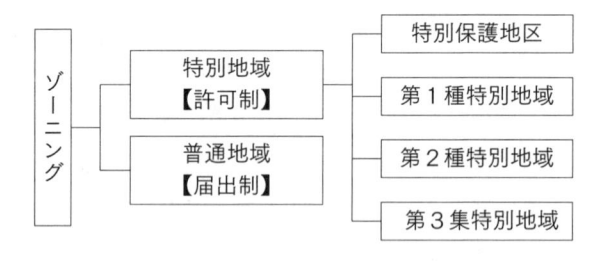

③　利用調整地区[11]

〔設問〕

　甲町には国立公園が存在し、その中のサンゴ礁が美しい海域は海域公園地区に指定されているが、そこでは、観光客が増大し、観光船の無秩序なクルージング、水上バイクの頻繁な走行、一部のマナーの悪いダイバーの行為により、サンゴの損傷その他野生生物への影響が問題となっている。かかる行為を規制するために、環境大臣は行政上の措置を講ずることを検討している。

　どのような措置が考えられるか。

　自然公園への訪問者の増加は「利用の増進」という法目的からは望ましい。しかし、風致の改変や植物の踏みつけなど公園制度の存立にかかわるような問題が発生しているような場合には、場所や期間を指定して、一般的な立入りを禁止するのが相当である。

　そこで、国立公園の海域公園地区内での過剰利用を積極的に管理するために、環境大臣が、海域公園地区内に、利用調整地区の指定をすることが考えられる（自公法23条1項）。利用調整地区制度では、指定された期間、環境省令で定める利用方法に適合すると環境大臣が認定した場合にのみ立入りを認め（同条3項、24条）、認定申請の際に手数料を徴収することとされている（同法31条）。

　この趣旨について、北村教授は、「持続可能な発展という考え方の具体化であり『自由利用が原則』といわれる自然公園制度における『思想の転換』といえる。『利用の質』の確保に着目した対応」と指摘する。[12]

　利用調整地区の指定にあたっては、その区域内の土地所有者等の財産権を

11　司法試験・環境法・平成26年度・第2問・改題。
12　北村568頁。

　尊重し、土地所有者等と協議することが必要である（自公法施行規則13条の４）。

　また、海域公園地区では、動力船の使用については、環境大臣の指定する区域、期間における同大臣の許可が必要とされている（自公法22条３項７号）。

　なお、国立公園に関する公園計画（自公法７条）では、利用規制計画や保護規制計画が定められる。

④ 公園管理団体と風景地保護協定[13]

〔設問〕

　国定公園内に風景が美しい土地を所有しているＡは、自己の土地の風景を長く保存したいと考え、NPO法人Ｂ（公園管理団体の指定を受けている）に相談に来た。Ａの要望に応えるために、Ｂは法律上のどのような制度を活用できるか。

(1) 公園管理団体

　環境大臣は国立公園について、都道府県知事は国定公園について、国立公園または国定公園内の自然の風景地の保護とその適正な利用を図ることを目的とする一般社団法人または一般財団法人、特定非営利活動促進法２条２項の特定非営利活動法人その他環境省令で定める法人であって、自公法50条１項各号に掲げる業務を適正かつ確実に行うことができると認められるものを、その申請により、公園管理団体として指定することができる（自公法49条１項）。この趣旨は、従来から地元NGO等は環境保全活動を行ってきたが、この規定はそのような活動を一層推進するために、一定の能力を有するNPO等を指定しようとする点にある[14]。公園管理団体の指定は、環境NPOなど環境に関する専門的知識と経験を有する者に公園の管理を委ねたほうが当該法律の目的をよりよく達成できる場合があることを前提とする制度である。もちろん、行政以外の者が作業に従事することは、従来からも委託契約などを通して実施されてはいるが、個別法の目的実現の観点からそうした運用を正面から位置づけて制度化するのは意義深い[15]。

13　司法試験・環境法・平成26年度・第２問・改題。
14　大塚391頁。
15　北村172頁。

(2)　風景地保護協定制度の意義

　環境大臣もしくは地方公共団体または自公法49条1項の規定により指定された公園管理団体で同法50条1項1号に掲げる業務のうち風景地保護協定に基づく自然の風景地の管理に関するものを行うものは、国立公園または国定公園内の自然の風景地の保護のため必要があると認めるときは、当該公園の区域内の土地または木竹の所有者または使用および収益を目的とする権利を有する者と同法43条1項各号に掲げる事項を定めた協定を締結して、当該土地の区域内の自然の風景地の管理を行うことができる（同法43条1項）。この背景には、「協議・協働による自然保護」という新たな自然公園管理の手法を示すものであり、人為的な管理が必要な、里山など二次的な自然風景地を土地所有者によって維持することが、過疎など社会経済状況の変化により難しくなってきたことがある。[16]風景地保護協定制度では、特別土地保有税措置が、締結へのインセンティブとなっている。[17]

> ■設問の検討
>
> 　これを本設問についてみると、公園管理団体としての指定を受けているBが、Aと協定を締結する「風景地保護協定制度」（自公法第2章第6節）を活用することが考えられる。

(3)　承継効

　せっかく自己の所有する自然の風景地の管理を求めていても、土地の所有者が変われば協定の効果がなくなってしまうのでは、継続的な自然保護は図れない。そこで、公告のあった風景地保護協定は、その公告のあった後において当該風景地保護協定区域内の土地の所有者等となった者に対しても、その効力がある（自公法48条）。このように、風景地保護協定には将来の土地所有者に対する承継効が発生する。自然保護を継続する観点からは重要であ

16　大塚391頁。
17　北村169頁。

る。[18]

18　大塚391頁。

⑤　受益者負担原則[19]

〔設問〕

　地域自然資産区域における自然環境の保全及び持続可能な利用の推進に関する法律が、地域自然環境保全等事業を実施する区域内に立ち入る者から「入域料」を収受することができるものとしている趣旨はどのようなものか。

【参考】

○　地域自然資産区域における自然環境の保全及び持続可能な利用の推進に関する法律（平成26年法律第85号）（抄録）

（目的）

第1条　この法律は、入域料をその経費に充てて実施する事業又は自然環境トラスト活動を促進する事業を通じて自然環境を保全し、及びその持続可能な利用を推進することの重要性に鑑み、地域自然資産区域における自然環境の保全及び持続可能な利用の推進に関し、基本方針の策定、地域計画の作成等について定めることにより、地域自然資産区域における自然環境の保全及び持続可能な利用の推進を図り、もって地域社会の健全な発展に資することを目的とする。

（定義）

第2条　この法律において「地域自然環境保全等事業」とは、都道府県又は市町村が、自然公園法（昭和32年法律第161号）第2条第2号に規定する国立公園（以下「国立公園」という。）、同条第3号に規定する国定公園（以下「国定公園」という。）等の自然の風景地、文化財保護法（昭和25年法律第214号）第2条第1項第4号に規定する記念物に係る名勝地その他の自然環境の保全及び持続可能な利用の推進を図る上で重要な地域において、当該地域の自然環境を地域住民の資産として保全し、及びその持続可能な利用を推進するために実施する事業であって、当該事業を実施する区域内への立入りについて、当該区域内に立ち入る者から収受する料金（次条第2項第1号

19　司法試験・環境法・平成28年度・第2問・改題。

及び第4条第2項第1号ハにおいて「入域料」という。）をその経費に充て
るものをいう。

2　この法律において「自然環境トラスト活動」とは、自然環境の保全及び持
続可能な利用の推進を図ることを目的とする一般社団法人若しくは一般財
団法人若しくは特定非営利活動促進法（平成10年法律第7号）第2条第2項
に規定する特定非営利活動法人若しくはこれらに準ずる者として環境省令・
文部科学省令で定めるもの（以下「一般社団法人等」という。）又は都道府県
若しくは市町村が行う次に掲げる活動をいう。

一　自然環境の保全及び持続可能な利用の推進を目的として前項に規定す
る地域内の土地（その土地の定着物を含む。次号において同じ。）を取得
すること。

二　前号に掲げるもののほか、前項に規定する地域内の土地に係る活動で
あって自然環境の保全及び持続可能な利用の推進を目的とするものとし
て環境省令・文部科学省令で定めるもの

3　この法律において「自然環境トラスト活動促進事業」とは、都道府県又は
市町村が、当該都道府県又は市町村の区域における自然環境を地域住民の
資産として保全し、及びその持続可能な利用を推進するため、自然環境ト
ラスト活動を促進する事業をいう。

4　この法律において「地域自然資産区域」とは、地域自然環境保全等事業が
実施される区域及び自然環境トラスト活動促進事業に係る自然環境トラス
ト活動が行われる区域をいう。

(1)　受益者負担原則の意義

公共等の事業による利益を受ける者が費用を負担するという考え方を「受
益者負担原則」という。

国および地方公共団体は、自然環境を保全することが特に必要な区域にお
ける自然環境の保全のための事業の実施により著しく利益を受ける者がある
場合において、その者にその受益の限度においてその事業の実施に要する費
用の全部または一部を適正かつ公平に負担させるために必要な措置を講ずる
（環境基本法38条）。

　また、国または地方公共団体は、公園事業の執行により著しく利益を受ける者がある場合においては、その者に、その受益の限度において、その公園事業の執行に要する費用の一部を負担させることができる（自公法58条）。

　受益者負担による環境保全の事例としては、その他、森林環境税、生態系サービスへの支払い、国立公園の利用料、森林整備協定等がある。

(2)　入域料

　地域自然環境保全等事業は、国立公園等の自然の風景地、名勝地その他の自然環境の保全および持続可能な利用の推進を図るうえで重要な地域において実施する事業であり、「入域料」は、同事業を実施する区域内への立入りについて収受する料金であって、当該地域の自然環境を地域住民の資産として保全し、その持続可能な利用を推進するための経費に充てるべきものである。

　「入域料」は、自然環境の保全および持続可能な利用の推進について、公平な役割分担として、利用者にも自主的かつ積極的にかかわってもらうために、地域自然環境保全等事業を実施する区域内に立ち入る者が、受益者負担原則に基づき負担する金銭である。[20]

20　北村179頁。

⑥ 中止命令・原状回復命令と環境保護団体による訴訟[21]

　A県にあるB国定公園は、美しい山岳に恵まれた自然公園である。B国定公園にはカタクリ（自公法上の指定を受けている）の群落があり、近隣に住む甲は、そのカタクリの群落の保護・生育を図ることを目的とする団体（以下、「本件団体」という）を設立して代表者となり、会則も作成して、これまで約30名の地域住民の会員とともに、10年以上にわたって、そのカタクリの群落の生育調査を行い、年数回の一般向けの観察会や保護・生育のための提言を行ってきた。

　ところで、約3年前から、B国定公園の特別保護地区内の遊歩道沿いにある前記カタクリの群落に近接した空き地に、乙が多数回にわたって数百本もの廃タイヤを投棄し、廃タイヤが野積みされた状態になっている。そして約1年前から、前記野積みされた廃タイヤからの自然発火により、頻繁に「ぼや」が発生したため、甲ら本件団体のメンバーは、前記野積みされた廃タイヤの処理について、A県に対し、早急に対策を講じるよう何度も交渉をしていた（①）。

　その後、前記野積みされた廃タイヤの自然発火により大規模な火災が発生し、B国定公園においてA県が公園事業として設置していたビジターセンターが焼失するとともに、前記カタクリの群落も焼失した（②）。

〔設問Ⅰ〕

　①の段階および②以後の段階において、それぞれA県知事は乙に対し、行政上、どのような対応措置をとることができるか。ただし、廃掃法に基づく措置は除くものとする。

〔設問Ⅱ〕

21　司法試験・環境法・平成21年度・第2問・改題。

> ①の段階で、本件団体が乙に対し、前記野積みされた廃タイヤの撤去を求める裁判上の請求をしたときに、当事者能力と当事者適格は認められるか。

設問 I

(1)　中止命令・原状回復命令

①の段階について、廃タイヤの集積という行為に対し、行政上の措置に関する法の規定がどのように適用されるか。

都道府県知事は国定公園について、当該公園の景観を維持するため、特に必要があるときは、公園計画に基づいて、特別地域内に特別保護地区を指定することができる (自公法21条1項)。特別保護地区内においては、「屋外において物を集積し、又は貯蔵すること」は、国定公園にあっては都道府県知事の許可を受けなければ、してはならない (同条3項本文、同項5号)。

都道府県知事は国定公園について、当該公園の保護のために必要があると認めるときは、自公法21条3項の規定に違反した者に対して、その保護のために必要な限度において、その行為の中止を命じ、またはこれらの者もしくはこれらの者から当該土地、建築物その他の工作物もしくは物件についての権利を承継した者に対して、相当の期限を定めて、原状回復を命じ、もしくは原状回復が著しく困難である場合に、これに代わるべき必要な措置をとるべき旨を命ずることができる (同法34条1項)。

この規定により原状回復またはこれに代わるべき必要な措置を命じようとする場合において、過失がなくて当該原状回復等を命ずべき者を確知することができないときは、都道府県知事は、その者の負担において、当該原状回復等を自ら行い、またはその命じた者もしくは委任した者にこれを行わせることができる (自公法34条2項前段)。この場合においては、相当の期限を定めて、当該原状回復等を行うべき旨およびその期限までに当該原状回復等を

行わないときは、都道府県知事が当該原状回復等を行う旨をあらかじめ公告しなければならない（同項後段）。

🔲設問の検討

　これを本設問についてみると、本件国定公園は特別保護地区内であるところ、廃タイヤの集積は「屋外において物を集積……すること」に該当するから、A県知事は、無許可の乙に対し、中止命令・原状回復命令を発することができる。

(2)　原因者負担

②の段階については、地方公共団体は、他の工事または他の行為により公園事業の執行が必要となった場合においては、その原因となった工事または行為について費用を負担する者に、その公園事業の執行が必要となった限度において、その費用の全部または一部を負担させることができる（自公法59条）。この趣旨は、環境基本法37条の原因者負担の規定と同様である。負担金は強制徴収できる。

🔲設問の検討

　これを本設問についてみると、A県知事は、公園事業として設置された施設を焼失させた原因者である乙に対し、費用負担を求めうる。

設問Ⅱ

(1)　当事者能力

(A)　意　義

当事者となりうる一般的な資格を「当事者能力」という。民事訴訟は、私法上の権利義務または法律関係の存否を確定することによって紛争を解決しようとする制度であるから、私権の享有主体たりうる者を訴訟手続の主体としなければならない。そこで、民事訴訟では、原則として、権利能力者を当事者能力を有する者としている（民訴法28条前段）[22]。

(B)　法人格なき社団

　法人格のない団体は、民法上権利主体が認められないが、社会生活上、法人格をもたない団体が現実に存在して社会活動を行っており、それに伴い紛争の主体となることが避けられない。そこで、民事訴訟法は、これらのいわゆる権利能力なき社団または財団のうち、代表者等の定めのあるものについては、相手方が団体の構成員を探索しなければならない煩雑さを回避し訴訟手続を簡明にするため、当事者能力を付与している（民訴法29条）。

　民訴法29条にいう「社団」とは、人の結合体で、その構成員から独立した独自の財産を有し、構成員の変動によって団体として同一性を失われないものをいう（たとえば、町内会、同窓会、学会）。

　法人格なき社団の成立要件について、判例[23]は「法人格を有しない社団すなわち権利能力のない社団については、民訴46条がこれについて規定するほか実定法上何ら明文がないけれども、権利能力のない社団といいうるためには、団体としての組織をそなえ、そこには多数決の原則が行なわれ、構成員の変更にもかかわらず団体そのものが存続し、しかしてその組織によって代表の方法、総会の運営、財産の管理その他団体としての主要な点が確定しているもの」と判示した。

　これらの法人格を有しない社団に当事者能力が認められるということは、訴訟上訴訟主体として扱われ、判決もその名においてなされることになる。その判決の効力は、当事者たる社団にのみ及び、個々の構成員には及ばないし、強制執行においても社団そのものが執行をし、あるいは、その固有財産のみが執行の対象となる。この限度で一般的には認められない権利能力が個別の訴訟を通じて認められるに等しい結果となる。

　これらの社団が当事者となろうとし、あるいはこれらを当事者としようとするときは、定款、規約類等によって当事者能力の存在を証明すべきである。また、その代表者、管理人については、法定代理人に関する規定が準用され

22　裁判所職員総合研修所監修『民事訴訟法講義案〔三訂版〕』（司法協会、2016年）42頁。
23　最判昭和39・10・15民集18巻8号1671頁。

る（民訴法37条）。

(2) 当事者適格

　訴訟物たる特定の権利または法律関係について、当事者として訴訟を追行
し、本案判決を求めうる資格を「当事者適格」という。当事者適格は、特定
の訴訟物との関係から具体的・個別的に判断されるものである点において、
当該紛争と離れて一般的に判断される当事者能力とは区別される[24]。判例[25]は
「訴訟における当事者適格は、特定の訴訟物について、何人をしてその名に
おいて訴訟を追行させ、また何人に対し本案の判決をすることが必要かつ有
意義であるかの観点から決せられるべきもの」としたうえで、「財産権上の請
求における原告についていうならば、訴訟物である権利または法律関係につ
いて管理処分権を有する権利主体が当事者適格を有するのを原則」と判示し
た。

(A) 第三者の訴訟担当

　特別の理由によって本来の利益帰属主体（本人）の代わりに、またはこれ
と並んで第三者が当事者適格を有する場合がある。当該第三者が訴訟当事者
となり、本来の利益帰属主体は当事者としては現れないので、代理現象とは
異なる。訴訟担当者が受けた判決の効力は、当事者である担当者のみならず
（民訴法115条1項1号）、本来の利益帰属主体にも及ぶ（同項2号）。

(B) 任意的訴訟担当

　第三者であっても、直接法律の定めるところにより一定の権利または法律
関係につき当事者適格を有することがあるほか、本来の権利主体からその意
思に基づいて訴訟追行権を授与されることにより当事者適格が認められる場
合もありうる。これを「任意的訴訟信託」という。法律上許容されている場
合として、選定当事者（民訴法30条、144条）がある。

　一方で、法律上許容されている場合以外に、任意的訴訟担当がどの範囲で

24　裁判所職員総合研修所監修・前掲（注22）75頁。
25　最判昭和45・11・11民集24巻12号1854頁。

許容されるかについては、弁護士代理の原則（民訴法54条1項本文）や訴訟信託の禁止（信託法10条）との関係で議論がある。

　判例[26]は「民訴法上は、……選定当事者の制度を設けこれを許容しているのであるから、通常はこの手続によるべきものではあるが、同条は、任意的な訴訟信託が許容される原則的な場合を示すにとどまり、同条の手続による以外には、任意的訴訟信託は許されないと解すべきではない。すなわち、任意的訴訟信託は、民訴法が訴訟代理人を原則として弁護士に限り、また、信託法11条が訴訟行為を為さしめることを主たる目的とする信託を禁止している趣旨に照らし、一般に無制限にこれを許容することはできないが、当該訴訟信託がこのような制限を回避、潜脱するおそれがなく、かつ、これを認める合理的必要がある場合には許容するに妨げないと解すべき」と判示した。

　そのうえで、「民法上の組合において、組合規約に基づいて、業務執行組合員に自己の名で組合財産を管理し、組合財産に関する訴訟を追行する権限が授与されている場合には、単に訴訟追行権のみが授与されたものではなく、実体上の管理権、対外的業務執行権とともに訴訟追行権が授与されているのであるから、業務執行組合員に対する組合員のこのような任意的訴訟信託は、弁護士代理の原則を回避し、または信託法11条の制限を潜脱するものとはいえず、特段の事情のないかぎり、合理的必要を欠くものとはいえないのであつて、民訴法47条による選定手続によらなくても、これを許容して妨げない」と判示した。

(C)　紛争管理権説

　訴訟提起前の紛争の過程で相手方と交渉を行い、紛争原因の除去につき持続的に重要な役割を果たしている第三者は、訴訟物たる権利関係についての法的利益や管理処分権を有しない場合にも、いわゆる紛争管理権を取得し、当事者適格を有するに至るとの見解がある[27]。

26　前掲（注25）・最判昭和45・11・11。
27　伊藤眞『民事訴訟の当事者』（弘文堂、1978年）90頁以下。

　しかし、判例[28]は「法律上の規定ないし当事者からの授権なくして右第三者が訴訟追行権を取得するとする根拠に乏しく、かかる見解は、採用の限りでない」と判示し、否定した。

　なお、上記の判示に続いて、「上告人らの本件訴訟追行は、法律の規定により第三者が当然に訴訟追行権を有する法定訴訟担当の場合に該当しないのみならず、記録上右地域の住民本人らからの授権があつたことが認められない以上、かかる授権によつて訴訟追行権を取得する任意的訴訟担当の場合にも該当しないのであるから、自己の固有の請求権によらずに所論のような地域住民の代表として、本件差止等請求訴訟を追行しうる資格に欠ける」旨判示した。

　紛争管理権説をめぐっては、民事訴訟法学会では評価されているものの、訴訟物である権利義務の帰属と関係なく当事者適格を考えてよいか、紛争管理権者を当事者とする判決の効力が権利義務の主体に対して不利に及ぶことをどう考えるかなどの批判も示されている[29]。

(D)　再構成された紛争管理権説

　提訴前の紛争解決過程への関与等を任意的訴訟担当の要件として再構築すべきとする見解がある。伊藤眞教授は紛争管理権説を修正し、任意的訴訟担当の中に紛争管理権説を組み込む立場を表明した。この立場によれば、環境保護団体に当事者適格が認められるためには、①環境保護団体が環境利益の帰属主体たる住民を中心に組織され（組織要件）、②構成員たる住民から環境利益保護のために裁判上裁判外の手段で授権され（授権要件）、③当該団体が住民の環境利益保護のために継続的にかかわっており、訴訟追行につき十分な知識経験を有し（解決行動要件）、④住民による個別的な訴え提起が住民側にとっても、被告側にとっても煩瑣であり、環境保護団体が担当者となる訴えの提起が合理的と認められること（合理性要件）、の４つの要件を充足する

28　最判昭和60・12・20判時1181号77頁〔豊前火力発電所事件〕。
29　大塚529頁。

必要がある。[30]ただし、認めた裁判例はない。

〔表8-2〕　環境保護団体にまつわる原告・被告の考えられる主張

訴訟要件	論点	原告の主張	被告の主張
当事者能力	権利能力なき社団	該当する	該当しない
当事者適格	選定当事者	該当する	該当しない
	任意的訴訟担当	該当する	該当しない
	紛争管理権	環境利益をめぐる提訴前に重要な解決行動を行った紛争管理権者として当事者適格を有する	最高裁判所は法律上の規定はないし当事者からの授権なくして第三者が訴訟追行権を取得する根拠に乏しい、として否定
	再構成された紛争管理権	提訴前の紛争解決過程への関与等を任意的訴訟担当の要件として再構築すべき	該当しない

30　越智372頁。

7　眺望利益や営業権の侵害[31]

　甲県乙市は、青い海とサンゴ礁が美しく観光業が盛んである。乙市在住のＡは、同市においてホテル（以下、「本件ホテル」という）を経営し、また、同市を訪れる観光客に対し、業として、体験ダイビングや同市近海のクルージングを実施している。本件ホテルの部屋の海側の窓から見える景色は絶景であると評判であり、多くの観光客をひきつけてきた。乙市には国定公園（以下、「本件国定公園」という）が存在し、同公園内には特別地域のほか、サンゴ礁が多数見られる海域に海域公園地区の区域が存在する。Ａは乙市内での環境保護活動を行うためにNPO法人Ｂを設立し、Ｂは公園管理団体の指定を受けている。

　その後、観光業を営むＣが、本件国定公園の特別地域内に、適法な許可を得て新たに５階建てのリゾート施設の建設工事を開始した。甲県知事の許可に際し、工事の施工にあたって汚濁防止膜を設置する等の措置を講じて周辺水域に赤土を流出させないことが条件とされていた。しかし、Ｃの工事の施工は上記許可条件に反する杜撰な対応にとどまり、その結果、工事に伴う赤土の流出によりサンゴがすでに一部死滅したほか、残るサンゴについても今後のさらなる工事の進行により死滅が懸念される状況にある。Ｃの工事開始に伴い本件国定公園を訪れる観光客の減少がみられ、Ａの売上げも減少している。また、Ａは、同施設の建設により本件ホテルの部屋の海側の窓から景色が全く見えなくなることも心配している。

〔設問Ⅰ〕

(1)　ＡはＣに対して眺望利益の侵害を理由に差止請求できるか。

(2)　ＡはＣに対して損害賠償請求できるか。

31　司法試験・環境法・平成26年度・第2問・改題。

〔**設問II**〕

　Aは甲県に対してどのような法的手段をとることが考えられるか。

設問 I

(1)　差止請求および仮処分申立て

　眺望利益や営業権の侵害を理由とするCに対する建設工事の差止請求と仮処分の申請が考えられる。

　眺望利益と営業権の関係について、北村教授は、「裁判所は、眺望権という構成には否定的であるが、具体的事例のもとで営業利益ないし生活利益と受け止め、これを法的保護の対象とすることがある」と指摘する[32]。

(A)　眺望利益の特徴

　眺望利益はその性質上、空間支配的ではなく、状況依存的な利益とされる。眺望利益を享受する者は、眺望を構成する自然物・人工物等に対する直接の管理権・所有権を有しておらず、特定の場所と対象物との間に眺望を遮る障害物が存在しないという他者の土地利用状況に依存して享受しうる利益にすぎない。また、眺望利益は日常生活に必要不可欠とまではいえない[33]。

(B)　眺望利益の要件

　国立景観訴訟判決の調査官解説[34]は、「景観利益は、眺望利益（個人が特定の建物に居住することなどによってそこから得られる観望による利益）と必ずしも同じではないと考えられる」と指摘した。

　裁判例[35]は、「このような利益もまた、1個の生活利益として保護されるべき価値を有しうるのであり、殊に、特定の場所がその場所からの眺望の点で格別の価値をもち、このような眺望利益の享受を一つの重要な目的としてそ

32　北村218頁。
33　越智173頁。
34　髙橋譲「判解」最判解民事篇平成18年度（上）425頁、457頁。
35　東京高決昭和51・11・11判時840号60頁。

の場所に建物が建設された場合のように、当該建物の所有者ないし占有者によるその建物からの眺望利益の享受が社会観念上からも独自の利益として承認せられるべき重要性を有するものと認められる場合には、法的見地からも保護されるべき利益であるということを妨げない。……右の眺望利益に対し、その侵害の排除又はこれによる被害の回復等の形で法益保護を与えうるのは、このような侵害行為が、具体的状況の下において、右の利益との関係で、行為者の自由な行動として一般的に是認しうる程度を超えて不当にこれを侵害するようなものである場合に限られる」と判示しており、前記調査官解説もこれを引用する。ただし、国立景観訴訟判決が示される前の判決であることに留意が必要といえよう。

　一方で、越智教授は、「眺望利益は、成立要件と侵害に対する救済方法が、権利に比べると限定される。眺望利益は、景観利益の性質に類似する点があることから、①良好な眺望を享受できる、②特定の場所の利用にかかる権利を有する者がもつ眺望利益は法律上保護に価する」と指摘する。[36]

〔表8－3〕　景観利益と眺望利益

	景観利益	眺望利益
視点	移動する	移動しない
私益性	低い	高い

(C)　国立景観訴訟判決の射程

　国立景観訴訟判決の射程について、越智教授は、「優れた自然は眺望の対象ともなり、また、良好な景観を構成しうるはずである。眺望利益が問題とされるのは、自然破壊そのものよりも、良好な自然の風景と視点との間に遮蔽物が入るために生じる眺望侵害の場合であり、自然保護訴訟に分類すべきでないものも多い。これに対し、自然景観は自然改変によって破壊されるか

36　越智173頁。

ら、景観利益に基づく訴訟は自然保護訴訟として機能しうるはずである。この点、国立景観訴訟判決は都市景観につき判断したものであり、自然景観には触れていない。同判決は自然景観が問題とされた事案でなかったため触れなかったにすぎず、自然景観に関する景観利益の法的保護性を否定する趣旨はないと見るべきである。また、同判決が損害賠償請求のみを認め、差止訴訟を否定したと理解すべきでなく、自然保護分野でも景観利益に基づく環境民事訴訟の提起が許される」とする。[37]

大塚教授も、「国立景観訴訟最高裁の景観利益は自然景観に拡張される余地はあると考えられる」と指摘する。[38]

◪設問の検討

これを本設問についてみると、まず、甲県乙市は、青い海とサンゴ礁が美しく観光業が盛んであり、乙市には国定公園が存在し、同公園内には特別地域のほか、サンゴ礁が多数見られる海域に海域公園地区の区域が存在するといった事実から、良好な眺望を享受しているといえる（①充足）。

また、乙市在住のAは、同市においてホテルを経営し、また、同市を訪れる観光客に対し、業として、体験ダイビングや同市近海のクルージングを実施している。本件ホテルの部屋の海側の窓から見える景色は絶景であると評判であり、多くの観光客をひきつけてきたから、Aには、特定の場所の利用に係る権利を有するといえる（②充足）。

そのうえで、Cは、工事の施工において甲県知事の許可条件（工事の施工にあたって汚濁防止膜を設置する等の措置を講じて周辺水域に赤土を流出させないこと）に反する杜撰な対応にとどまり、その結果、工事に伴う赤土の流出によりサンゴをすでに一部死滅させたほか、残るサンゴについても今後のさらなる工事の進行により死滅が懸念される状況を生じさせている。また、眺望に係る利益は、生命・身体等といった権利とは

37　越智373頁。
38　大塚619頁。

その性質を異にするものの、日々の生活に密接に関連した利益といえる
し、眺望は一度損なわれたならば、金銭賠償によって回復することは困
難な性質のものであることを考慮すると、およそ社会的相当性を欠くも
のといえ、侵害行為は違法というべきである。

　学説を参考とするならば、同請求は認められることになろうが、裁判
例を前提にすると、厳しいと思われる。

(2)　損害賠償請求

故意または過失によって他人の権利または法律上保護される利益を侵害し
た者は、これによって生じた損害を賠償する責任を負う（民法709条）。実体
的要件は、①他人の権利または法律上保護される利益を侵害したこと、②損
害、③因果関係（「これによって」）、④故意または過失の４点である。

　🔲設問の検討

　　これを本設問についてみると、サンゴの死滅に伴う売上減少を理由と
　するＣに対する民法709条に基づく損害賠償請求が考えられる。まず、
　工事に伴う赤土の流出によりサンゴがすでに一部死滅しているところ、
　営業「利益」の「侵害」があると構成しうる（①充足）。また、観光客減少
　がみられ、Ａの売上げも減少しているから「損害」もある（②充足）。Ｃ
　の工事施工は許可条件に反する杜撰なものであり「故意」も認められる
　（④充足）。サンゴの死滅と売上減少との間には因果関係もあるといえる
　（③充足）。したがって、請求は認められる。

設問Ⅱ

(1)　許可の条件

特別地域内の許可（自公法20条３項）には、国立公園または国定公園の風致
または景観を保護するために必要な限度において、条件を付することができ
る（同法32条）。

(2)　中止命令

　都道府県知事は国定公園について、当該公園の保護のために必要があると認めるときは、自公法20条3項の規定により許可に付された条件に違反した者に対して、その保護のために必要な限度において、その行為の中止を命じ、または相当の期限を定めて、原状回復を命じ、もしくは原状回復が著しく困難である場合に、これに代わるべき必要な措置をとるべき旨を命ずることができる（同法34条1項）。

■設問の検討

　これを本設問についてみると、甲県に対しては、Cの工事の施工が甲県知事の許可条件に反しているところから、甲県知事が行為の中止を命じ、または原状回復もしくはそれに代わるべき必要な措置を命ずる（自公法34条）よう義務付け訴訟を提起することが考えられる（行訴法3条6項1号、37条の2）。自公法34条の命令は、32条に基づく許可条件に違反した場合に発出されうる。本件ではこの許可は20条3項1号によるものである。

　論点としては、非申請型義務付け訴訟の訴訟要件に該当するか否か、特にAに行訴法上の原告適格があるか否かが争点になろう。結論としては反射的利益にすぎないため、否定されることになろう。

　仮の義務付け訴訟（行訴法37条の5第1項）についても検討すべきである。

　なお、Cの工事の施工が許可条件に違反していることを理由とする許可の取消し（撤回）の義務付け訴訟を提起することも考えられる。

⑧ 第１種特別地域内における建造物の新築または改築[39]

〔設問〕

　Aは、B市郊外の道路沿いに所有する土地にホテルCを所有し、経営している。ホテルCの周辺一帯には広大な原野が広がっており、近隣には道路沿いの店舗等が点在する程度である。開業当時は小規模な民宿であったが、次第に原野の優れた自然の風景が注目されるようになり、内外からの観光客が急増したため、Aは資金を投じて民宿を３階建て（高さ13メートル）の建物に改築し、観光客向けのホテルCを開業した。その後、周辺地域は国立公園の指定を受け、ホテルCの所在地は第１種特別地域に含まれるに至った。ホテルCは屋根や壁面の色彩や形態が自然景観に調和していると評価され、大いに繁盛した。

　ところが、B市周辺を震源とする大規模な地震が発生し、ホテルCにも内壁や外壁にひび割れなどの被害が生じた。検査の結果、損壊は甚だしいものの、大規模な修繕をすれば元どおりの使用は可能であるとされたが、Aとしては、建物の老朽化も進んでおり、建物の価値を超える修繕費用を要することもあって、経営、安全の両面から、将来地域の復興が進んだ時点での営業再開をめざすこととし、ホテルCを解体した。

　それから３年が経過し、地域の復興も進んだことから、AはホテルCの元の所在地と同一の位置に、従前と全く同一の高さ、面積とデザインによる建物を建築する計画を立案した。

　Aの計画に関して自公法上どのような問題点があるか。

　なお、Aの計画する建物は、自公法施行規則11条６項にいう「前各項の規定の適用を受ける建築物」に該当しないものとする。

【参考】

○　自公法施行規則（昭和32年10月11日厚生省令第41号）（抄録）

第2章　保護及び利用

（特別地域、特別保護地区及び海域公園地区内の行為の許可基準）

第11条

1〜5　（略）

6　法第20条第3項第1号、第21条第3項第1号及び第22条第3項第1号に掲げる行為（前各項の規定の適用を受ける建築物の新築、改築又は増築以外の建築物の新築、改築又は増築に限る。）に係る許可基準は、第1項第2号から第5号まで並びに第4項第7号及び第9号から第11号までの規定の例によるほか、次のとおりとする。ただし、第2項ただし書に規定する行為に該当するものについては、この限りでない。

　一・二　（略）

7〜37　（略）

38　法第20条第3項各号、第21条第3項各号及び第22条第3項各号に掲げる行為に係る許可基準は、前各項に規定する基準のほか、次のとおりとする。

　一　申請に係る地域の自然的、社会経済的条件から判断して、当該行為による風致又は景観の維持上の支障を軽減するため必要な措置が講じられていると認められるものであること。

　二　申請に係る場所又はその周辺の風致又は景観の維持に著しい支障を及ぼす特別な事由があると認められるものでないこと。

　三　申請に係る行為の当然の帰結として予測され、かつ、その行為と密接不可分な関係にあることが明らかな行為について法第20条第3項、第21条第3項又は第22条第3項の規定による許可の申請があつた場合に、当該申請に対して不許可の処分がされることとなることが確実と認められるものでないこと。

＊　本条6項が引用する本条各項の規定のうち、本問で検討すべきものを以下のとおり抄録した。省略された条項については検討を要しない。

・1項2号

　　次に掲げる地域（以下「特別保護地区等」という。）内において行われるものでないこと。

イ　特別保護地区、第一種特別地域又は海域公園地区

ロ　（略）

・1 項 3 号および 4 号（略）

・1 項 5 号

　当該建築物の屋根及び壁面の色彩並びに形態がその周辺の風致又は景観と著しく不調和でないこと。

・2 項ただし書

　ただし、既存建築物の改築等であつて、前項第 5 号に掲げる基準に適合するものについては、この限りでない。

【注：「既存建築物の改築等」の定義は以下のとおり（11 条 1 項本文）。

　既存の建築物の改築、既存の建築物の建替え若しくは災害により滅失した建築物の復旧のための新築（申請に係る建築物の規模が既存の建築物の規模を超えないもの又は既存の建築物が有していた機能を維持するためやむを得ず必要最小限の規模の拡大を行うものに限る。）又は学術研究その他公益上必要であり、かつ、申請に係る場所以外の場所においてはその目的を達成することができないと認められる建築物の新築、改築若しくは増築】

・4 項 7 号および 9 号から 11 号　（略）

設問の検討

　特別地域内の工作物の新築または改築は、許可制であり（自公法20条 3 項 1 号）、その許可基準は自公法施行規則11条 6 項に規定されているところ、同項が引用する同条 1 項 2 号イは、第 1 種特別地域内において行われるものでないことを要件としている。これによれば、A の計画する建造物の建築は、新築であれ改築であれ、許可されないことになる。

　ただし、自公法施行規則11条 6 項ただし書は、同条 2 項ただし書に規定する行為に該当するものはこの限りでないとしている。これによれば、A の計画する建造物の建築が、「既存建築物の改築等」であり、かつ、同条 1 項 5 号に掲げる基準に適合する場合には、自公法施行規則11条 6 項が準用する同条 1 項 2 号イの要件は適用されないため、第 1 種特別

351

地域内における建築であることを理由に不許可とされることはない。もっとも、その場合も、同条38項の基準は充足する必要がある。

　本件事実関係では、Aが計画しているホテルの再建築が「既存建築物の改築等」に該当するか否かが、許可を受けられるか否かに関して大きな分かれ目となる。災害で損壊したとはいえ、滅失したのはAの経営判断による取壊しの結果であるし、取壊しから3年が経過し、すでに「ホテルCがない風致・景観」も形成されていると思われる。反面、災害により経済的全損という滅失したのと同様の状況に至ったともいえるし、そもそも国立公園に指定された時点でホテルC（旧建物）はすでに存在していたのであり、第1種特別地域内とはいえ、「ホテルCがない風致・景観」に対し、Aに多大な財産権侵害を及ぼしてまで強い法的保護を与えるべきなのかという疑問の余地もある。

⑨ 特別地域内における工作物の新築工事が完了した場合[40]

〔設問〕

　Aは、2014年2月26日、甲県甲地方環境事務所長に対し、甲国立公園内の第2種特別地域内における美術館の新築につき自公法20条3項の許可を申請したところ、同所長は、同年3月24日付けで、当該許可をした（なお、許可の権限については、自公法附則9項、自公法施行令附則3項等参照）。

　Aは、2014年2月26日、甲地方環境事務所長に対し、上記特別地域内における上記美術館に付帯する駐車場および取付車路の新築につき自公法20条3項の許可を申請したところ、同所長は、同年5月1日付けで、当該許可をした（本件許可処分。なお、許可の権限については、自公法69条、自公法施行規則20条参照）。

　Xは、上記美術館の付近に別荘を所有する者であるところ、2014年7月22日付けで、環境大臣に対し、本件許可処分の取消しを求める審査請求をした（本件審査請求）。

　Aは、2015年4月15日、本件許可処分に係る駐車場および車路の新築工事を完了した。

　環境大臣は、2016年7月22日付けで、Xは不服申立適格を欠くとして、本件審査請求を却下する旨の裁決（本件裁決）をし、当該裁決書謄本は同月26日に原告に送達された。

　Xは、2017年1月18日、本件裁決の取消しを求める本件訴えを提起した。

　本件の本案前の争点としてどのようなものが考えられるか。

40　オリジナル問題。

(1)　本案前の争点

　本件許可処分については、その許可に係る駐車場および車路の新築工事が完了している以上、Xにおいてその取消しを求める法律上の利益は失われたものというべきではないか、問題となる。

(2)　訴えの利益

　いわゆる狭義の訴えの利益に関し、行訴法9条1項かっこ書では、「処分又は裁決の効果が期間の経過その他の理由によりなくなつた後においてもなお処分又は裁決の取消しによつて回復すべき法律上の利益を有する者」が取消訴訟を提起することができるとされている。

　訴えの利益は、基本的には、取消判決によって除去すべき処分または裁決の法的効果が存続しているか、これがなくなったという場合にあっては、その取消しによって回復すべき法律上の利益があるといえるときに認められる。[41]

　裁判例[42]は、「自然公園法20条3項の許可に係る同項1号の工作物の新築工事が完了した場合には、当該許可の取消しを求める法律上の利益は失われる」としたうえで、「本件においては、原処分である本件許可処分が取り消されることについての法律上の利益は失われているから、本件裁決の取消しを求める本件訴えは訴えの利益を欠くものといわざるを得ず、不適法な訴えというべき」と判示した。

　その理由として、「自然公園法20条3項本文は、国立公園の特別地域内における同項各号に掲げる行為は環境大臣の許可を受けなければしてはならない旨を定める。この定めによれば、同項に基づく許可は、これを受けることにより適法に同項各号に掲げる行為を行うことができるようになるという法的効果を有する処分として規定されているものと解され、同項1号の工作物

41　匿名記事「判批」判タ1453号（2018年）182頁。
42　東京地判平成29・11・8判タ1453号182頁〔裁決取消請求事件〕。

の新築についての許可にあっては、これを受けることにより適法に当該工作物の新築工事を行うことができるようになるという法的効果を有する処分として規定されているものであると解される」と判示した。

◪設問の検討

　これを本設問についてみると、本件許可処分については、その許可に係る駐車場および車路の新築工事が完了している以上、Xにおいてその取消しを求める法律上の利益は失われたものというべきである。

＜実務を見据えて──自公法編＞

▶ 環境省「自然公園法の概要」

　https://www.env.go.jp/content/000062513.pdf

地球温暖化対策の推進に関する法律（温対法）

①　温対法2021年改正の趣旨と地域脱炭素化促進事業制度

　Ａ県にあるＢ町は、内陸部に位置しているという地理的な事情もあり、夏には国内最高気温を何度も記録するような状況にあった。こうしたことから、同町は、地球温暖化対策に熱心であり、2019年に、温対法に基づく地方公共団体実行計画を、県内の他の市町村に先駆けて策定した。

　2020年に、内閣総理大臣が、2050年までに国家レベルでカーボンニュートラルの実現をめざすことを宣言した。それを受けて、2021年に、温対法は、一部改正された。Ｂ町は、町内において再生可能エネルギーのうち風力発電を促進するために、地域における合意形成を重視しつつ、この改正の内容を最大限活用しようとしている。

　甲社は、Ｂ町にあるＣ国定公園内の甲社所有地において、自然公園法33条１項の届出を要する規模での鉄塔状の工作物による風力発電事業の実施を計画している（なお、計画地は普通地域内にある）。当該風力発電事業を行うためには、その発電に必要な電気工作物（出力６万キロワット。以下、「本件工作物」という）の設置の工事について、電気事業法47条１項の認可が必要である。また、本件工作物を設置するには、森林法５条に基づく地域森林計画の対象となっている民有林であり、かつ、温対法上の対象民有林でもある上記甲社所有地内にある森林を森林法10条の２の許可を要する規模で伐採する必要がある。

〔設問Ｉ〕

　温対法2021年改正の趣旨はどのようなものか。

〔設問Ⅱ〕

　本件工作物の設置のために、温対法の下で、甲社はＢ町に対してどの

1　司法試験・環境法・令和６年度・第１問・改題。

ような手続をとることが考えられるかを説明せよ。なお、Ｂ町は、同法に基づく計画策定市町村であり、本件工作物の設置予定地を含む地域を促進区域に指定している。また、Ｂ町に関して、同法に基づく地方公共団体実行計画協議会は組織されていないものとする。

〔設問Ⅲ〕

2021年の温対法の改正によって導入されたしくみは、再生可能エネルギーの利用による脱炭素化のための施設の円滑な整備を促進するためのものであり、そのしくみにおいては、関連法令により必要とされる規制が緩和されている。本件工作物の設置との関係で、その内容を説明せよ。

【参考】

○　地球温暖化対策の推進に関する法律に基づく地域脱炭素化促進事業計画の認定等に関する省令（令和４年農林水産省・経済産業省・国土交通省・環境省令第１号）（抜粋）

（地域脱炭素化促進施設）

第２条　法第２条第６項の環境省令・農林水産省令・経済産業省令・国土交通省令で定める施設は、次に掲げるものとする。

一　再生可能エネルギー発電施設（略）

二、三（略）

○　アセス法施行令（平成９年政令第346号）（抜粋）

（第一種事業）

第１条　環境影響評価法（以下「法」という。）第２条第２項の政令で定める事業は、別表第一の第一欄に掲げる事業の種類ごとにそれぞれ同表の第二欄に掲げる要件に該当する一の事業とする。

（略）

別表第一（抜粋）

事業の種類	第一種事業の要件	第二種事業の要件	法律の規定

五　法第2条第2項第1号ホに掲げる事業の種類	ワ　出力が5万キロワット以上である風力発電所の設置の工事の事業	出力が3万7500キロワット以上5万キロワット未満である風力発電所の設置の工事の事業	電気事業法第47条第1項若しくは第2項又は第48条第1項

○　**電気事業法（昭和39年法律第170号）（抄録）**

（工事計画）

第47条　事業用電気工作物の設置又は変更の工事（中略）をしようとする者は、その工事の計画について主務大臣の認可を受けなければならない。（略）

2～5（略）

○　**森林法（昭和26年法律第249号）（抄録）**

（地域森林計画）

第5条　都道府県知事は、全国森林計画に即して、森林計画区別に、その森林計画区に係る民有林（中略）につき、5年ごとに、その計画をたてる年の翌年4月1日以降10年を一期とする地域森林計画をたてなければならない。

2～5（略）

（開発行為の許可）

第10条の2　地域森林計画の対象となつている民有林（中略）において開発行為（中略）をしようとする者は、農林水産省令で定める手続に従い、都道府県知事の許可を受けなければならない。

（以下、略）

○　**森林法施行令（昭和26年政令第276号）（抄録）**

（開発行為の規模）

第2条の3　法第10条の2第1項の政令で定める規模は、次の各号に掲げる行為の区分に応じ、それぞれ当該各号に定める規模とする。

一　専ら道路の新設又は改築を目的とする行為　当該行為に係る土地の面積1ヘクタールで、かつ、道路（中略）の幅員3メートル

二　太陽光発電設備の設置を目的とする行為　当該行為に係る土地の面積0.5ヘクタール

> 三　前二号に掲げる行為以外の行為　当該行為に係る土地の面積1ヘクタール

設問 I

　本設問のとおり、「2020年に、内閣総理大臣が、2050年までに国家レベルでカーボンニュートラルの実現をめざすことを宣言した」。すなわち、日本は、パリ協定に定める目標（世界全体の気温上昇を2℃より十分下回るよう、さらに1.5℃までに制限する努力を継続）等を踏まえ、2020年10月に当時の菅義偉内閣総理大臣は「2050年カーボンニュートラル」を宣言した。[3]

> 【参考】　2050年カーボンニュートラル宣言
> 　「菅政権では、成長戦略の柱に経済と環境の好循環を掲げて、グリーン社会の実現に最大限注力してまいります。我が国は、2050年までに、温室効果ガスの排出を全体としてゼロにする、すなわち2050年カーボンニュートラル、脱炭素社会の実現を目指すことを、ここに宣言いたします。もはや、温暖化への対応は経済成長の制約ではありません。積極的に温暖化対策を行うことが、産業構造や経済社会の変革をもたらし、大きな成長につながるという発想の転換が必要です。鍵となるのは、次世代型太陽電池、カーボンリサイクルをはじめとした、革新的なイノベーションです。実用化を見据えた研究開発を加速度的に促進します。規制改革などの政策を総動員し、グリーン投資の更なる普及を進めるとともに、脱炭素社会の実現に向けて、国と地方で検討を行う新たな場を創設するなど、総力を挙げて取り組みます。環境関連分野のデジタル化により、効率的、効果的にグリーン化を進めていきます。世界のグリーン産業をけん引し、経済と環境の好循環をつくり出してまいります。省エネルギーを徹底し、再生可能エネルギーを最大限導入するとともに、安全最優先で原子力政策を進めることで、安定的なエネルギー供給を確立し

2　2015年にフランスのパリで開催された国連気候変動枠組条約第21回締約国会議（COP21）において採択された。

3　第203回国会における菅内閣総理大臣所信表明演説（2020年10月26日）〈https://www.kantei.go.jp/jp/99_suga/statement/2020/1026shoshinhyomei.html〉。

ます。長年続けてきた石炭火力発電に対する政策を抜本的に転換します」。

　地域のレベルでは、この国の宣言に先立ち、2050年カーボンニュートラルをめざす「ゼロカーボンシティー」を表明する自治体が増加していた。

　企業では、ESG金融の進展に伴い、気候変動に関する情報開示や目標設定など「脱炭素経営4」に取り組む企業が増加しており、サプライチェーンを通じて、地域の企業にも波及していた。

　これらを背景に、各種検討会を経て5、本設問にあるとおり、「2021年に、温対法は、一部改正された」（以下、「2021年改正6」という）。

　改正の大きな柱は次の３本である。

① 　パリ協定・2050年カーボンニュートラル宣言等を踏まえた基本理念の新設
② 　地域の脱炭素化に貢献する事業を促進するための計画・認定制度の創設

4　環境省によれば、「脱炭素経営」を「気候変動対策（≒脱炭素）の視点を織り込んだ企業経営」と定義する。脱炭素経営に取り組むメリットとして、①優位性の構築、②光熱費・燃料費の低減、③知名度・認知度向上、④社員のモチベーション・人材獲得力向上、⑤好条件での資金調達があげられる。そして、脱炭素経営に取り組むステップとして、①知る（カーボンニュートラルに向けた潮流を自分事でとらえる、脱炭素経営でめざす方向性を検討する）、②測る（自社のCO_2排出量を算定する、主要な排出源を把握して、どこから削減に取り組むべきか、あたりを付ける）、③減らす（削減対策を検討し、実施計画を策定する、削減対策を実行する）の３段階で構成される。なお、環境省では、脱炭素経営に関する取組み事例や各種ガイドなどを公開するウェブサイトとして「グリーン・バリューチェーンプラットフォーム」を開設している。

5　温対法2016年改正では、附則４条で「政府は、平成31年までに、長期的展望に立ち、国際的に認められた知見を踏まえ、この法律の施行の状況にについて検討を加え、その結果に基づいて法制上の措置その他の必要な措置を講ずるものとする」と規定されていた。これを受け、2019年度に「地球温暖化対策推進法施行状況検討会」が開催された。その後、施行状況検討会での議論の内容や、気候変動等をめぐる国内外の環境変化も踏まえ、今後の地球温暖化対策に関する法制上の措置をはじめとする制度的対応のあり方について検討することを目的として、「地球温暖化対策の推進に関する制度検討会」（座長：大塚直早稲田大学大学院法務研究科教授）が開催され、「地球温暖化対策の更なる推進に向けた今後の制度的対応の方向性について」（2020年年12月）が取りまとめられた。

6　「地球温暖化対策の推進に関する法律の一部を改正する法律」（令和３年法律第54号）。

③ 脱炭素経営の促進に向けた企業の排出量情報のデジタル化・オープンデータ化の推進等

　2021年改正では、地球温暖化対策の基本理念として、「地球温暖化対策の推進は、パリ協定第2条1(a)において世界全体の平均気温の上昇を工業化以前よりも摂氏2度高い水準を十分に下回るものに抑えること及び世界全体の平均気温の上昇を工業化以前よりも摂氏1.5度高い水準までのものに制限する[7]ための努力を継続することとされていることを踏まえ、環境の保全と経済及び社会の発展を統合的に推進しつつ、我が国における2050年までの脱炭素社会（人の活動に伴って発生する温室効果ガスの排出量と吸収作用の保全及び強化により吸収される温室効果ガスの吸収量との間の均衡が保たれた社会をいう。……）の実現を旨として、国民並びに国、地方公共団体、事業者及び民間の団体等の密接な連携の下に行われなければならない」と規定された（温対法2条の2）。この趣旨は、法が2050年までの脱炭素社会の実現を牽引することを明確にし、事業者・地方公共団体・国民等のあらゆる主体の取組みに予見可能性を与え、その取組みとイノベーションを促進する点にある。

　なお、「国民」が先頭にある条文は前例がない。このことについて、小泉進次郎環境大臣（当時）は「基本理念を新設し、2050年までのカーボンニュートラルの実現を明記します。カーボンニュートラルの実現は、これまで温室効果ガスの排出を増加させてきた産業革命以降の人類の歴史を抜本的に転換するものです。そこで、国民の理解や協力なくしてカーボンニュートラルの実現なしとの考えから、関係者を規定する条文の先頭に『国民』を位置づける前例のない基本理念とします」と答弁している[8]。

7　パリ協定第2条1(a)の規定において世界全体の平均気温の上昇を工業化以前よりも2℃高い水準を十分に下回ることおよび1.5℃高い水準までのものに制限するための努力を継続するという目標。
8　第204回国会衆議院本会議会議録21号2頁（2021年4月15日）。

【参考】　第204回国会衆議院本会議会議録第21号（2021年4月15日）

○小泉進次郎大臣　ただ今議題となりました地球温暖化対策の推進に関する法律の一部を改正する法律案について、その趣旨を御説明申し上げます。

　平成28年の法改正以降、パリ協定の締結、発効に加え、菅総理の所信表明演説における2050年カーボンニュートラル宣言など、地球温暖化対策を取り巻く環境は大きく変化し、地域や企業の脱炭素化の動きも加速しています。地域では、2050年までのCO_2排出量実質ゼロを目指す地方自治体、ゼロカーボンシティーが急増し、人口規模で1億人を超えました。また、企業の脱炭素経営の取組も広がっています。自治体、企業を後押しし、共にカーボンニュートラルの実現を成し遂げるためにも、電力供給量の約2倍のポテンシャルがある再生可能エネルギーをフル活用することを大前提に政策を進めていくことが不可欠です。

　本法律案は、このような背景を踏まえ、2050年までのカーボンニュートラルの実現を法律に明記することで、政策の継続性、予見性を高め、脱炭素に向けた取組、投資やイノベーションを加速させるとともに、地域の再生可能エネルギーを活用した脱炭素化の取組や企業の脱炭素経営の促進を図ろうとするものであります。

　次に、本法律案の内容の概要を主に3点御説明申し上げます。

　第一に、基本理念を新設し、2050年までのカーボンニュートラルの実現を明記します。

　カーボンニュートラルの実現は、これまで温室効果ガスの排出を増加させてきた産業革命以降の人類の歴史を抜本的に転換するものです。そこで、国民の理解や協力なくしてカーボンニュートラルの実現なしとの考えから、関係者を規定する条文の先頭に「国民」を位置づける、前例のない基本理念とします。

　第二に、地域に貢献する再生可能エネルギーの導入を加速させます。

　2050年までのカーボンニュートラルの実現のため再生可能エネルギーの利用が不可欠である一方、再生可能エネルギー事業に対する地域トラブルも見られるなど、地域における合意形成が課題となっています。こうした状況を改善し、政府の方針である再生可能エネルギーの主力電源化に向け、地域の取組を一層促進することが重要です。

　このため、地方公共団体実行計画において、再生可能エネルギーの利用促

進を始めとした施策の実施目標を新設するとともに、地域の再生可能エネルギーを活用し、地域の脱炭素化や課題解決に貢献する事業の計画、認定制度を創設し、関係法律の手続のワンストップ化を可能とするなど、地域の円滑な合意形成による再生可能エネルギーの利用促進を図ります。

　第三に、企業の脱炭素経営やESG金融の推進に資するよう、企業の温室効果ガス排出量の算定・報告・公表制度のデジタル化、オープンデータ化を進めます。

　これにより、企業の脱炭素に向けた前向きな取組が評価されやすい環境の整備等の措置を講じます。

設問II

(1)　促進区域の指定と認定申請

　①市町村（指定都市等は除く）は、地方公共団体実行計画において、その区域の自然的社会的条件に応じて再エネ利用促進等の施策と、施策の実施目標を定めるよう努める旨規定されている（温対法21条4項）。ここでいう施策のカテゴリーとしては、再エネの利用促進、事業者・住民の削減活動促進、地域環境の整備、循環型社会の形成があげられる。

　そして、②市町村は、上記の場合において、協議会も活用しつつ、地域脱炭素化促進事業の促進に関するに事項として、促進区域、地域の環境の保全のための取組み、地域の経済および社会の持続的発展に資する取組み等を定めるよう努めることとする旨が規定されている（温対法21条5項）。促進区域は、環境保全に支障を及ぼすおそれがないものとして環境省令で定める区域の設定に関する基準に従い、かつ、（都道府県が定めた場合にあっては）都道府県の促進区域の設定に関する環境配慮基準に基づき、定めることとなる（同条6項および7項）。

　上記の①および②を定める場合は、地域の合意形成のプロセスとして、住民その他の利害関係者や関係地方公共団体の意見聴取（温対法21条10項およ

び11項）や（協議会が組織されているときは当該）協議会における協議が必要である（同条12項）。なお、当該協議会は、関係する行政機関、地方公共団体、地域脱炭素化促進事業を行おうとする者等の事業者、住民等により構成される[9]。

(2)　設問の検討

以上を踏まえ本設問を検討すると、「地域脱炭素化促進事業を行おうとする」甲社は、単独で、環境省令・農林水産省令・経済産業省令・国土交通省令で定めるところにより、当該地域脱炭素化促進事業の実施に関する計画（「地域脱炭素化促進事業計画」）を作成し、地方公共団体実行計画を策定したB町の認定を申請することができる（温対法22条の2）。

なお、「地方公共団体実行計画協議会が組織されているときは当該地方公共団体実行計画協議会における協議を経」る必要があるが、B町に関して、「同法に基づく地方公共団体実行計画協議会は組織されていない」といった事情があるから、同会との協議の必要はない（厳密には、存在しない組織とは協議できない）。

設問Ⅲ

(1)　認定事業者の特例

上記のように、地域脱炭素化促進事業を行おうとする者は、事業計画を作成し、地方公共団体実行計画に適合すること等について市町村の認定を受けることができる旨が規定された（温対法22条の2）。

認定を受けた認定事業者が認定事業計画に従って行う地域脱炭素化促進施設の整備に関しては、関係許可等の手続のワンストップ化や、環境影響評価

9　地域脱炭素を推進するための地方公共団体実行計画制度等に関する検討会「『地域脱炭素を推進するための地方公共団体実行計画制度等に関する検討会』とりまとめ」（2023年8月）。

法に基づく事業計画の立案段階における配慮書手続の省略も可能といった特例を受けることができる旨が規定された（温対法22条の5〜22条の11）。ここでいう関係許可等の手続を整理すると、〔表9−1〕のとおりである。

(2)　設問の検討

以上を踏まえ検討すると、まず、「B町は、同法に基づく計画策定市町村であり、本件工作物の設置予定地を含む地域を促進区域に指定している」とされているので、これを踏まえた考察が必要である。

〔表9−1〕　特例の対象となる許認可等手続の概要

法律	対象となる行為	許可等権者
温泉法 （温対法22条の5）	温泉を湧出させる目的での土地の掘削、湧出路の増掘等	都道府県知事の許可
森林法 （温対法22条の6）	民有林・保安林における土地形質変更等の開発	都道府県知事の許可
農地法 （温対法22条の7）	農地の転用、農用地（農地、採草放牧地）の所有権等の移転	都道府県知事等の許可
自然公園法 （温対法22条の8）	国立公園・国定公園内における工作物の新設、土地形質変更等の開発行為等	国立→環境大臣の許可 国定（特別地域）→都道府県知事の許可 国定（普通地域）→都道府県知事への届出
河川法 （温対法22条の9）	水利使用のために取水した流水を利用する発電（従属発電）のための流水の占用	河川管理者※への登録 ※国土交通大臣、都道府県知事または指定都市の長
廃掃法 （温対法22条の10）	廃棄物処理施設における熱回収施設の設置	都道府県知事等の認定 ※任意で熱回収認定を受けることができる
	指定区域内（処分場跡地）における土地形質変更	都道府県知事等への届出

(A)　自然公園法33条１項届出関係

本設問では、「甲社は、Ｂ町にあるＣ国定公園内の甲社所有地において、自然公園法33条１項の届出を要する規模での鉄塔状の工作物による風力発電事業の実施を計画している（なお、計画地は普通地域内にある）」といった事情がある。

しかし、温対法は、「認定地域脱炭素化促進事業者が認定地域脱炭素化促進事業計画に従って……国定公園の区域内において第22条の２第２項第４号の整備又は同項第５号の取組のため行う行為については、自然公園法第33条第１項及び第２項の規定は、適用しない」とする（同法22条の８第２項）。

そうすると、本来、国定公園について都道府県知事に対し、環境省令で定めるところにより、行為の種類、場所、施行方法および着手予定日その他環境省令で定める事項の届出が必要であるが、「認定地域脱炭素化促進事業者」である甲社においては不要である。

(B)　電気事業法47条１項認可関係

本設問では、「当該風力発電事業を行うためには、その発電に必要な電気工作物（出力６万キロワット。以下「本件工作物」という）の設置の工事について、電気事業法47条１項の認可が必要である」といった事情がある。そうすると、「出力が５万キロワット以上である風力発電所の設置の工事の事業」に該当するので、環境影響評価法の第一種事業の要件に該当する（環境影響評価法施行令１条、別表第１）。

しかし、温対法は、「環境影響評価法……第２章第１節の規定は、認定地域脱炭素化促進事業者が認定地域脱炭素化促進事業計画に従って行う第22条の２第２項第４号の整備（第21条第６項に規定する都道府県の基準が定められた都道府県の区域内において行うものに限る。）については、適用しない」とする（同法22条の11）。

そうすると、甲社において、配慮書の規定は適用されない。

(C)　森林法10条の２許可関係

本設問では、「本件工作物を設置するには、森林法５条に基づく地域森林

計画の対象となっている民有林であり、かつ、温対法上の対象民有林でもある上記甲社所有地内にある森林を森林法10条の2の許可を要する規模で伐採する必要がある」といった事情がある。

　しかし、温対法は、「認定地域脱炭素化促進事業者が認定地域脱炭素化促進事業計画に従って対象民有林において第22条の2第2項第4号の整備又は同項第5号の取組を行うため森林法第10条の2第1項の許可を受けなければならない行為を行う場合には、当該許可があったものとみなす」とする（同法22条の6第1項）。

　そうすると、甲社においては都道府県知事による開発行為の許可があったものとみなされる。

　　　(D)　小　　括

　このように、本件甲社は、関係許可等の手続のワンストップ化や、環境影響評価法に基づく事業計画の立案段階における配慮書手続の省略といったメリットを受けることができる。

〔表9－2〕　温対法の改正年表

時期	主な内容	時代背景
1997年 （H9）	・国、地方公共団体、事業者、国民それぞれの責務を明確化 ・政府は基本方針を策定 ・地方公共団体は自ら排出する温室効果ガス排出抑制等のための実行計画を策定 ・国と都道府県が地球温暖化防止活動推進センターを指定	気候変動枠組条約第3回締約国会議（COP3）における京都議定書の採択
2002年 （H14）	・基本方針に代わり、京都議定書目標達成計画の策定を規定 ・地球温暖化対策推進本部の設置を規定	京都議定書の締結
2005年 （H17）	・温室効果ガス排出量算定・報告・公表制度を規定	京都議定書の発効

2006年 （H 18）	・京都メカニズムの推進、活用に向けた取組みを規定	京都議定書の 第一約束期間 への準備
2008年 （H 20）	・事業者の排出抑制等に関する指針の策定を規定 ・地方公共団体実行計画の記載事項として、区域の排出量削減のための施策に関する事項を追加	京都議定書の 第一約束期間 の開始
2013年 （H 25）	・京都議定書目標達成計画に代えて、地球温暖化対策計画の策定を規定 ・温室効果ガスの種類に3ふっ化窒素（NF 3）を追加	COP16におけるカンクン合意
2016年 （H 28）	・地球温暖化対策計画の記載事項として、国民運動の強化と、国際協力を通じた温暖化対策の推進を追加	パリ協定の採択
2021年 （R 3）	・パリ協定、2050年カーボンニュートラル宣言等を踏まえた基本理念の新設 ・地域の脱炭素化に貢献する事業を促進するための計画・認定制度の創設 ・脱炭素経営の促進に向けた企業の排出量情報のデジタル化・オープンデータ化の推進等	2050年カーボンニュートラル宣言
2022年 （R 4）	・温室効果ガスの排出の量の削減等を行う事業活動に対し資金供給等を行うことを目的とする株式会社脱炭素化支援機構に関し、その設立、機関、業務の範囲等を定める ・国が地方公共団体への財政上の措置に努める旨を規定	
2024年 （R 6）	・二国間クレジット制度（JCM）の実施体制を強化するための規定を整備 ・地域脱炭素化促進事業制度の拡充等の措置を講じる	

（出典：環境省ウェブサイト）

〔表９－３〕　GX・環境に関する法制度の主要な動き

2020年10月	カーボンニュートラル宣言
2021年10月	第６次エネルギー基本計画・閣議決定
	地球温暖化対策計画・閣議決定
	パリ協定に基づく成長戦略としての長期戦略・閣議決定
2022年２月	ロシアによるウクライナ侵略
2023年２月	GX実現に向けた基本方針・閣議決定
2023年５月	脱炭素成長型経済構造への円滑な移行の推進に関する法律（GX推進法）・成立
	脱炭素社会の実現に向けた電気供給体制の確立を図るための電気事業法等の一部を改正する法律（GX電源法）・成立
2023年７月	脱炭素成長型経済構造移行推進戦略・閣議決定
	国連のグテーレス事務総長： 「地球温暖化の時代は終わり、地球沸騰化の時代が到来した」
2023年12月	COP28 →パリ協定下初めてのグローバル・ストックテイク
2024年５月	脱炭素成長型経済構造への円滑な移行のための低炭素水素等の供給及び利用の促進に関する法律（水素社会推進法）・成立
	二酸化炭素の貯留事業に関する法律（CCS事業法）・成立
	GX2.0検討開始（GX実行会議）
2024年度	GX国家戦略
2025年春	エネルギー基本計画・改定へ
	地球温暖化対策計画・改定へ
2026年度	排出量取引制度本格稼働へ
2030年度	温室効果ガス46％削減へ
2050年	カーボンニュートラル（温室効果ガスの排出を全体としてゼロ）へ

※筆者で整理・作成

② 算定・報告・公表制度[10]

　A社は、電力事業の規制緩和に伴い、B県C市において、D発電所（石炭火力、出力17万キロワット）の設置を計画した。

　これに対して、同計画予定地付近の住民Eは、D発電所が稼働すれば、その居住地の窒素酸化物濃度について、近隣に所在するF社のG発電所からのばい煙と複合して、環境基準を超えることが予想され、健康被害が発生すると危惧している。

　F社は、温対法に規定する特定排出者として、G発電所の温室効果ガス算定排出量の報告義務を負っている。当該報告に係る事項を集計した結果は公表され、当該報告に係る事項は開示請求の対象となっている。

〔設問Ⅰ〕

　算定・報告・公表制度の趣旨は何か。

〔設問Ⅱ〕

　同制度に違反した場合、罰則はあるか。

〔設問Ⅲ〕

　2021年温対法改正で電子システムでの報告について、事業所等の情報についても開示請求の手続なく公表することとなったが、この趣旨は何か。

〔設問Ⅳ〕

　公表データの使い方はどのようなものか。

設問Ⅰ

事業活動に伴い相当程度多い温室効果ガスの排出する者として政令で定め

10　司法試験・環境法・平成28年度・第1問・改題。

るもの（特定排出者）は、毎年度、主務省令で定めるところにより、主務省令で定める期間に排出した温室効果ガス算定排出量に関し、主務省令で定める事項を当該特定排出者に係る事業を所管する大臣（事業所管大臣）に報告しなければならない（温対法26条1項）。この特定排出者には、国または地方公共団体の事務および事業も含まれる。

「温室効果ガス算定排出量」とは、温室効果ガスである物質ごとに、特定排出者の事業活動に伴う温室効果ガスの排出量として政令で定める方法により算定される当該物質の排出量に当該物質の地球温暖化係数を乗じて得た量をいう（温対法26条3項）。

この趣旨は、事業者自らが排出量を算定することによる自主的取組みのための基盤整備や、情報の公表・可視化による事業者および国民全般の自主的取組みの促進・気運の醸成・理解増進にある。

このように環境保全活動に積極的な事業者や環境負荷の少ない製品などを、投資や購入等に際して選択できるように、事業活動や製品・サービスに関して、環境負荷などに関する情報の開示と提供を進めるものを「情報的手法」という。持続可能な社会の構築に向けた環境政策における政策手段、社会経済の環境配慮のためのしくみの1つであり、各手法を適切に組み合わせることによって環境政策を推進することとされている。そして、その意義は、事業活動や製品・サービスに関して、行政が、事業者に対して環境負荷などに関する情報の消費者・投資家等利害関係者や行政への開示・提供を求め、行政に提供された情報の公表・公開を行うことによって、製品・サービスの提供者も含めた各主体による事業者や製品の選択等、環境配慮行動を促進または自主的な取組みに資するという環境政策の手法と説明することができる。

〔表9－4〕　情報的手法の長所・短所

長　　所	短　　所
①　行政リソースの限界に対応できること	①　それ自体では強制力がないこと
②　各主体による柔軟な対策が可能	②　このため実効性を確保するためには他制度との組合せが必要であること
③　科学的不確実性のある分野の場合、比例原則の問題が生じにくいこと	③　市場や国民による監視が必要であること

設問II

　同制度による「報告をせず、又は虚偽の報告をした者」は、20万円以下の過料に処される（温対法75条1号）。

設問III

　国民全般の自主的取組みの促進・気運の醸成・理解増進という観点からは、報告された情報が投資家、地方公共団体、消費者等・事業者等の関係者にできるだけ活用されるよう取り組むことが重要である。報告された情報は、公共性のある国民の共有財産である。事業者も含め、こうした情報の活用が促進されることにより、事業者の自主的な脱炭素化の取組みの促進も期待される。また、政府として行政手続のデジタル化に取り組む中、本制度についてもデジタル化を通じて、報告する側とデータを使う側双方の利便性向上を図っていく必要がある。[11]

　そこで、報告から公表までの期間短縮により情報の活用可能性を向上させるとともに、報告者の利便性向上や負担軽減にも資するよう、電子システムを活用して報告することが原則とされた。

11　地球温暖化対策の推進に関する制度検討会「地球温暖化対策の更なる推進に向けた今後の制度的対応の方向性について」（2020年12月）12頁。

〈図9-1〉 算定報告公表制度のイメージ[12]

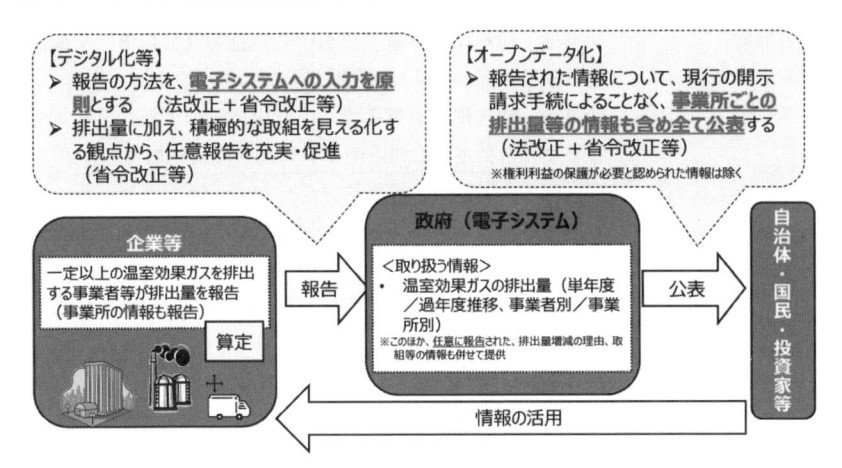

設問Ⅳ

　本制度の公表データの活用場面としては、①報告事業者が自ら実施する取組みの評価・検討に活用する場合、②ステークホルダーが、企業の取組状況の確認・評価に活用する場合の2種類が考えられる。

12　環境省地球環境局「改正地球温暖化対策推進法について」（2021年6月）7頁。

〔表9－5〕　各主体のデータ活用場面・方策[13]

報告事業者	○同業種・同規模の事業者における自社の立ち位置（気候関連の取組状況の進捗）の把握 ○同業者・同規模の事業者で、CO2排出量の低減に努めている事業者の特定、取組みの工夫に関する情報取得
ステークホルダー	○投資家・金融機関、情報ベンダー ・事業者／事業所排出量を、金融機関の投融資先排出量の把握に活用 ・事業者／事業所排出量や任意報告事項を、投融資先判断に活用 ○サプライチェーン排出量を算定する企業 ・取引先の事業者／事業所排出量に売上高割合等を乗じることで、サプライチェーン排出量の算定に活用 ○自治体 ・事業所排出量を、自治体の区域内排出量の算定等に活用（計画書制度の代替） ・表彰制度の審査に、任意報告を含めた公表データを活用 ・温暖化対策に関するセミナー開催等の際、先進的な温暖化対策を実施している事業者の選定に、任意報告の内容を含む公表データを活用

13　環境省報告・公表方法検討会（第2回）資料3「公表データの活用促進に向けた方策について（改訂版）」22頁。

③　権利利益保護請求

〔設問〕

　権利利益保護請求（温対法27条１項）はどのように解釈されるのか。

(1)　権利利益の保護に係る請求

　特定排出者は、温対法26条１項の規定による報告に係る温室効果ガス算定排出量の情報が公にされることにより、当該特定排出者の権利、競争上の地位その他正当な利益が害されるおそれがあると思料するときは、当該温室効果ガス算定排出量に代えて、当該特定排出者に係る温室効果ガス算定排出量を主務省令で定めるところにより合計した量をもって同法28条１項の規定による通知を行うよう事業所管大臣に請求を行うことができる（同法27条１項）。この趣旨は、企業秘密への配慮にある。

　事業所管大臣は、権利利益の侵害についての審査を行い、請求を認めた場合には、これが逆算されない形で環境大臣および経済産業大臣に通知される。

　なお、権利利益保護請求については、近年は請求が認められた事例はないものの、今後の可能性が否定はされないことから、健全な競争環境の維持の観点から引き続き存置された。

(2)　解釈・基本的な考え方[14]

　「報告に係る温室効果ガス算定排出量の情報が公にされることにより、当該特定排出者の権利、競争上の地位その他正当な利益（以下「権利利益」という。）が害されるおそれ」の有無の判断について、基本的な考え方は、「事業所管大臣は、温室効果ガス算定排出量の情報を公にすることの利益と公にし

14　「地球温暖化対策の推進に関する法律第21条の３における権利利益が害されるおそれの有無の判断に係る審査基準について」。

ないことの利益とを適切に比較衡量するもの」とされている。

(A) 「権利利益（権利、競争上の地位その他正当な利益）」

「権利」とは、一般に、事業者の財産権等法的保護に値する権利いっさいをいう。「競争上の地位」とは、権利利益の保護に係る請求を行う特定排出者（以下、「請求排出者」という）の公正な競争関係における地位を指し、具体的には、製造、販売等において他社に優る地位など、さまざまなものがある。「その他正当な利益」とは、ノウハウ、信用等事業者の運営上の地位を広く含み、法令上または社会通念上保護されることが相当である当該請求排出者の利益を指す。「権利利益」の具体的内容を、請求書中の「請求の理由」の記載等から十分に把握し、明確にする必要がある。

(B) 「公にされることにより、権利利益が害されるおそれ」

「公にされること」とは、何人も知りうる状態になることをいう。「害されるおそれ」があるかどうかの判断にあたっては、請求排出者が行う事業活動にはさまざまな種類、性格のものがあり、その権利利益の態様にもさまざまなものがあるので、請求に係る温室効果ガスである物質が排出される活動や請求排出者の権利利益の内容、当該温室効果ガスの排出の具体的な態様等に応じ、権利利益の侵害の具体的な事情、競争事情等を十分に考慮して、画一的、一律にならないよう留意し、慎重に判断する必要がある。

たとえば、報告に係る温室効果ガス算定排出量の情報が通常一般に入手可能な状態にある場合には、または通常一般に入手可能な情報から当該報告に係る温室効果ガス算定排出量の情報を容易に推測可能な場合には、「公にされることにより、権利利益が害されるおそれ」がないものと判断される。

他方、報告に係る温室効果ガス算定排出量の情報自体が公にされることにより直接、請求排出者の権利利益が害されるおそれはないとしても、他の通常一般に入手可能な情報と容易に照合することによって、当該請求排出者の権利利益が害されるおそれがあるとして秘匿すべき情報（以下、「秘匿すべき情報」という）が推測可能な場合には、「公にされることにより、権利利益が害されるおそれ」があるものと判断される。

　具体的には、報告に係る温室効果ガス算定排出量の情報自体が公にされることや他の通常一般に入手可能な情報と容易に照合することで推測可能となることにより、秘匿すべき情報に該当する可能性のあるものの例は以下のとおりである。ただし、本例は一般的な例を想定したものにすぎず、秘匿すべき情報に該当するか否かは、個々の情報の内容、性質等、個別の事情を総合的に勘案し、画一的、一律にならないよう留意し、慎重に判断する必要がある。

・製造工程、製造方法その他の生産・管理のプロセスに関する秘密の情報であって、公にすることにより当該情報が競争相手等に知られ、正当な利益を害する蓋然性が高いもの

・原燃料構成、設備設計その他の製品・生産技術に関する秘密の情報であって、公にすることにより当該情報が競争相手等に知られ、正当な利益を害する蓋然性が高いもの

・その他生産、技術等に関する秘密の情報であって、公にすることにより権利、競争上の地位その他正当な利益を害する蓋然性が高いもの

　なお、この「害されるおそれ」は、単なる確率的な可能性ではなく、法的保護に値する蓋然性があることが求められる。

＜実務を見据えて──温対法編＞

- 地球温暖化対策の推進に関する制度検討会「地球温暖化対策の更なる推進に向けた今後の制度的対応の方向性について」（2020年12月）
  https://www.env.go.jp/earth/torimatome.pdf
- 環境省地球環境局「改正地球温暖化対策推進法について」（2021年6月）
  https://www.env.go.jp/press/ontaihou/116348.pdf
- 地域脱炭素を推進するための地方公共団体実行計画制度等に関する検討会「『地域脱炭素を推進するための地方公共団体実行計画制度等に関する検討会』とりまとめ」（2023年8月）
  https://www.env.go.jp/content/000156415.pdf
- 環境省・経済産業省「温室効果ガス排出量算定・報告マニュアル(Ver5.0)」（2024年2月）
  https://ghg-santeikohyo.env.go.jp/files/manual/chpt1_5-0.pdf
- 「地球温暖化対策の推進に関する法律第21条の3における権利利益が害されるおそれの有無の判断に係る審査基準について」
  ※筆者注：改正によって条ズレが生じている。
  https://ghg-santeikohyo.env.go.jp/claim/law21_3kijun
- 環境省「脱炭素経営で未来を拓こう」
  https://www.env.go.jp/earth/ondanka/supply_chain/gvc/files/guide/chusho_datsutansokeiei_pamphlet.pdf
- グリーン・バリューチェーンプラットフォーム
  https://www.env.go.jp/earth/ondanka/supply_chain/gvc/index.html

付 録

環境法・論点カード

◉巻末付録の趣旨

　巻末付録として、環境法における主要（裁）判例について、裁判所ウェブサイト「判示事項」と「裁判要旨」をまとめた。ウェブサイトに掲載のないものは、著者で適宜作成している。これらは、論点集として利用することが考えられる。

　なお、〈　〉内は、裁判所ウェブサイトや総務省・公害等調整委員会ウェブサイトのURLであり、本文等にあたることができる。

◉使い方の留意点

　中野次雄編『判例とその読み方〔三訂版〕』（有斐閣、2009年）106頁によれば、「判例集に登載する裁判の選択は、最高裁判所に置かれている判例委員会でなされる（判例委員会規規1・2条）。7人以下の裁判官が委員となり、調査官および事務総局の職員が幹事となって、原則として月1回開かれている。そこで、判例集に登載されることが決定された判例については、幹事の起案した判示事項・判例要旨（判決要旨または決定要旨）・参照条文なども審議決定される」とのことである。

　もっとも、同書30頁〜31頁によれば、「判決・決定要旨として書かれたものをそのまま『判例』だと思うのは極めて危険で、判例はあくまでも裁判理由の中から読む人自身の頭で読み取らなければならない」と注意を促している。

　一方で、仮に第三者たる判例委員会の作成したものであるとしても、「よい手がかりにはなる」し「索引的価値がある」ことには疑いがないと思われる。重要なことは、判例自体は自分で見出すべきという点であり、「判示事項」と「裁判要旨」はぜひとも活用すべきである。

◉参考文献

　判例の読み方について参考になる文献として、上記書籍のほか、以下を掲

げておく。

▶ 金築誠志「判例について」中央ロー・ジャーナル12巻4号（2016年）
　https://chuo-u.repo.nii.ac.jp/record/8088/files/1349-6239-12-4-p003-037.pdf
▶ 畑佳秀「民事判例の『実践的』読み方について──判決文等の形式面から読み取れること」東京大学法科大学院ローレビュー13巻（2018年）
　http://www.sllr.j.u-tokyo.ac.jp/13/papers/v13part05(hata).pdf

〔**最高裁判所**〕

【山王川事件】（最判昭和43・4・23民集22巻4号964頁）
〈https://www.courts.go.jp/app/hanrei_jp/detail2?id=53934〉

1	共同行為者の流水汚染により惹起された損害と各行為者の賠償すべき損害の範囲	共同行為者各自の行為が客観的に関連し共同して流水を汚染し違法に損害を加えた場合において、各自の行為がそれぞれ独立に不法行為の要件を備えるときは、各自が、右違法な加害行為と相当因果関係にある全損害について、その賠償の責に任ずべきである。

【世田谷区砧町日照妨害事件】（最判昭和47・6・27民集26巻5号1067頁）
〈https://www.courts.go.jp/app/hanrei_jp/detail2?id=51918〉

1	隣接居宅の日照通風を妨害する建物建築につき不法行為の成立が認められた事例	居宅の日照、通風は、快適で健康な生活に必要な生活利益であつて、法的な保護の対象にならないものではなく、南側隣家の2階増築が、北側居宅の日照、通風を妨げた場合において、右増築が、建物基準法に違反するばかりでなく、東京都知事の工事施行停止命令などを無視して強行されたものであり、他方、被害者においては、住宅地域内にありながら日照、通風をいちじるしく妨げられ、その受けた損害が、社会生活上一般的に忍容するのを相当とする程度を越えるものであるなど判示の事情があるときは、右2階増築の行為は、社会観念上妥当な権利行使としての範囲を逸脱し、不法行為の責任を生ぜしめるものと解すべきである。

【大阪国際空港事件】（最大判昭和56・12・16民集35巻10号1369頁）
〈https://www.courts.go.jp/app/hanrei_jp/detail2?id=54227〉

1	民事上の請求として一定の時間帯につき航空機の離着陸のためにする国営空港の供用の差止めを求める訴えの適否	民事上の請求として一定の時間帯につき航空機の離着陸のためにする国営空港の供用の差止めを求める訴えは、不適法である。
2	営造物の利用の態様及び程度が一定の限度を超えるために利用者又は第三	営造物の利用の態様及び程度が一定の限度にとどまる限りはその施設に危害を生ぜしめる危険性がなくても、これを超える利用によつて利用者又は

	者に対して危害を生ぜしめる危険性がある場合と国家賠償法2条1項にいう営造物の設置又は管理の瑕疵	第三者に対して危害を生ぜしめる危険性がある状況にある場合には、そのような利用に供される限りにおいて右営造物につき国家賠償法2条1項にいう設置又は管理の瑕疵があるものというべきである。
3	国営空港に離着陸する航空機の騒音が一定の程度に達しており空港周辺地域の住民の一部により右騒音を原因とする空港供用の差止請求等の訴訟が提起されているなどの状況のもとに右地域に転入した者が右騒音により被害を受けたとして国に対し慰藉料を請求した場合につき右請求を排斥すべき事由がないとした認定判断に経験則違背等の違法があるとされた事例	当該空港に離着陸する航空機の騒音がその頻度及び大きさにおいて一定の程度に達しており、また、空港周辺住民の一部により右騒音を原因とする空港供用差止請求等の訴訟が提起され、主要日刊新聞紙上に当該空港周辺における騒音問題が頻々として報道されていたなど、判示のような状況のもとに空港周辺地域に転入した者が空港の設置・管理者たる国に対し右騒音による被害について慰藉料の支払を求めたのに対し、特段の事情の存在を確定することなく、転入当時右の者は航空機騒音が問題になつている事情ないしは航空機騒音の存在の事実をよく知らなかつたものとし、右請求を排斥すべき理由はないとした原審の認定判断には、経験則違背等の違法がある。
4	将来にわたつて継続する不法行為に基づく損害賠償請求権が将来の給付の訴えを提起することのできる請求権としての適格性を有するとされるための要件	現在不法行為が行われており、同一態様の行為が将来も継続することが予想されても、損害賠償請求権の成否及びその額をあらかじめ一義的に明確に認定することができず、具体的に請求権が成立したとされる時点においてはじめてこれを認定することができ、かつ、右権利の成立要件の具備については債権者がこれを立証すべきものと考えられる場合には、かかる将来の損害賠償請求権は、将来の給付の訴えを提起することのできる請求権としての適格性を有しない。

【豊前火力発電所事件】（最判昭和60・12・20集民146号339頁・判時1181号77頁）
〈https://www.courts.go.jp/app/hanrei_jp/detail2?id=62871〉

1	一定の地域の代表として環境権に基づき火力発電所の操業の差止め等の訴	一定の地域の代表と主張して、環境権に基づき火力発電所の操業の差止め等を請求する訴訟を提起、追行している者は、当該地域の住民からの授権に

	えを提起した者に原告適格がないとされた事例	より訴訟追行権を取得するなど任意的訴訟担当の要件を具備していない以上、当該訴訟につき原告適格を有しない。

【伊場遺跡事件】（最判平成元・6・20集民157号163頁・判時1334号201頁）
〈https://www.courts.go.jp/app/hanrei_jp/detail2?id=62315〉

1	静岡県指定史跡を研究対象としている学術研究者と史跡指定解除処分取消訴訟の原告適格	静岡県指定史跡を研究対象としている学術研究者は、当該史跡の指定解除処分の取消しを訴求する原告適格を有しない。

【熊本水俣病認定不作為事件】（最判平成3・4・26民集45巻4号653頁）
〈https://www.courts.go.jp/app/hanrei_jp/detail2?id=52726〉

1	公害に係る健康被害の救済に関する特別措置法3条1項又は公害健康被害補償法（昭和62年法律第97号による改正前のもの）4条2項に基づき水俣病患者認定申請をした者が相当期間内に応答処分されることにより焦燥、不安の気持ちを抱かされない利益と法的保護の対象	公害に係る健康被害の救済に関する特別措置法3条1項又は公害健康被害補償法（昭和62年法律第97号による改正前のもの）4条2項に基づき水俣病患者認定申請をした者が相当期間内に応答処分されることにより焦燥、不安の気持ちを抱かされないという利益は、内心の静穏な感情を害されない利益として、不法行為法上の保護の対象になる。
2	右認定申請を受けた処分庁が不当に長期間にわたらないうちに応答処分をすべき条理上の作為義務に違反したといえるための要件	右認定申請を受けた処分庁には、不当に長期間にわたちないうちに応答処分をすべき条理上の作為義務があり、右の作為義務に違反したというためには、客観的に処分庁がその処分のために手続上必要と考えられる期間内に処分ができなかったことだけでは足りず、その期間に比して更に長期間にわたり遅延が続き、かつ、その間、処分庁として通常期待される努力によって遅延を解消できたのに、これを回避するための努力を尽くさなかったことが必要である。

【厚木基地第1次訴訟】（最判平成 5・2・25民集47巻 2 号643頁）
〈https://www.courts.go.jp/app/hanrei_jp/detail2?id=56360〉

1	民事上の請求として自衛隊の使用する航空機の離着陸等の差止め及び右航空機の騒音の規制を求める訴えの適否	民事上の請求として自衛隊の使用する航空機の離着陸等の差止め及び右航空機の騒音の規制を求める訴えは不適法である。
2	国に対しアメリカ合衆国軍隊の使用する航空機の離着陸等の差止めを請求することの可否	国が日本国とアメリカ合衆国との間の相互協力及び安全保障条約に基づきアメリカ合衆国に対し同国軍隊の使用する施設及び区域として飛行場を提供している場合において、国に対し右軍隊の使用する航空機の離着陸等の差止めを請求することはできない。
3	国及びアメリカ合衆国軍隊が管理する飛行場の周辺住民が右飛行場に離着陸する航空機に起因する騒音等により被害を受けたとして国に対し慰謝料を請求した場合につき右被害が受忍限度の範囲内にあるとした判断に違法があるとされた事例	国及びアメリカ合衆国軍隊が管理する飛行場の周辺住民が右飛行場に離着陸する航空機に起因する騒音等により被害を受けたとして国に対し慰謝料の支払を求めたのに対し、単に右飛行場の使用及び供用が高度の公共性を有するということから右被害が受忍限度の範囲内にあるとした原審の判断には、不法行為における侵害行為の違法性に関する法理の解釈適用を誤つた違法がある。

【横田基地訴訟上告審判決】（最判平成 5・2・25集民167号359頁・訟月40巻 3 号441頁）
〈https://www.courts.go.jp/app/hanrei_jp/detail2?id=74579〉

1	国に対しアメリカ合衆国軍隊の使用する航空機の離着陸等の差止めを請求することの可否	国が日本国とアメリカ合衆国との間の相互協力及び安全保障条約に基づきアメリカ合衆国に対し同国軍隊の使用する施設及び区域として飛行場を提供している場合において、国に対し右軍隊の使用する航空機の離着陸等の差止めを請求することはできない。

【国道43号線訴訟上告審判決①】（最判平成 7・7・7 民集49巻 7 号1870頁）
〈https://www.courts.go.jp/app/hanrei_jp/detail2?id=55862〉

1	一般国道等の道路の周辺住民が受けた自動車騒音の屋外騒音レベルの認定に違法はないとされた事例	一般国道等の道路の周辺住民がその供用に伴う自動車騒音にほぼ一日中暴露されている場合、右道路の周辺地域を交通量によって 3 地域に道路構造によって 4 区画に分類した上、右道路端からの遠近や右道路への見通しの程度に基づき、周辺住民を合計19のグループに分け、鑑定の結果を基本にして、右グループごとに上限と下限の等価騒音レベルによる数値を抽出し、その幅のある数値をもって同一のグループに属する各住民が日常暴露された原則的な屋外騒音レベルと推認することに違法はない。
2	一般国道等の道路の周辺住民がその供用に伴う自動車騒音等により受けた被害が社会生活上受忍すべき限度を超えるとして右道路の設置又は管理に瑕疵があるとされた事例	一般国道等の道路の周辺住民がその供用に伴う自動車騒音等により睡眠妨害、会話、電話による通話、家族の団らん、テレビ・ラジオの聴取等に対する妨害及びこれらの悪循環による精神的苦痛等の被害を受けている場合において、右道路は産業物資流通のための地域間交通に相当の寄与をしているが、右道路が地域住民の日常生活の維持存続に不可欠とまではいうことのできないいわゆる幹線道路であって、周辺住民が右道路の存在によってある程度の利益を受けているとしても、その利益とこれによって被る被害との間に、後者の増大に必然的に前者の増大が伴うというような彼此相補の関係はないなど判示の事情の存するときは、右被害は社会生活上受忍すべき限度を超え、右道路の設置又は管理には瑕疵があるというべきである。
3	自動車騒音によるいわゆる生活妨害を被害の中心として多数の被害者から一律の額の慰謝料が請求された場合についての受忍限度を超える被害を受けた者とそうでない者とを識別するための基準の	一般国道等の道路の供用に伴う自動車騒音によるいわゆる生活妨害を被害の中心とし、多数の被害者から全員に共通する限度において各自の被害につき一律の額の慰謝料が請求された場合について、受忍限度を超える被害を受けた者とそうでない者とを識別するため、被害者の居住地における屋外等価騒音レベルを主要な基準とし、右道路端と居住地との距離を補助的な基準としたのは、侵害行

	設定に違法はないとされた事例	為の態様及び被害の内容との関連性を考慮したものとして不合理ではなく、この基準の設定に違法はない。

【国道43号線訴訟上告審判決②】（最判平成 7・7・7 民集49巻 7 号2599頁）
〈https://www.courts.go.jp/app/hanrei_jp/detail2?id=55863〉

1	一般国道等の道路の周辺住民からその供用に伴う自動車騒音等により被害を受けているとして右道路の供用の差止めが請求された場合につき右請求を認容すべき違法性があるとはいえないとされた事例	一般国道等の道路の周辺住民がその供用に伴う自動車騒音等により被害を受けている場合において、右道路の周辺住民が現に受け、将来も受ける蓋然性の高い被害の内容が、睡眠妨害、会話、電話による通話、家族の団らん、テレビ・ラジオの聴取等に対する妨害及びこれらの悪循環による精神的苦痛等のいわゆる生活妨害にとどまるのに対し、右道路が地域間交通や産業経済活動に対してその内容及び量においてかけがえのない多大な便益を提供しているなど判示の事情の存するときは、右道路の周辺住民による自動車騒音等の一定の値を超える侵入の差止請求を認容すべき違法性があるとはいえない。

【おから事件】（最決平成11・3・10刑集53巻 3 号339頁）
〈https://www.courts.go.jp/app/hanrei_jp/detail2?id=50185〉

1	廃棄物の処理及び清掃に関する法律施行令（平成 5 年政令第385号による改正前のもの） 2 条 4 号にいう「不要物」の意義	廃棄物の処理及び清掃に関する法律施行令（平成 5 年政令第385号による改正前のもの） 2 条 4 号にいう「不要物」とは、自ら利用し又は他人に有償で譲渡することができないために事業者にとって不要となった物をいい、これに該当するか否かは、その物の性状、排出の状況、通常の取扱い形態、取引価値の有無及び事業者の意思等を総合的に勘案して決するのが相当である。
2	おからが廃棄物の処理及び清掃に関する法律（平成 4 年法律第105号による改正前のもの） 2 条 4 項にいう「産業廃棄物」に該当するとされた事例	豆腐製造業者から処理料金を徴して、収集、運搬、処分した本件おからは、廃棄物の処理及び清掃に関する法律施行令（平成 5 年政令第385号による改正前のもの） 2 条 4 号にいう「不要物」に当たり、廃棄物の処理及び清掃に関する法律（平成 4 年法律第105号による改正前のもの） 2 条 4 項にいう「産

		業廃棄物」に該当する。

【宝塚市条例事件】（最判平成14・7・9民集56巻6号1134頁）
〈https://www.courts.go.jp/app/hanrei_jp/detail2?id=52246〉

1	国又は地方公共団体が専ら行政権の主体として国民に対して行政上の義務の履行を求める訴訟の適否	国又は地方公共団体が専ら行政権の主体として国民に対して行政上の義務の履行を求める訴訟は、不適法である。
2	地方公共団体が建築工事の中止命令の名あて人に対して同工事を続行してはならない旨の裁判を求める訴えが不適法とされた事例	宝塚市が、宝塚市パチンコ店等、ゲームセンター及びラブホテルの建築等の規制に関する条例（昭和58年宝塚市条例第19号）8条に基づき同市長が発した建築工事の中止命令の名あて人に対し、同工事を続行してはならない旨の裁判を求める訴えは、不適法である。

【水俣病関西訴訟】（最判平成16・10・15民集58巻7号1802頁）
〈https://www.courts.go.jp/app/hanrei_jp/detail2?id=52320〉

1	国が水俣病による健康被害の拡大防止のためにいわゆる水質二法に基づく規制権限を行使しなかったことが国家賠償法1条1項の適用上違法となるとされた事例	国が、昭和34年11月末の時点で、多数の水俣病患者が発生し、死亡者も相当数に上っていると認識していたこと、水俣病の原因物質がある種の有機水銀化合物であり、その排出源が特定の工場のアセトアルデヒド製造施設であることを高度のがい然性をもって認識し得る状況にあったこと、同工場の排水に含まれる微量の水銀の定量分析をすることが可能であったことなど判示の事情の下においては、同年12月末までに、水俣病による深刻な健康被害の拡大防止のために、公共用水域の水質の保全に関する法律及び工場排水等の規制に関する法律に基づいて、指定水域の指定、水質基準及び特定施設の定めをし、上記製造施設からの工場排水についての処理方法の改善、同施設の使用の一時停止その他必要な措置を執ることを命ずるなどの規制権限を行使しなかったことは、国家賠償法1条1項の適用上違法となる。
2	熊本県が水俣病による健	熊本県が、昭和34年11月末の時点で、多数の水俣

	康被害の拡大防止のために同県の漁業調整規則に基づく規制権限を行使しなかったことが国家賠償法1条1項の適用上違法となるとされた事例	病患者が発生し、死亡者も相当数に上っていると認識していたこと、水俣病の原因物質がある種の有機水銀化合物であり、その排出源が特定の工場のアセトアルデヒド製造施設であることを高度のがい然性をもって認識し得る状況にあったことなど判示の事情の下においては、同年12月末までに、水俣病による深刻な健康被害の拡大防止のために、旧熊本県漁業調整規則（昭和26年熊本県規則第31号。昭和40年熊本県規則第18号の2による廃止前のもの）に基づいて、上記製造施設からの工場排水につき除害に必要な設備の設置を命ずるなどの規制権限を行使しなかったことは、国家賠償法1条1項の適用上違法となる。
3	水俣病による健康被害につき加害行為の終了から相当期間を経過した時が民法724条後段所定の除斥期間の起算点となるとされた事例	水俣病による健康被害につき、患者が水俣湾周辺地域から転居した時点が加害行為の終了時であること、水俣病患者の中には潜伏期間のあるいわゆる遅発性水俣病が存在すること、遅発性水俣病の患者においては水俣病の原因となる魚介類の摂取を中止してから4年以内にその症状が客観的に現れることなど判示の事情の下では、上記転居から4年を経過した時が民法724条後段所定の除斥期間の起算点となる。

【紀伊長島町水道水源保護条例事件】（最判平成16・12・24民集58巻9号2536頁）
〈https://www.courts.go.jp/app/hanrei_jp/detail2?id=52304〉

1	a町水道水源保護条例（平成6年a町条例第6号）の規定に基づき指定された水源保護地域内に設置予定の施設が設置の禁止される事業場に当たるとした町長の認定は当該施設の設置を予定する事業者の地位を不当に害することのないよう配慮する義務に違反してされた場	a町水道水源保護条例（平成6年a町条例第6号）が、町長の指定する水源保護地域内に、産業廃棄物処理業その他の所定の事業に係る事業場で水源の枯渇をもたらし、又はそのおそれがあるとの認定を町長から受けたものを設置することを禁止し、上記の認定については、上記地域内に上記事業に係る事業場を設置しようとする事業者と町長とがあらかじめ協議をし、町長が審議会の意見を聴くなどして上記の認定をするかどうかを慎重に判断することとしており、町長が、同条例に基づき、水源保護地域内に設置の予定されている地下

391

	合には違法となるとされた事例	水を使用する産業廃棄物処理施設が設置の禁止される事業場に当たると認定した場合において、当該施設を設置するにつき廃棄物の処理及び清掃に関する法律に基づく設置許可の申請に係る手続が行われ、これに町が関係機関として加わったことを契機として、町の区域内に当該施設が設置されようとしていることを知った町が同条例を制定したものであること、上記手続を通じて当該施設の設置の必要性と水源の保護の必要性とを調和させるために町としてどのような措置を執るべきかを検討する機会が町長に与えられていたことなど判示の事情の下では、町長は、上記の認定をするに先立ち、上記の協議において、当該施設を設置しようとする事業者に対し、予定取水量を適正なものに改めるよう適切な指導をしてその地位を不当に害することのないよう配慮すべき義務を負い、上記の認定は、そのような義務に違反してされたものであれば、違法となる。

【小田急高架化事業認可取消訴訟】（最大判平成17・12・7民集59巻10号2645頁）
〈https://www.courts.go.jp/app/hanrei_jp/detail2?id=52414〉

1	都市計画事業の認可の取消訴訟と事業地の周辺住民の原告適格	都市計画事業の事業地の周辺に居住する住民のうち同事業が実施されることにより騒音、振動等による健康又は生活環境に係る著しい被害を直接的に受けるおそれのある者は、都市計画法（平成11年法律第160号による改正前のもの）59条2項に基づいてされた同事業の認可の取消訴訟の原告適格を有する。
2	鉄道の連続立体交差化を内容とする都市計画事業の事業地の周辺住民が同事業の認可の取消訴訟の原告適格を有するとされた事例	鉄道の連続立体交差化を内容とする都市計画事業の事業地の周辺に居住する住民のうち同事業に係る東京都環境影響評価条例（昭和55年東京都条例第96号。平成10年東京都条例第107号による改正前のもの）2条5号所定の関係地域内に居住する者は、その住所地が同事業の事業地に近接していること、上記の関係地域が同事業を実施しようとする地域及びその周辺地域で同事業の実施が環境

		に著しい影響を及ぼすおそれがある地域として同条例13条１項に基づいて定められたことなど判示の事情の下においては、都市計画法（平成11年法律第160号による改正前のもの）59条２項に基づいてされた同事業の認可の取消訴訟の原告適格を有する。
3	鉄道の連続立体交差化に当たり付属街路を設置することを内容とする都市計画事業の事業地の周辺住民が同事業の認可の取消訴訟の原告適格を有しないとされた事例	鉄道の連続立体交差化に当たり付属街路を設置することを内容とする都市計画事業が鉄道の連続立体交差化を内容とする都市計画事業と別個の独立したものであること、上記付属街路が鉄道の連続立体交差化に当たり環境に配慮して日照への影響を軽減することを主たる目的として設置されるものであることなど判示の事情の下においては、付属街路の設置を内容とする上記事業の事業地の周辺に居住する住民は、都市計画法（平成11年法律第160号による改正前のもの）59条２項に基づいてされた同事業の認可の取消訴訟の原告適格を有しない。

【野積み不法投棄刑事事件】（最決平成18・２・20刑集60巻２号182頁）
〈https://www.courts.go.jp/app/hanrei_jp/detail2?id=50385〉

1	工場から排出された産業廃棄物を同工場敷地内に掘られた穴に投入して埋め立てることを前提にその穴のわきに野積みした行為が廃棄物の処理及び清掃に関する法律16条違反の罪に当たるとされた事例	工場から排出された産業廃棄物を、同工場敷地内に掘られた穴に投入して埋め立てることを前提に、その穴のわきに野積みした行為（判文参照）は、廃棄物の処理及び清掃に関する法律16条違反の罪に当たる。

【国立高層マンション景観侵害事件】（最判平成18・３・30民集60巻３号948頁）
〈https://www.courts.go.jp/app/hanrei_jp/detail2?id=32819〉

1	良好な景観の恵沢を享受する利益は法律上保護されるか	良好な景観に近接する地域内に居住する者が有するその景観の恵沢を享受する利益は、法律上保護に値するものと解するのが相当である。

2	良好な景観の恵沢を享受する利益に対する違法な侵害に当たるといえるために必要な条件	ある行為が良好な景観の恵沢を享受する利益に対する違法な侵害に当たるといえるためには、少なくとも、その侵害行為が、刑罰法規や行政法規の規制に違反するものであったり、公序良俗違反や権利の濫用に該当するものであるなど、侵害行為の態様や程度の面において社会的に容認された行為としての相当性を欠くことが求められる。
3	直線状に延びた公道の街路樹と周囲の建物とが高さにおいて連続性を有し調和がとれた良好な景観を呈している地域において地上14階建ての建物を建築することが良好な景観の恵沢を享受する利益を違法に侵害する行為に当たるとはいえないとされた事例	南北約1.2kmにわたり直線状に延びた「大学通り」と称される幅員の広い公道に沿って、約750mの範囲で街路樹と周囲の建物とが高さにおいて連続性を有し、調和がとれた良好な景観を呈している地域の南端にあって、建築基準法（平成14年法律第85号による改正前のもの）68条の2に基づく条例により建築物の高さが20m以下に制限されている地区内に地上14階建て（最高地点の高さ43.65m）の建物を建築する場合において、(1)上記建物は、同条例施行時には既に根切り工事をしている段階にあって、同法3条2項に規定する「現に建築の工事中の建築物」に当たり、上記条例による高さ制限の規制が及ばないこと、(2)その外観に周囲の景観の調和を乱すような点があるとは認め難いこと、(3)その他、その建築が、当時の刑罰法規や行政法規の規制に違反したり、公序良俗違反や権利の濫用に該当するなどの事情はうかがわれないことなど判示の事情の下では、上記建物の建築は、行為の態様その他の面において社会的に容認された行為としての相当性を欠くものではなく、上記の良好な景観に近接する地域内に居住する者が有するその景観の恵沢を享受する利益を違法に侵害する行為に当たるとはいえない。

【小田急高架化事業認可取消訴訟】（最判平成18・11・2民集60巻9号3249頁）
〈https://www.courts.go.jp/app/hanrei_jp/detail2?id=33756〉

1	都知事が行った都市高速鉄道に係る都市計画の変更が鉄道の構造として高	都知事が都市高速鉄道に係る都市計画の変更を行うに際し鉄道の構造として高架式を採用した場合において、(1)都知事が、建設省の定めた連続立体

	架式を採用した点において裁量権の範囲を逸脱し又はこれを濫用したものとして違法であるとはいえないとされた事例	交差事業調査要綱に基づく調査の結果を踏まえ、上記鉄道の構造について、高架式、高架式と地下式の併用、地下式の三つの方式を想定して事業費等の比較検討をした結果、高架式が優れていると評価し、周辺地域の環境に与える影響の点でも特段問題がないと判断したものであること、(2)上記の判断が、東京都環境影響評価条例（昭和55年東京都条例第96号。平成10年東京都条例第107号による改正前のもの）23条所定の環境影響評価書の内容に十分配慮し、環境の保全について適切な配慮をしたものであり、公害対策基本法19条に基づく公害防止計画にも適合するものであって、鉄道騒音に対して十分な考慮を欠くものであったとはいえないこと、(3)上記の比較検討において、取得済みの用地の取得費等を考慮せずに事業費を算定したことは、今後必要となる支出額を予測するものとして合理性を有するものであることなど判示の事情の下では、上記の都市計画の変更が鉄道の構造として高架式を採用した点において裁量権の範囲を逸脱し又はこれを濫用したものとして違法であるということはできない。

【浜松市土地区画整理事業事件】（最大判平成20・9・10民集62巻8号2029頁）
〈https://www.courts.go.jp/app/hanrei_jp/detail2?id=36787〉

1	市町村の施行に係る土地区画整理事業の事業計画の決定と抗告訴訟の対象	市町村の施行に係る土地区画整理事業の事業計画の決定は、抗告訴訟の対象となる行政処分に当たる。

【福津市最終処分場事件】（最判平成21・7・10集民231号273頁・判時2058号53頁）
〈https://www.courts.go.jp/app/hanrei_jp/detail2?id=37823〉

1	町とその区域内に産業廃棄物処理施設を設置している産業廃棄物処分業者とが締結した公害防止協定における、上記施設の使用期限の定め及びその	町とその区域内に産業廃棄物処理施設を設置している産業廃棄物処分業者とが締結した公害防止協定における、上記施設の使用期限の定め及びその期限を超えて産業廃棄物の処分を行ってはならない旨の定めは、これらの定めにより、廃棄物処理法に基づき上記業者が受けた知事の許可が効力を

	期限を超えて産業廃棄物の処分を行ってはならない旨の定めは、廃棄物処理法の趣旨に反するか。	有する期間内にその事業又は施設が廃止されることがあったとしても、同法の趣旨に反しない。

【サテライト大阪事件】（最判平成21・10・15民集63巻8号1711頁）
〈https://www.courts.go.jp/app/hanrei_jp/detail2?id=38073〉

1	自転車競技法（平成19年法律第82号による改正前のもの）4条2項に基づく設置許可がされた場外車券発売施設の周辺に居住する者等は、いわゆる位置基準を根拠として上記許可の取消訴訟の原告適格を有するか	自転車競技法（平成19年法律第82号による改正前のもの）4条2項に基づく設置許可がされた場外車券発売施設の周辺において居住し又は事業（文教施設又は医療施設に係る事業を除く。）を営む者や、周辺に所在する文教施設又は医療施設の利用者は、自転車競技法施行規則（平成18年経済産業省令第126号による改正前のもの）15条1項1号所定のいわゆる位置基準を根拠として上記許可の取消訴訟の原告適格を有するということはできない。
2	自転車競技法（平成19年法律第82号による改正前のもの）4条2項に基づく設置許可がされた場外車券発売施設の周辺において文教施設又は医療施設を開設する者は、いわゆる位置基準を根拠として上記許可の取消訴訟の原告適格を有するか	自転車競技法（平成19年法律第82号による改正前のもの）4条2項に基づく設置許可がされた場外車券発売施設の設置、運営に伴い著しい業務上の支障が生ずるおそれがあると位置的に認められる区域に文教施設又は医療施設を開設する者は、自転車競技法施行規則（平成18年経済産業省令第126号による改正前のもの）15条1項1号所定のいわゆる位置基準を根拠として上記許可の取消訴訟の原告適格を有する。
3	自転車競技法（平成19年法律第82号による改正前のもの）4条2項に基づく設置許可がされた場外車券発売施設の周辺において文教施設又は医療施設を開設する者が、いわゆる位置基準を根拠として上記許可の取消訴訟の原告適格を有するか否	自転車競技法（平成19年法律第82号による改正前のもの）4条2項に基づく設置許可がされた場外車券発売施設の周辺において文教施設又は医療施設を開設する者が、自転車競技法施行規則（平成18年経済産業省令第126号による改正前のもの）15条1項1号所定のいわゆる位置基準を根拠として上記許可の取消訴訟の原告適格を有するか否かについては、当該場外車券発売施設が設置、運営された場合にその規模、周辺の交通等の地理的状況等から合理的に予測される来場者の流れや滞留の

	かの判断基準	状況等を考慮して、著しい業務上の支障が生ずるおそれがあると位置的に認められる区域に当該文教施設又は医療施設が所在しているか否かを、当該場外車券発売施設と当該医療施設等との距離や位置関係を中心として社会通念に照らし合理的に判断すべきである。
4	自転車競技法（平成19年法律第82号による改正前のもの）4条2項に基づく設置許可がされた場外車券発売施設の周辺に居住する者等は、いわゆる周辺環境調和基準を根拠として上記許可の取消訴訟の原告適格を有するか	自転車競技法（平成19年法律第82号による改正前のもの）4条2項に基づく設置許可がされた場外車券発売施設の周辺において居住し又は事業を営む者は、自転車競技法施行規則（平成18年経済産業省令第126号による改正前のもの）15条1項4号所定のいわゆる周辺環境調和基準を根拠として上記許可の取消訴訟の原告適格を有するということはできない。

【汚染地の瑕疵担保に基づく損害賠償請求事件】（最判平成22・6・1民集64巻4号953頁）
〈https://www.courts.go.jp/app/hanrei_jp/detail2?id=80250〉

1	売買契約の目的物である土地の土壌に、上記売買契約締結後に法令に基づく規制の対象となったふっ素が基準値を超えて含まれていたことが、民法570条にいう瑕疵に当たらないとされた事例	売買契約の目的物である土地の土壌に、上記売買契約締結後に法令に基づく規制の対象となったふっ素が基準値を超えて含まれていたことは、(1)上記売買契約締結当時の取引観念上、ふっ素が土壌に含まれることに起因して人の健康に係る被害を生ずるおそれがあるとは認識されておらず、(2)上記売買契約の当事者間において、上記土地が備えるべき属性として、その土壌に、ふっ素が含まれていないことや、上記売買契約締結当時に有害性が認識されていたか否かにかかわらず、人の健康に係る被害を生ずるおそれのある一切の物質が含まれていないことが、特に予定されていたとみるべき事情もうかがわれないなど判示の事情の下においては、民法570条にいう瑕疵に当たらない。

【土壌汚染対策法施設使用廃止通知事件】（最判平成24・2・3民集66巻2号148頁）
〈https://www.courts.go.jp/app/hanrei_jp/detail2?id=81970〉

1	土壌汚染対策法3条2項による通知は抗告訴訟の対象となる行政処分に当たるか	土壌汚染対策法3条2項による通知は、抗告訴訟の対象となる行政処分に当たる。

【小浜市一般廃棄物処理業許可取消事件】（最判平成26・1・28民集68巻1号49頁）
〈https://www.courts.go.jp/app/hanrei_jp/detail2?id=83888〉

1	一般廃棄物収集運搬業又は一般廃棄物処分業の許可処分又は許可更新処分の取消訴訟と当該処分の対象とされた区域につき既にその許可又は許可の更新を受けている者の原告適格	市町村長から一定の区域につき既に一般廃棄物収集運搬業又は一般廃棄物処分業の許可又はその更新を受けている者は、当該区域を対象として他の者に対してされた一般廃棄物収集運搬業又は一般廃棄物処分業の許可処分又は許可更新処分について、その取消訴訟の原告適格を有する。

【高城町最終処分場事件】（最判平成26・7・29民集68巻6号620頁）
〈https://www.courts.go.jp/app/hanrei_jp/detail2?id=84346〉

1	産業廃棄物処分業及び特別管理産業廃棄物処分業の許可処分及び許可更新処分の取消訴訟及び無効確認訴訟と産業廃棄物の最終処分場の周辺住民の原告適格	産業廃棄物の最終処分場の周辺に居住する住民のうち、当該最終処分場から有害な物質が排出された場合にこれに起因する大気や土壌の汚染、水質の汚濁、悪臭等による健康又は生活環境に係る著しい被害を直接的に受けるおそれのある者は、当該最終処分場を事業の用に供する施設としてされた産業廃棄物処分業及び特別管理産業廃棄物処分業の許可処分及び許可更新処分の取消訴訟及び無効確認訴訟につき、これらの取消し及び無効確認を求める法律上の利益を有する者として原告適格を有する。
2	産業廃棄物の最終処分場の周辺住民が産業廃棄物処分業及び特別管理産業廃棄物処分業の許可処分の無効確認訴訟並びに上	産業廃棄物の最終処分場の周辺に居住する住民は、約3万㎡の埋立地を有する管理型最終処分場である当該最終処分場の中心地点から約1.8kmの範囲内の地域に居住する者であって、当該最終処分場の設置の許可に際して生活環境に及ぼす影響に

	記各処分業の許可更新処分の取消訴訟の原告適格を有するとされた事例	ついての調査の対象とされた地域にその居住地が含まれているなどの判示の事情の下では、当該最終処分場を事業の用に供する施設としてされた産業廃棄物処分業及び特別管理産業廃棄物処分業の許可処分の無効確認訴訟並びに上記各処分業の許可更新処分の取消訴訟につき、これらの無効確認及び取消しを求める法律上の利益を有する者として原告適格を有する。

【泉南アスベスト事件①】（最判平成26・10・9民集68巻8号799頁）
〈https://www.courts.go.jp/app/hanrei_jp/detail2?id=84546〉

1	労働大臣が石綿製品の製造等を行う工場又は作業場における石綿関連疾患の発生防止のために労働基準法（昭和47年法律第57号による改正前のもの）に基づく省令制定権限を行使しなかったことが国家賠償法1条1項の適用上違法であるとされた事例	石綿製品の製造等を行う工場又は作業場の労働者が石綿の粉じんにばく露したことにより石綿肺等の石綿関連疾患にり患した場合において、昭和33年当時、(1)石綿肺に関する医学的知見が確立し、国も石綿の粉じんによる被害の深刻さを認識していたこと、(2)上記の工場等における石綿の粉じん防止策として最も有効な局所排気装置の設置を義務付けるために必要な技術的知見が存在していたこと、(3)従前からの行政指導によっても局所排気装置の設置が進んでいなかったことなど判示の事情の下では、石綿に関する作業につき局所排気装置の設置の促進を指示する通達が発出された同年5月26日以降、労働大臣が労働基準法（昭和47年法律第57号による改正前のもの）に基づく省令制定権限を行使して罰則をもって上記の工場等に局所排気装置を設置することを義務付けなかったことは、国家賠償法1条1項の適用上違法である。

【泉南アスベスト事件②】（最判平成26・10・9判時2241号13頁）
〈https://www.courts.go.jp/app/hanrei_jp/detail2?id=84545〉

1	労働大臣が石綿製品の製造等を行う工場又は作業場における石綿関連疾患の発生防止のために労働基準法（昭和47年法律第	昭和33年当時、(1)石綿製品の製造等を行う工場又は作業場における労働者の石綿肺り患の実情が相当深刻なものであることが明らかとなっていたこと、(2)局所排気装置の設置が上記の工場等における有効な粉じん防止策であったこと、(3)我が国に

	57号による改正前のもの）に基づく省令制定権限を行使しなかったことが国家賠償法1条1項の適用上違法であるとはいえないとした原審の判断に違法があるとされた事例	おいて局所排気装置の設置等に関する実用的な知識及び技術の普及が進み、局所排気装置の製作等を行う業者及び局所排気装置を設置する工場等も一定数存在していたこと、(4)労働省の委託研究の成果として局所排気に関するまとまった技術書が発行され、労働省労働基準局長が同年5月26日付けで石綿に関する作業につき局所排気装置の設置の促進を指示する通達を発していたことなど判示の事情の下では、労働大臣が昭和46年4月28日まで労働基準法（昭和47年法律第57号による改正前のもの）に基づく省令制定権限を行使して罰則をもって局所排気装置を設置することを義務付けなかったことにつき、上記の工場等の実情に応じて有効に機能する局所排気装置を設置し得るだけの実用的な工学的知見が確立していなかったことを理由に上記の省令制定権限の不行使が国家賠償法1条1項の適用上違法であるとはいえないとした原審の判断には、違法がある。

【厚木基地第4次訴訟】（最判平成28・12・8民集70巻8号1833頁）
〈https://www.courts.go.jp/app/hanrei_jp/detail2?id=86315〉

| 1 | 自衛隊が設置し、海上自衛隊及びアメリカ合衆国海軍が使用する飛行場の周辺住民が、当該飛行場における航空機の運航による騒音被害を理由として自衛隊の使用する航空機の運航の差止めを求める訴えについて、行政事件訴訟法37条の4第1項所定の「重大な損害を生ずるおそれ」があると認められた事例 | 自衛隊が設置し、海上自衛隊及びアメリカ合衆国海軍が使用する飛行場の周辺に居住する住民が、当該飛行場における航空機の運航による騒音被害を理由として、自衛隊の使用する航空機の毎日午後8時から午前8時までの間の運航等の差止めを求める訴えについて、①上記住民は、当該飛行場周辺の「防衛施設周辺の生活環境の整備等に関する法律」4条所定の第一種区域内に居住し、当該飛行場に離着陸する航空機の発する騒音により、睡眠妨害、聴取妨害及び精神的作業の妨害や不快感等を始めとする精神的苦痛を反復継続的に受けており、その程度は軽視し難いこと、②このような被害の発生に自衛隊の使用する航空機の運航が一定程度寄与していること、③上記騒音は、当該飛行場において内外の情勢等に応じて配備され運 |

		航される航空機の離着陸が行われる度に発生するものであり、上記被害もそれに応じてその都度発生し、これを反復継続的に受けることにより蓄積していくおそれのあるものであることなど判示の事情の下においては、当該飛行場における自衛隊の使用する航空機の運航の内容、性質を勘案しても、行政事件訴訟法37条の4第1項所定の「重大な損害を生ずるおそれ」があると認められる。
2	自衛隊が設置し、海上自衛隊及びアメリカ合衆国海軍が使用する飛行場における自衛隊の使用する航空機の運航に係る防衛大臣の権限の行使が、行政事件訴訟法37条の4第5項所定の行政庁がその処分をすることがその裁量権の範囲を超え又はその濫用となると認められるときに当たるとはいえないとされた事例	自衛隊が設置し、海上自衛隊及びアメリカ合衆国海軍が使用する飛行場における、自衛隊の使用する航空機の毎日午後8時から午前8時までの間の運航等に係る防衛大臣の権限の行使は、①上記運航等が我が国の平和と安全、国民の生命、身体、財産等の保護の観点から極めて重要な役割を果たしており、高度の公共性、公益性があること、②当該飛行場周辺の「防衛施設周辺の生活環境の整備等に関する法律」4条所定の第一種区域内に居住する住民は、当該飛行場に離着陸する航空機の発する騒音により、睡眠妨害、聴取妨害及び精神的作業の妨害や不快感等を始めとする精神的苦痛を反復継続的に受けており、このような被害は軽視することができないものの、これを軽減するため、自衛隊の使用する航空機の運航については一定の自主規制が行われるとともに、住宅防音工事等に対する助成、移転補償、買入れ等に係る措置等の周辺対策事業が実施されるなど相応の対策措置が講じられていることなど判示の事情の下においては、行政事件訴訟法37条の4第5項所定の行政庁がその処分をすることがその裁量権の範囲を超え又はその濫用となると認められるときに当たるとはいえない。

〔下級審〕

【二酸化窒素環境基準告示取消請求事件】（東京高判昭和62・12・24行集38巻12号1807頁）〈https://www.courts.go.jp/app/hanrei_jp/detail5?id=36140〉	
1	環境庁長官が二酸化窒素に係る環境基準を従来のものより緩和する内容に改定してした告示（昭和53年環境庁告示第38号）は、抗告訴訟の対象となる行政処分に当たるか	公害対策基本法9条にのっとり環境基準を定める環境庁の告示は、政府が公害対策を推進するための政策上の達成目標ないし指針を一般的、抽象的に定立する行為であって、直接に、国民の権利義務、法的地位又は法的利益につき、創設、変更、消滅等の法的効果を及ぼすものではなく、また、そのような法的効力を有するものでもないから、環境庁長官が二酸化窒素に係る環境基準を従来のものより緩和する内容に改定してした告示（昭和53年環境庁告示第38号）は、抗告訴訟の対象となる行政処分に当たらない。

【自然公園法不許可補償事件】（東京高判昭和63・4・20高民集41巻1号14頁）〈https://www.courts.go.jp/app/hanrei_jp/detail5?id=36167〉	
1	自然公園法35条による補償の対象となる損失は、同法17条3項所定の特定の行為につき同項所定の許可を得ることができなかったために受けた損失に限られるのであって、同条1項による特別地域の指定自体によって受けた損失は、含まれないとした事例
2	自然公園法17条1項による特別地域の指定がされた場合につき、自然公園の風致の維持という特別地域指定の趣旨に著しく反することが明らかな土地の使用、収益行為を目的とする許可申請は、許可申請の濫用というべきであるから、その結果不許可となった場合には、それによって受けた損失は、補償を要しないとした事例

3	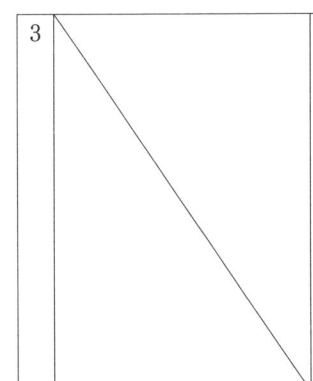	自然公園法上の第三種特別地域内の山林の所有者が県知事から右山林内の土石約700万立方メートルの採取不許可決定を受けたことを理由として、同法35条1項に基づいてした国に対する損失補償請求が、右土石の採取の許可申請は、許可申請の濫用というべきものであるから、このような申請に対してされた右不許可決定による右山林の公用制限は、右特別地域の指定自体によって生じる公用制限の範囲内にとどまるものであって、右山林の所有権に内在する制約の範囲を超えるものではないとして、棄却された事例

【新石垣空港設置許可取消請求事件】（東京高判平成24・10・26訟月59巻6号1607頁）
〈https://www.courts.go.jp/app/hanrei_jp/detail5?id=83233〉

1	国土交通大臣が航空法（平成20年法律第75号による改正前）38条1項に基づいて県に対してした飛行場の設置の許可処分について、同法又は環境影響評価法（同年法律第75号による改正前）の規定に違反する瑕疵があるなどとして、同飛行場の敷地の一部に土地を共有する者らがした同処分の取消しを求める請求が、棄却された事例	国土交通大臣が航空法（平成20年法律第75号による改正前）38条1項に基づいて県に対してした飛行場の設置の許可処分について、同法又は環境影響評価法（同年法律第75号による改正前）の規定に違反する瑕疵があるなどとして、同飛行場の敷地の一部に土地を共有する者らがした同処分の取消しを求める請求につき、同大臣の航空法上の要件の充足性の判断に違法はないとするとともに、対象事業に係る免許等を行う者が環境影響評価法33条1項所定の環境配慮審査適合性を認めて当該免許等を付与した判断が違法であるというためには、少なくとも、確定評価書等に基づき当該対象事業につき環境配慮がされたものであるとした判断が事実の基礎を欠き又は社会通念上著しく妥当性を欠くことが明らかであるなど、免許等を行う者に付与された裁量権の範囲を逸脱し又はこれを濫用したものであることが明らかであることを要するものと解されるところ、この場合、外部手続を含む環境影響評価手続が適正に実施されているかどうか自体は司法審査の直接の対象ではないが、免許等を行う者は、外部手続を含む環境影響評価手続の結果（環境影響評価の結果）が環境配慮の観点

		から合理的であるかどうかの審査のため、当該結果が確定されるに至るまでの外部手続を含む環境影響評価手続の過程についても検討する必要があるから、この過程の検討も司法審査の内容に含まれるとした上、同大臣が前記飛行場の設置事業に係る外部手続を含む環境影響評価手続の結果（環境影響評価の結果）につき環境配慮がされるものであると判断したことに裁量権の範囲の逸脱又は濫用があると認めることはできないなどとして、前記請求を棄却した事例

【ライフ事件】（東京地判平成20・5・21判タ1279号122頁）
〔裁判所ウェブサイト掲載なし〕※筆者で加除修正した。

1	容器包装に係る分別収集及び再商品化の促進等に関する法律11条2項2号ロの規定（業種別特定容器利用事業者比率を定めた規定）は、憲法14条1項に違反しない	業種別特定容器利用事業者比率を定める本件規定（容リ法11条2項2号ロ）は憲法14条1項に違反するものではない。その理由は、次のとおりである。 (1)　憲法14条1項は、国民に対して絶対的な平等を保障したものでなく、合理的な理由のない差別を禁止したものであり、国民各自の事実上の差異に相応して法的取扱いを区別することは、その区別が合理性を有する限り、同規定に違反するものではない（最高裁昭和60年3月27日大法廷判決・民集39巻2号247頁、最高裁平成元年3月8日大法廷判決・民集43巻2号89頁参照）。 (2)　容リ法は、容器包装廃棄物の排出の抑制並びにその分別収集及びこれにより得られた分別基準適合物の再商品化を促進するための措置を講ずること等により、一般廃棄物の減量及び再生資源の十分な利用等を通じて、廃棄物の適正な処理及び資源の有効な利用の確保を図り、もって生活環境の保全及び国民経済の健全な発展に寄与することを目的とし（同法1条）、容器包装廃棄物を対象として、消費者に対しては分別排出を、市町村に対しては分別収集及び選別保管を、事業者に対しては分別収集により得られた分別基準適合物の引取り及び再商品化義務を課

すという仕組みを基本としている。容リ法は、一般廃棄物の増加に伴う処分場のひっ迫と資源の大半を輸入に頼る我が国の実情にかんがみ、一般廃棄物のうち大きな比重を占める容器包装廃棄物について、分別基準適合物の再商品化を促進するための措置として、ＥＣ各国における環境法制において具体化された拡大生産者責任を我が国においても法制化したものであり、再商品化を促進する措置の一つとして、特定容器利用事業者のほか特定容器製造等事業者にも再商品化義務を負わせ、これを両者の間で案分する際に、本件規定が定める業種別特定容器利用事業者比率を用いることとしている。一般廃棄物の増加に伴い処分場がひっ迫し、資源の大半を輸入に頼る我が国では廃棄物となる物の再資源化が求められており、この状況は容リ法施行後10年を経過しても基本的に変わっていないことに照らせば、容リ法の上記立法目的は合理性があり、同法の上記立法目的を実現する一環として設けられた本件規定の目的も合理性があるというべきである。

(3)　容リ法が採用する拡大生産者責任の考え方とは、生産者に対する生産者の物理的・金銭的責任が当該製品の廃棄後まで拡大される環境政策の手法であり、再商品化（リサイクル）の責任を最終消費者（地方公共団体）から事業者にシフトさせて、リサイクルに要する費用を商品の価格に内部化させる役割を負わせることにより、その費用を削減しようとするインセンティブを事業者に与え、もって容器包装廃棄物の減量化、再資源化を促進しようとするものである。これを政策として導入する場合には、材料選択や製品設計等の決定権を有する者を「生産者」ととらえて、これに経済的インセンティブを与えることが最も効果的であることから、ここでいう「生産者」とは、その目的達成に最も適した主体を

指すものと解されている。拡大生産者責任の下
では、特定容器については、どのような容器を
用いるかについての主な選択権を有するのは、
これを利用する事業者であるが、これを製造等
する事業者も利用事業者の選択の枠内で技術的
側面からの従たる選択権（容器の諸特性を決め
る選択権）を有すると考えられる。

　そこで、容り法は、特定容器に係る再商品化
義務を、特定容器利用事業者のほか特定容器製
造等事業者にも課すこととし、両者の各再商品
化義務量を業種ごとに案分する際に、本件規定
を用いることとしている。本件規定が定める業
種別特定容器利用事業者比率（「当該業種に属す
る事業において当該特定容器を用いた商品の当
該年度における販売見込額の総額を、当該総額
と製造等をされた当該特定容器であって当該業
種に属する事業において用いられるものの当該
年度における販売見込額の総額との合算額で除
して得た率を基礎として主務大臣が定める率」）
は、拡大生産者責任では、特定事業者が再商品
化すべき量とは、販売額に内部化すべき再商品
化に要する費用に当たると考えられることから、
利用事業者及び製造等事業者各自の再商品化す
べき量を、費用が内部化されるべき販売額を基
礎とし、これに応じて案分することとしたもの
である。本件規定は、容器包装の最終的な選択
権を有する事業者に対し、その選択権に応じて
再商品化に要する費用を各特定事業者にとって
の商品の販売額に内部化する役割（すなわち再
商品化義務）を負わせることによって、経済的
インセンティブを与え、もって容器包装廃棄物
の減量化、再資源化を促進しようとするもので
あり、拡大生産者責任の考え方に依拠した一つ
の合理的な業種別特定容器利用事業者比率の定
め方というべきであって、立法目的と合理的な
関連性がある。

		(4)　したがって、本件規定は、特定容器利用事業者を特定容器製造等事業者に比べて不合理に差別するものとはいえず、憲法14条1項に違反しない。
2	容器包装に係る分別収集及び再商品化の促進等に関する法律11条2項2号ロの規定（業種別特定容器利用事業者比率を定めた規定）は、憲法29条1項、3項に違反しない	本件規定は、その立法目的が分別基準適合物の再商品化を促進するというもので合理的であり、業種ごとの再商品化義務量を特定容器利用事業者分と特定容器製造等事業者分とに案分する際に、本件規定が定める業種別特定容器利用事業者比率を用いることは上記の立法目的と合理的な関連性があることは前記1のとおりである。そうすると、特定容器利用事業者に対し、本件規定における業種別特定容器利用事業者比率を用いて再商品化義務量を案分し、再商品化に要する費用を負担させることは、財産権に対する、公共の福祉の実現を図るために必要かつ合理的な制約というべきであって、憲法29条1項、3項に違反するものではない。

【鞆の浦世界遺産訴訟】（広島地判平成21・10・1判時2060号3頁）
〈https://www.courts.go.jp/app/hanrei_jp/detail5?id=80175〉

1	公有水面埋立法2条1項に基づく公有水面埋立免許処分の差止めを求める訴えにつき、埋立て施工によって害される景観に近接する居住者らの原告適格が、肯定された事例	公有水面埋立法（公水法）2条1項に基づく公有水面埋立免許処分の差止めを求める訴えにつき、第1に、同法3条は、埋立ての告示があったときは、その埋立てに関し利害関係を有する者は都道府県知事に意見書を提出することができる旨規定するところ、埋立ての施工によって法的保護に値する景観利益を侵害される者は、この利害関係人に当たることから、公水法は、これらの者の個別的な利益に配慮し、公有水面の埋立てに関する行政意思の決定過程に参加し、意見を述べる機会を付与していること、第2に、瀬戸内海環境保全特別措置法（瀬戸内法）13条1項は、関係府県の知事が前記埋立免許の判断をするに当たっては、同法3条1項に規定されている瀬戸内海の特殊性につき十分配慮しなければならないと規定しており、国民

		が瀬戸内海について有するところの一般的な景観に対する利益を保護しようとする趣旨と解されること、第3に、公水法4条1項3号は、埋立地の用途が土地利用又は環境保全に関する国又は地方公共団体の法律に基づく計画に違背していないことを前記埋立免許の要件としているところ、政府の定めた基本計画及び広島県の定めた県計画は、「公水法2条1項の免許に当たっては、瀬戸内法13条2項の基本方針に沿って、環境保全に十分配慮するものとする。」と定めた上、「上記埋立事業に当たっては地域住民の意見が反映されるよう努めるものとする。」と定めており、これらの規定は、国民の中で瀬戸内海と関わりの深い地域住民の瀬戸内海について有するところの景観等の利益を保護しようとする趣旨と解されること等これらの公水法及びその関連法規の諸規定及び解釈に加え、埋立て等によって侵害される当該景観の価値及び回復困難性といった被侵害利益の性質並びにその侵害の程度をも総合勘案すると、公水法及びその関連法規は、法的保護に値する当該景観を享受する利益をも個別的利益として保護する趣旨を含むと解するのが相当であるとして、当該景観による恵沢を日常的に享受している者である埋立地たる公有水面の所在する行政区画に居住する者らの原告適格を肯定した事例
2	公有水面の埋立てのため景観利益が侵害されると主張する近接地域内の居住者らがした、公有水面埋立法2条1項に基づく公有水面埋立免許処分の差止めを求める訴えが、行政事件訴訟法37条の4第1項の「重大な損害を生ずるおそれ」があるとして、適法とされた事	公有水面の埋立てのため景観利益が侵害されると主張する近接地域内の居住者らがした、公有水面埋立法2条1項に基づく公有水面埋立免許処分の差止めを求める訴えにつき、差止訴訟は、処分等がされた後に取消訴訟を提起し、執行停止を受けたとしても十分な権利利益の救済が得られない場合に、事前の救済方法として認められる訴訟類型であるから、処分等の取消しの訴えを提起し、当該処分等につき執行停止を受けることで権利利益の救済が得られるような性質の損害であれば、そのような損害は、行政事件訴訟法37条の4第1項

	例	の「重大な損害」とはいえないと解すべきところ、前記処分がされると、事業者らは遅くとも約3か月後には工事を開始すると予測されること、前記訴えは争点が多岐にわたりその判断は容易でなく、前記処分がされた後、取消しの訴えを提起した上で執行停止の申立てをしたとしても、直ちにその判断がされるとは考え難いこと等からすれば、景観利益に関する損害については、処分の取消しの訴えを提起し、執行停止を受けることによっても、その救済を図ることが困難な損害であることといえ、これに加え、景観利益は、生命、身体等といった権利とはその性質を異にするものの、日々の生活に密接に関連した利益といえること、景観利益は一度損なわれたならば、金銭賠償によって回復することは困難な性質のものであること等を総合考慮すれば、景観利益については、前記処分がされることにより、同項所定の「重大な損害を生ずるおそれ」があると認めるのが相当であるとして、前記訴えを適法とした事例
3	公有水面の埋立てのため景観利益が侵害されると主張する近接地域内の居住者らがした、公有水面埋立法2条1項に基づく公有水面埋立免許処分の差止請求が、認容された事例	公有水面の埋立てのため景観利益が侵害されると主張する近接地域内の居住者らがした、公有水面埋立法2条1項に基づく公有水面埋立免許処分の差止請求につき、前記利益は私法上保護されるべき利益であるだけでなく、瀬戸内海における美的景観を構成するものとして、文化的、歴史的価値を有する景観として、いわば国民の財産ともいうべき公益であり、前記埋立てを含む事業が完成した後にこれを復元することは不可能であることなどの点にかんがみれば、前記埋立て及びこれに伴う架橋を含む事業が前記景観に及ぼす影響は、決して軽視できない重大なものであり、瀬戸内海環境保全特別措置法等が公益として保護しようとしている景観を侵害するものといえるから、その政策判断は慎重にされるべきであり、その拠り所とした調査及び検討が不十分なものであったり、その判断内容が不合理なものである場合には、前記

		処分は、合理性を欠くものとして、行政事件訴訟法37条の４第５項にいう裁量権の範囲を超えた場合に当たるとした上、事業者らが前記事業の必要性、公共性の根拠とする各点は、調査、検討が不十分であるか、又は、一定の必要性、合理性は認められたとしても、それのみによって前記埋立てそれ自体の必要性を肯定することの合理性を欠くものであるから、同項所定の裁量権の範囲を超えた場合に当たるとして、前記請求を認容した事例

〔公害等調整委員会の判断〕

【神栖市ヒ素化合物流出事件】（平成24・５・11判時2154号３頁） 裁定書本文〈https://www.soumu.go.jp/main_content/000158827.pdf〉 概要〈https://www.soumu.go.jp/main_content/000158444.pdf〉 座談会〈https://www.soumu.go.jp/main_content/000653628.pdf〉		
1	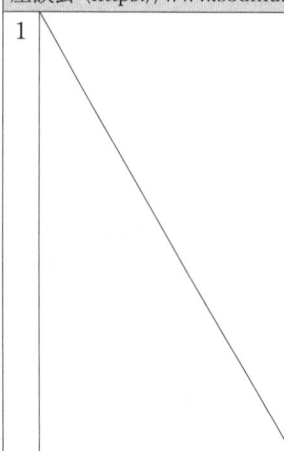	被申請人県（水濁法担当部局）が、会社寮井戸の原水(地下水)汚染を確認した平成11年１月25日以降、同井戸の周辺住民に対して何らの周知措置もとらなかったこと、および、周辺７カ所の井戸からヒ素が検出されなかったことなどからヒ素汚染が自然由来のものと判断し、同年２月15日以降、さらなる原因究明のための調査を行わなかったことは、いずれもその権限を定めた水濁法の趣旨、目的や、その権限の性質等に照らし、都道府県知事の裁量を逸脱して著しく合理性を欠くものであって、これにより被害を受けた者との関係において、国家賠償法１条１項の適用上違法となるというべきである。

◆著者紹介◆

兼 重 直 樹

（かねしげ　なおき）

【略歴】

　1997年宮城県生まれ。法政大学法学部法律学科3年次中途退学（飛び入学のため）。東北大学法科大学院修了後、国家公務員採用総合職試験（院卒行政区分）および司法試験（環境法選択）に合格。その後、環境省に入省。

　学生時代は、行政法を髙橋教授、中原教授から、環境法を北村教授、大塚教授からそれぞれ学ぶ。

＜学　　　位＞法務博士（専門職、東北大学）
＜所属学会＞環境法政策学会（正会員）
＜教育活動＞東北大学法科大学院オフィスアワー担当
＜主要論稿＞
・「これからの環境政策の在り方──統合的アプローチを目指して」会社法務A2Z201号26頁（第一法規、2024年2月）
・「第六次環境基本計画──2030年に向けて事業者に期待される役割」会社法務A2Z207号8頁（第一法規、2024年8月）
・「第五次循環型社会形成推進基本計画──資源循環を目指して」会社法務A2Z207号15頁（第一法規、2024年8月）
・「司法試験から探る環境法教育──令和6年司法試験環境法〔設問1〕を素材として」東北ローレビュー13号47頁（2024年11月）

設例解説　実務環境法

2025年3月9日　第1刷発行

著　者　兼重直樹
発　行　株式会社　民事法研究会
印　刷　株式会社　太平印刷社

発行所　株式会社　民事法研究会
〒150-0013　東京都渋谷区恵比寿3-7-16
〔営業〕TEL 03（5798）7257　FAX 03（5798）7258
〔編集〕TEL 03（5798）7277　FAX 03（5798）7278
https://www.minjiho.com　info@minjiho.com

組版／民事法研究会
落丁・乱丁はおとりかえします。　　　ISBN978-4-86556-669-7

完全講義 民事裁判実務 実践編

司法修習生向け

——事実認定・演習問題（要件事実・事実認定）——

元大阪高裁部総括判事・弁護士・関西学院大学司法研究科教授　大島眞一　著

Ａ５判・324頁・定価 3,300円（本体 3,000円＋税10%）

▶『続　完全講義　民事裁判実務の基礎』を完全リニューアル！　『完全講義　民事裁判実務［基礎編］』と『完全講義　民事裁判実務［要件事実編］』で学んだ読者のための続編！

▶具体的事例を題材に訴訟物の把握、要件事実の整理、事件記録の読み方から事実認定の方法までを解説しているので、実践的な力が身につく！

▶最近の司法研修所の出版物や教育内容を踏まえ、できるだけそれに沿う説明をしており、民事裁判実務について司法修習修了までに理解しておくべき内容を盛り込んだ司法修習に臨む司法修習生必読の書！

▶演習問題を５問（要件事実１問、要件事実・争点整理３問、事実認定１問）掲載！

▶事実認定問題については、模擬事件記録に基づく本格的な新作問題であり、解説では裁判官、司法修習生らが議論する形をとり、末尾には司法修習生のサマリー起案も掲載しており、司法修習の起案に役立つ！

本書の主要内容

第Ⅰ部　事実認定
　第１講　総　論
　第２講　書　証
　第３講　証　言
　第４講　判断の構造
　第５講　事実認定、意思解釈、評価
　第６講　事実認定の難しい事件、和解
第Ⅱ部　演習問題
　第７講　要件事実問題
　第８講　要件事実・争点整理問題１
　第９講　要件事実・争点整理問題２
　第10講　要件事実・争点整理問題３
　第11講　事実認定問題

HPの商品紹介は
こちらから↓

発行　**民事法研究会**

〒 150-0013　東京都渋谷区恵比寿 3-7-16
（営業）TEL. 03-5798-7257　　FAX. 03-5798-7258
https://www.minjiho.com/　　info@minjiho.com

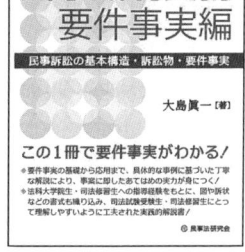

森林・林業における法務を網羅した関係者必携！

森林業法務のすべて

弁護士　品川尚子・弁護士　石田弘太郎　著

Ａ５判・410頁・定価 4,840円（本体 4,400円＋税10%）

▶森林・林業における法務を大局的に鳥瞰し網羅的に理解して、森林計画・森林経営管理から所有者・共有者不明森林や境界不明、林道の管理、森林データの利活用、環境の保全や林業種苗、労務管理など多岐にわたる分野の適法で万全なリスクマネジメントを実現する！

▶林政の基本事項（林野庁の通達・通知やガイドライン、都道府県・市町村の運用等）、森林業に関する法令、森林業の実情（川上・川中・川下それぞれの事業者の実態等）を知ることで紛争の予防に資することはもちろん、森林業に関する各種資料（森林計画、地図、統計等）の意義や機能を知ることで、紛争化のおそれがあるときや紛争化したときの証拠収集の手がかりを掴める！

▶法律実務家・森林業関連事業者・森林組合関係者・自治体の林務担当者の必携書！

本書の主要内容

HPの商品紹介は
こちらから↓

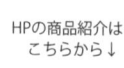

発行　民事法研究会

〒150-0013　東京都渋谷区恵比寿 3-7-16
（営業）TEL. 03-5798-7257　FAX. 03-5798-7258
https://www.minjiho.com/　info@minjiho.com

最新実務に必携の手引

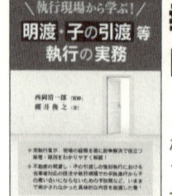